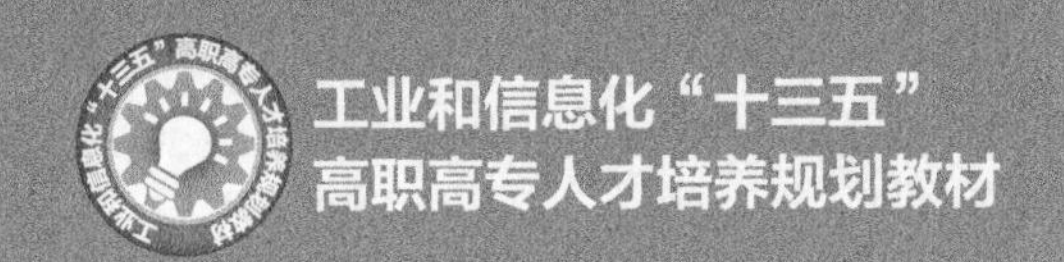

SQL Server 2012 数据库技术与应用（微课版）

Database Technology and Application of SQL Server 2012

姚丽娟 王轶凤 ◎ 主编
倪晓瑞 朱佳 ◎ 副主编

人民邮电出版社
北京

图书在版编目（CIP）数据

SQL Server 2012数据库技术与应用 : 微课版 / 姚丽娟，王铁凤主编. -- 北京 : 人民邮电出版社，2017.8(2023.2重印)
工业和信息化“十三五”高职高专人才培养规划教材
ISBN 978-7-115-46182-7

Ⅰ. ①S… Ⅱ. ①姚… ②王… Ⅲ. ①关系数据库系统－高等职业教育－教材 Ⅳ. ①TP311.138

中国版本图书馆CIP数据核字(2017)第148385号

内容提要

本书融合课程教学团队多年来的教学经验和项目开发经验编写而成，精心设计体系结构，在讲授理论知识的同时融入多个工作任务，任务要求与理论知识密切相关，难度逐渐递增。各个工作任务既是独立的，又可以贯穿组成大项目。

本书共 15 章，包括 SQL Server 2012 概述、数据库管理、建表基础、表的管理、数据更新、简单查询、多表复杂查询、视图、索引、T-SQL 基础、游标、存储过程、触发器、SQL Server 安全管理、SQL Server 2012 数据库维护的内容。

本书适合作为各级各类高等院校和高等职业院校相关专业的教材或参考书，也可作为计算机培训班教材或自学参考书。

◆ 主　　编　姚丽娟　王铁凤
副 主 编　倪晓瑞　朱　佳
责任编辑　马小霞
责任印制　焦志炜

◆ 人民邮电出版社出版发行　　北京市丰台区成寿寺路 11 号
邮编　100164　　电子邮件　315@ptpress.com.cn
网址　http://www.ptpress.com.cn
固安县铭成印刷有限公司印刷

◆ 开本：787×1092　1/16
印张：15.25　　　　2017 年 8 月第 1 版
字数：381 千字　　　　2023 年 2 月河北第 12 次印刷

定价：42.00 元

读者服务热线：(010)81055256　印装质量热线：(010)81055316
反盗版热线：(010)81055315
广告经营许可证：京东市监广登字20170147号

前　言

数据库技术是计算机科学技术的重要分支，是信息技术的重要支撑。数据库的应用领域非常广泛，不论是政府机关、大型企业，还是小型企业，甚至是个体经营单位，都可以使用到数据库。数据库技术及其应用和人们的生活、工作已经密不可分了。

为了帮助高职院校的师生全面了解和使用SQL Server 2012数据库，SQL Server教学团队的老师们总结凝练了多年的教学经验和资料，利用假期和业余时间先后完成了两版讲义的编写，经过两年的使用，又在此基础上进行了重新的整合和修订，共同编写了本书。

本书对体系结构进行了精心设计，融合了教学需求和项目开发经验，在讲授理论知识的同时融入多个工作任务，任务要求与理论知识密切相关，难度逐渐递增。各个工作任务既是单独的，又可以贯穿组成大项目，符合高职教育特点和学生认知规律，比较好地解决了学习和使用SQL Server 2012的问题。

本书比较系统地介绍了数据库基本知识、SQL Server 2012数据库创建、数据库管理、数据查询、视图、索引、T-SQL、存储过程和触发器、数据库的备份和恢复、系统安全管理等内容。全书配套数字资源齐全，包括了PPT课件、源代码、习题答案、微课视频等，既方便学校教学，又利于自学使用。

本书的参考学时为64学时，建议采用理论实践一体化教学模式，各章的参考学时见下面的学时分配表。

学时分配表

项目	课程内容	学时
第1章	SQL Server 2012概述	2
第2章	数据库管理	4
第3章	建表基础	4
第4章	表的管理	6
第5章	数据更新	4
第6章	简单查询	4
第7章	多表复杂查询	8
第8章	视图	2
第9章	索引	2
第10章	T–SQL基础	4
第11章	游标	4
第12章	存储过程	6
第13章	触发器	6
第14章	SQL Server安全管理	4
第15章	SQL Server 2012数据库维护	4
课时总计		64

参与编写的有姚丽娟、王轶凤、朱佳、倪晓瑞4位老师，本课程的所有任课教师在编写和使用讲义过程中也都给予了很大帮助，在此对这些老师的辛勤工作表示感谢。

本书涉及内容很多，篇幅有限，有些知识也只能泛泛地做一下介绍，期望同学们能够主动深入地继续学习。本书难免存在不足，望批评指正，在此表示感谢。

编　者

2017年4月

目 录 CONTENTS

第 13 章 触发器 195

第 14 章 SQL Server 安全管理 203

第 15 章 SQL Server 2012 数据库维护 221

Chapter 1

第1章 SQL Server 2012 概述

任务目标：用数据库系统来管理数据是在文件系统基础上发展起来的先进技术，其具有高效的数据存取和方便的应用开发等特点。在计算机技术广泛应用的今天，数据库技术的地位也变得越来越重要，它们是电子商务及各种应用程序的主要组成部分，是企业操作和决策的核心部分。SQL Server 2012 是 Microsoft 公司推出的大型关系数据库管理系统，具有可靠性、可伸缩性、支持大型 Web 站点和企业数据的存储、支持数据仓库等特点，使用方便，易于维护。通过本章的学习，读者应该了解数据量的发展，掌握数据库的基本概念、数据模型的基本概念、SQL Server 2012 的特点、常见版本、软件和硬件需求、安装过程、SMSS 等常用工具的使用等内容。

1.1 数据库技术概论

计算机应用从科学计算进入数据处理是一个重大转折，数据处理是指对各种形式的数据进行收集、存储、加工和传播的一系列活动，其基本环节是数据管理。数据管理指的是对数据的分类、组织、编码、存储、检索和维护。数据管理方式多种多样，其中数据库技术是在应用需求的推动下，在计算机硬件、软件高速发展的基础上出现的高效数据管理技术。数据库系统在计算机应用中起着越来越重要的作用，从小型单项事务处理系统到大型信息系统，从联机事务处理（OLTP）到联机分析处理（OLAP），从传统的企业管理到计算机辅助设计与制造（CAD/CAM）、现代集成制造系统（CIMS）、办公信息系统（OIS）、地理信息系统（GIS）等，都离不开数据库管理系统。正是这些不断涌现的应用要求，又不断地推动了数据库技术的更新换代。

1.1.1 数据库技术的产生与发展

计算机的早期应用主要是科学计算，解决国防、工程及科学研究等方面的数值计算问题。然而在政府和企事业单位及人们日常生活中存在着大量必不可少的数据处理业务，例如，一个单位各类职工的基本情况、各行各业的统计报表、个人与家庭的收入和支出等，这些都是人们十分关注的资源，人们在使用这些资源时迫切需要高效的处理工具。

从 20 世纪 60 年代后期开始，计算机技术从科学计算迅速扩展到数据处理领域，随着数据处理的不断深入，数据处理规模越来越大，数据量也越来越多，数据处理成为最大的计算机应用领域。数据处理技术也不断完善，经历了人工管理、文件系统和数据库系统三个阶段。

1．人工管理阶段

计算机在其诞生初期，人们只是把它当作一种计算工具，主要用于科学计算，通常是在编写的应用程序中给出自带的相关数据，将程序和相关数据同时输入计算机。不同用户针对不同问题编制各自的程序，整理各自程序所需要的数据。数据的管理完全由用户自己负责，如图 1.1 所示。

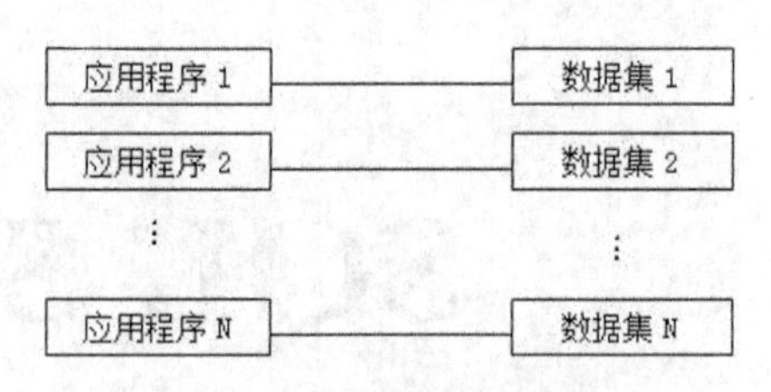

图 1.1　人工管理阶段程序与数据的关系

人工管理的特点如下。

- 数据不能单独保存。数据与程序是一个整体不能分开，数据只供本程序所使用。
- 数据无独立性。数据需要由应用程序自己管理，其逻辑结构与物理结构没有区别，数据的存储结构改变时，应用程序必须改变。
- 数据冗余不能共享。不同程序拥有各自的数据，即使不同程序使用相同的数据，这些数据也不能共享，导致程序与程序之间大量的重复数据，容易造成不一致。

2．文件系统阶段

为了方便用户使用计算机、提高计算机系统的使用效率，以操作系统为核心的系统软件产生了，操作系统提供了文件系统的管理功能，用磁盘文件有效地管理计算机资源。

文件系统把数据组织成相互独立的数据文件。利用“按文件名访问，按记录存取”的管理技术，程序和数据分别存储为程序文件和数据文件。数据文件是独立的，可以长期保存在外存储器上多次存取。数据的存取以记录为基本单位，并出现了多种文件组织形式，如顺序文件、索引文件、随机文件等。

用户在设计应用程序时，只要按照文件系统的要求，考虑数据的逻辑结构和特征，以及规定的组织方式与存取方法，即可建立和使用相应的数据文件，而不必关心数据的物理存储结构。这简化了用户程序对数据的直接管理功能，提高了系统的使用效率。

这个阶段的数据管理虽然较人工管理有了很多改进，但仍具有如下不足。

- 数据与程序缺乏独立性。数据文件系统自身不能提供数据的查询与修改功能，用户编写应用程序时必须清楚这些文件的逻辑结构，文件的逻辑结构改变时必须修改应用程序。
- 数据的冗余和不一致性。由于不同应用程序对数据文件内容要求的不同，所设计的数据文件往往出现数据的重复冗余，浪费存储空间。在多个数据文件之间很容易造成数据的不一致性。
- 数据的无结构性。数据文件之间是孤立的，文件中的数据往往只表示现实世界中单一事物的相关数据，而不反映现实世界事物之间的内在联系。

3．数据库系统阶段

面对信息社会中的大量数据及计算机技术的飞速发展，为了从根本上解决数据与程序的相关性，把数据作为一种共享的资源进行集中管理，为各种应用系统提供共享服务，数据库技术应运而生，使信息管理系统的重心从以加工数据的程序为中心转向以数据共享、统一管理为核心。与文件系统相比，数据库技术提供了对数据的更高级、更有效的管理，用户对数据库的访问必须在数据库管理系统的控制下，如图 1.2 所示。

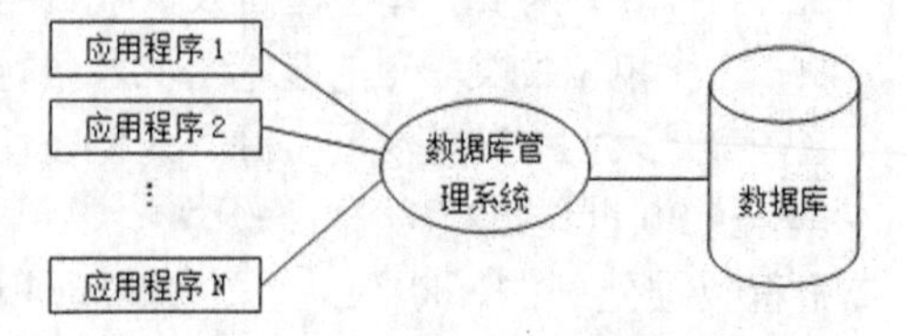

图 1.2　数据库系统阶段程序与数据的关系

随着计算机科学的不断发展，数据库技术大致上经历了三个发展时期。

第一时期：20 世纪 60 年代的萌芽期

在这个时期，第三代电子计算机硬件产生了一次飞跃。中小规模集成电路已经作为计算机的主要器件，有了磁盘、磁鼓等直接存储设备，数据库的概念开始形成。随着计算机对信息处理的日益扩大，商品化的数据库系统出现了，在这一时期较有影响的如下。

- 1964 年美国通用电器公司 Bachman 等人开发成功了世界上第一个数据库管理系统（Integrated Data Store，IDS）。IDS 可以为多个 COBOL 应用程序共享数据库，奠定了网状数据库的基础，并得到了广泛的应用。
- 1968 年网状数据库系统 TOTAL 开始出现并应用。
- 1969 年 IBM 公司推出了 Mcgee 等人开发的商品化的信息管理系统（Information Management System，IMS）层次数据库管理系统。

第二时期：20 世纪 70 年代的发展期

这一时期出现了许多商品化的数据库系统。这些系统大多是基于网状和层次的。由于商品化数据库系统的出现和使用，数据库技术日益深入到了人们生产、生活的各个领域，使得数据库技术成为信息管理的基本技术。在这一阶段，关系数据库的基础理论逐渐充实，并开始出现了较完善的关系数据库系统。

- 美国数据系统语言协会 CODASYL 的数据库任务组 DBTG 对数据库方法进行了深入的研究和讨论，于 20 世纪 60 年代末 70 年代初提出了一系列基于网状结构的 DBTG 报告，建立了若干权威性的观点，推动了数据库的发展。许多网状数据库都是 DBTG 模型的。
- 1970 年 IBM 公司圣何塞研究所的埃德加·弗兰克·科德（E.F.codd）发表了题为《大型共享系统的关系数据库的关系模型》的论文，开创了数据库的关系方法和关系规范化理论研究，为关系数据库技术奠定了理论基础。
- 20 世纪 70 年代中期，IBM 公司圣何塞实验室在 IBM 370 系列机上研制了 SYSTEM R 关系型数据库管理系统，美国加州大学伯克利分校也研制了 INGRES 关系数据库管理系统，在关系数据管理系统的实施技术和性能方面做了大量的工作。
- 1978 年美国标准化组织发表了关于数据库系统结构的最终报告，即 ANSI／X3 SPARC 建议，规定了数据库系统的总体结构和特征。
- 1979 年美国甲骨文公司推出了第一个商品化的关系数据管理系统 V2.0。

第三时期：20 世纪 80 年代的成熟期

这一时期大量的商品化关系数据库管理系统问世并被广泛地应用，如 IBM 公司相继推出了 SQL／DS 和 DB2 等商品化的关系数据库管理系统，INGRES 也被商品化。关系数据库技术已经非常成熟并成为数据库的主流，几乎所有新推出的数据库管理系统都是关系型的，例如，较有影响的商品化的系统 Sybase 和 Informix 等。

随着计算机的出现和计算机网络的广泛应用，分布式数据库系统成为研究重点，并走向应用。1986 年出现了分布式数据库管理系统 INGRES／STAR 和 SQL STAR，其中 SQL STAR 是 ORACLE 公司推出的开放型分布式关系数据库系统。应当说，20 世纪 80 年代是关系数据库的全盛年代。

经过了 40 年的发展，数据库技术仍然是当今十分活跃的研究领域，随着计算机的广泛应用，出现了许多新的应用和新的要求。人们开始发现关系数据库的不足和限制，开展了面向新的应用的数据库技术的研究。数据库技术与网络通信技术、面向对象技术、并行计算技术、多媒体技术、人工智能等技术相互渗透和结合，出现了如 Web 数据库、面向对象数据库、并行数据库、多媒体数据库和知识库等新的数据库技术，并且面向特定的应用领域，人们展开了时态数据库、工程数据库、主动数据库、空间数据库等技术的研究。可以说数据库技术已经进入了后关系数据库的时代。

数据库管理方式的优点如下。

（1）数据结构化

数据库是为多个应用目的服务的，是面向整个系统或组织的，具有整体的结构化。系统或组织的某个应用只涉及整个数据库的一部分数据。

数据库整体数据的结构化，是数据库的主要特征之一，也是数据库系统与文件系统的本质区别。传统文件系统中的各个文件之间彼此是毫无联系的，要想实现应用程序对它们的交互访问是十分困难的。而在数据库中，数据是按照某种数据模型组织起来的，不仅文件内部数据彼此相关，而且文件之间在结构上也有机地联系在一起。描述数据时不仅描述数据本身，而且还描述数据之间的联系。例如，对于学生和课程，可以定义一个学习联系来描述学生与课程之间的关系。

（2）数据能够共享

数据共享的意义是多种应用、语言互相覆盖地共享数据集合。在数据库中，数据不再分属于各个应用程序，而是集中存放在数据库中。对于某个组织而言，除了有安全和保密等限制以外，数据库中的数据被整个组织所共享，大大提高了数据的使用价值。

（3）数据冗余度小，易扩充

由于数据是结构化的，数据的冗余度大大减小。除了一些必要的副本，数据的冗余度可降低到最小程度，既节约了存储空间，又避免了数据的不一致性。

在数据库中可以取整体数据的各种不同子集用于不同的应用系统，当应用需求改变或增加时，只要重新选取不同的子集或者加上一小部分数据便可满足新的需求，容易扩充。

（4）数据与程序的独立性较高

应用程序必须通过数据库管理系统访问数据库，数据库系统提供映像功能来保证应用程序对数据结构和存取方法有较高的物理独立性与逻辑独立性。

当数据存储结构改变时，通过数据的存储结构（物理结构）与逻辑结构之间的映像或转换功能，使得数据的逻辑结构可以不变，从而使应用程序可以不变。这就是数据与程序的物理独立性。

数据库对全部数据有一个整体的逻辑结构，一般情况下，某个应用所使用的数据是全体数据的子集，是根据数据子集的局部逻辑结构而编写的。数据库系统通常提供整体逻辑结构与某类应用所涉及的局部逻辑结构之间的映像或转换功能，当整体逻辑结构改变时，通过映像或转换功能，保持应用程序所涉及的局部逻辑结构不变，从而使应用程序可以不变。这就是数据与程序的逻辑独立性。

通常数据库系统配置了多种语言接口，应用程序可以使用不同的语言访问数据库。

（5）对数据实行集中统一控制

数据库系统提供统一的数据定义、插入、删除、检索以及更新等操作。由于数据库是系统的共享资源，各种用户可以同时使用数据库，因此说用户对数据的访问是并发的，即多个用户可以同时存取数据库中的数据，甚至可以同时存取数据库中同一个数据。这就要求数据库系统必须提供数据安全性控制、数据完整性控制和并发控制三个方面的功能。

1.1.2　基本概念

1．数据

数据是数据库中存储的基本对象。数据在大多数人头脑中的第一个反应就是数字。其实数字只是最简单的一种数据，是对数据的一种传统和狭义的理解。广义的理解应该是指对客观存在的事物的一种描述。数据的种类很多，如文字、图形、图像、声音、学生的档案记录、课程开设情况等都是数据。人们借助计算机和数据库技术可以科学地保存和管理这些复杂的数据，方便而充分地利用这些信息资源。

2．数据库

数据库（Database，DB），顾名思义，是存放数据的仓库。只不过这个仓库创建在计算机存储设备上，如硬盘就是一类最常见的计算机大容量存储设备。数据必须按一定的格式存放，以利于以后使用。

可以说数据库就是长期存储在计算机内、与应用程序彼此独立的、以一定的组织方式存储在一起的、彼此相互关联的、具有较少冗余的、能被多个用户共享的数据集合。在这里要特别注意数据库不是简单地将一些数据堆积在一起，而是把相互间有一定关系的数据，按一定的结构组织起来的数据集合。

3．数据库体系结构

为了有效地组织、管理数据，人们为数据库设计了一个严谨的体系结构，它是数据库的一个总的框架。尽管实际的数据库建立在不同的操作系统之上，支持不同的数据模型，使用不同的数据库语言，但是就其体系结构而言却是大体上相同的，包括了内模式、模式和外模式三级模式结构，如图 1.3 所示，这三级模式反映了看待数据库的三种不同的数据观点。

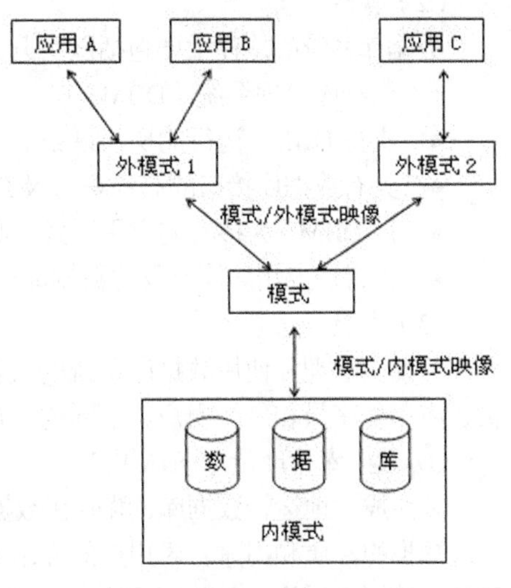

图 1.3 数据库的三级模式结构

4．数据库管理系统

既然数据库能存放数据，那么数据库中的数据应该如何组织和存储，我们如何高效地获取和维护数据呢？这需要通过数据库管理系统实现。

数据库管理系统（DataBase Management System，DBMS）是位于用户与计算机操作系统之间的一个系统软件，由一组计算机程序组成。它能够对数据库进行有效的组织、管理和控制，包括数据的存储、数据的安全性与完整性控制等。

DBMS 提供了应用程序与数据库的接口，使用户不必关心数据在计算机中的存储方式，能够方便、快速地建立、维护、检索、存取和处理数据库中的信息。

DBMS 是数据库系统的核心，它的功能因具体的数据库系统不同可能有所不同，但一般都应该有以下几个方面的主要功能：数据定义功能、数据处理功能、数据库的运行控制与管理、数据库的建立和维护功能、数据通信接口。

5．数据库系统

数据库系统（Database System，DBS）是指在计算机系统中引入数据库后的系统，带有数据库的计算机系统硬件和软件层次如图 1.4 所示。

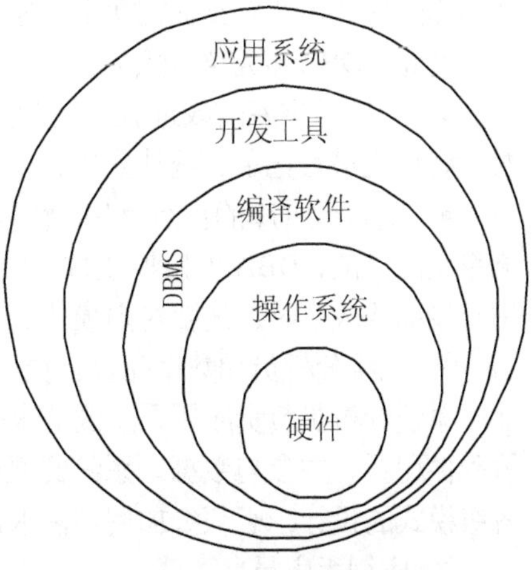

图 1.4 软、硬件层次

在实际应用中，数据库系统通常由硬件平台、数据库、软件和相关人员等几部分内容构成。

（1）硬件平台及数据库

数据库是一组相互联系的若干文件的集合，其中最基本的是包含用户数据的文件（通常称为主文件）。用户数据按逻辑分类存储于数据库文件中，文件之间的联系由它们之间的逻辑关系决定，这种联系也要存储于数据库中。由于数据库系统数据量都很大，加之 DBMS 丰富的功能使得自身的规模也很大，因此，整个数据库系统对硬件资源提出了较高的要求，这些要求如下。

- 有足够的内存运行操作系统和应用程序，装载 DBMS 核心模块，以及提供数据缓冲区。
- 有足够的磁盘空间存储数据库和备份数据。
- 系统有较高的 I/O 交换能力，以提高数据传送率。

（2）软件

数据库系统的软件主要包括以下几方面。

- 数据库管理系统（DBMS）。
- 支持 DBMS 运行的操作系统。
- 具有数据库接口的高级语言及其编译系统，便于开发应用程序。
- 以 DBMS 为核心的应用开发工具。
- 为特定应用环境开发的数据库应用系统。

（3）人员

开发、管理和使用数据库系统的人员主要是：数据库管理员、系统分析员、数据库设计人员、应用程序员和最终用户。不同的人员涉及不同的数据抽象级别，具有不同的数据视图。

① 数据库管理员（DBA）

要想成功地运转数据库，就要在数据处理部门配备管理人员——DBA。DBA 必须熟悉企业全部数据的性质和用途，对用户的需求有充分的了解，对系统的性能非常熟悉，负责全面管理和控制数据库系统。DBA 的具体职责包括以下几方面。

- 决定数据库的内容和结构，参加数据库设计的全过程，并与用户、应用程序员、系统分析员密切合作，共同协商，做好数据库设计。
- 综合各用户的应用要求，和数据库设计人员共同决定数据的存储结构和存取策略，以求获得较高的存取效率和存储空间利用率。
- 定义数据的安全性要求和完整性约束条件，确定各个用户对数据库的存取权限、数据的保密级别和完整性约束条件，防止未授权用户查看修改数据。
- 监控数据库的使用和运行，及时处理运行过程中出现的问题。比如系统发生各种故障或数据库遭到破坏时必须在最短时间内恢复正常，并且尽可能不影响计算机系统其他部分的正常运行。为此，DBA 要定义和实施适当的备份和恢复策略，如周期性的转储数据、维护日志文件等。
- 负责数据库的改进。在系统运行期间监视系统的存储空间利用率、处理效率等性能指标，对运行情况进行记录、统计分析，依靠工作实践并根据实际应用环境，不断改进数据库设计。
- 负责数据库的重组重构。在数据库运行过程中，大量数据的不断插入、删除、修改会影响系统的性能，DBA 要定期或按一定策略对数据库进行重组织，以提高系统的性能。当用户的需求增加或改变时，还要对内模式和模式进行修改。

② 系统分析员和数据库设计员

系统分析员负责应用系统的需求分析和规范说明，要和用户及 DBA 相结合，确定系统的软硬件配置，并参与数据库系统的概要设计。数据库设计员负责数据库中数据的确定、数据库各级模式的设计，必须参加用户需求调查和系统分析，然后进行数据库设计。

③ 应用程序员

使用主语言和数据库语言设计和编写应用系统的程序模块，并进行调试和安装。

④ 用户

这里用户是指最终用户。通过应用系统的用户接口使用数据库。常用的接口方式有浏览器、图形显示、菜单驱动、表格操作、报表书写等，给用户提供简明、直观的数据表示。

1.1.3 数据模型

模型是现实世界中具体事物的模拟和抽象。例如，一张地图、一架航模飞机，都是具体的模型。数据库是某个企业、组织或部门所涉及数据的综合，它不仅要反映数据本身的内容，而且要反映数据之间的联系。由于计算机不可能直接处理现实世界中的具体事物，所以人们必须事先把具体事物转换成计算机能够处理的数据。

在数据库技术中，我们用数据模型（Data Model）的概念描述数据库的结构和语义，对现实世界的数据进行抽象。从现实世界的信息到数据库存储的数据以及用户使用的数据是一个逐步抽象的过程。根据数据抽象的级别定义了四种模型：概念数据模型、逻辑数据模型、外部数据模型和内部数据模型。一般，在提及时省略“数据”两字。这四种模型之间的相互关系如图 1.5 所示。

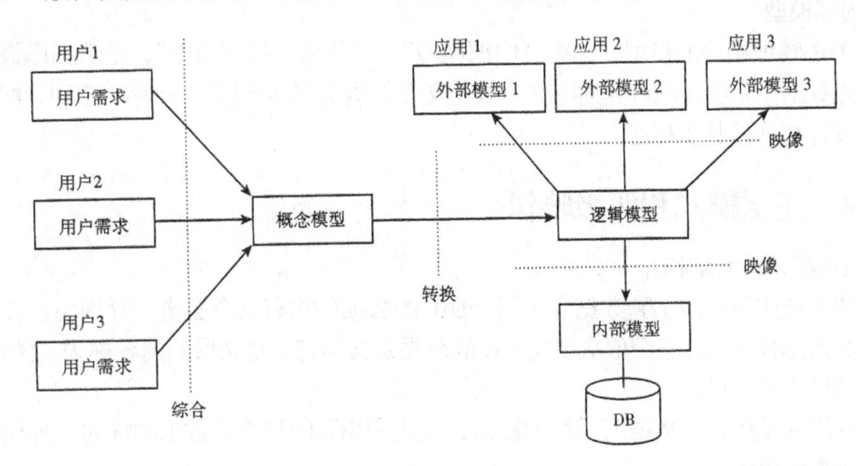

图 1.5　四种模型之间的相互关系

数据抽象的过程，也就是数据库设计的过程，具体步骤如下。

第 1 步：根据用户需求，设计数据库的概念模型，这是一个“综合”的过程。

第 2 步：根据转换规则，把概念模型转换成数据库的逻辑模型，这是一个“转换”的过程。

第 3 步：根据用户的业务特点，设计不同的外部模型，给程序员使用，也就是应用程序使用的是数据库的外部模型。外部模型与逻辑模型之间的对应性称为映像。

第 4 步：数据库实现时，要根据逻辑模型设计其内部模型。内部模型与逻辑模型之间的对应性称为映像。

一般，第 1 步称为 DB 的概念设计，第 2、3 步称为 DB 的逻辑设计，第 4 步称为 DB 的物理设计。

下面对这四种模型分别进行详细的解释。

1．概念模型

表达用户需求观点的数据全局逻辑结构的模型，称为“概念模型”。这四种模型中，概念模型的抽象级别最高。

2．逻辑模型

表达计算机实现观点的 DB 全局逻辑结构的模型，称为“逻辑模型”。在选定 DBMS 软件后，就要将概念模型按照选定的 DBMS 的特点转换成逻辑模型。逻辑模型主要有层次、网状和关系模型三种。

① 用树型（层次）结构表示实体类型及实体间联系的数据模型称为层次模型。树中的节点是记录类型，每个非根节点有且只有一个父节点。上一层记录类型和下一层记录类型之间的联系是 1∶N 联系。

② 用有向图结构表示实体类型及实体间联系的数据模型称为网状模型。有向图中的节点是记录类型，箭头表示从箭尾的记录类型到箭头的记录类型间联系是 1∶N 联系，一个 M∶N 联系可拆成两个 1∶N 联系。

③ 关系模型的主要特征是用二维表格表达实体集，它是由若干个关系模式组成的集合。关系模式相当于前面提到的记录类型，它的实例称为关系，每个关系实际上是一张二维表格。

3．外部模型

表达用户使用观点的 DB 局部逻辑结构的模型，称为“外部模型”。外部模型是逻辑模型的一个逻辑子集，独立于硬件，依赖于软件，反映用户使用数据库的观点。

4．内部模型

表达 DB 物理结构的模型，称为“内部模型”，又称为“物理模型”，是数据库最低层的抽象。它描述数据在磁盘或磁带上的存储方式（文件结构）、存取设备（外存的空间分配）和存取方法，与硬件和软件紧密相连。

1.1.4 三层模式和两级映像

1．三层模式体系结构

在用户（或应用程序）到数据库之间，DB 的数据结构有三个层次，分别为：外部模型、逻辑模型和内部模型。这三个层次要用 DB 的数据定义语言，定义后的内容称为“模式”，即外模式、逻辑模式和内模式。

（1）外模式是用户与数据库系统的接口，是用户用到的那部分数据的描述。外模式由若干个外部记录类型组成。

（2）逻辑模式是数据库中全部数据的整体逻辑结构的描述。它由若干个逻辑记录类型组成，还包含记录间联系、数据的完整性和安全性等要求。

（3）内模式是数据库在物理存储方面的描述，定义所有内部记录类型、索引和文件的组织方式，以及数据控制方面的细节。

2．两级映像

三层模式的数据结构可能不一致，即记录类型、字段类型的命名和组成可能不一样，因此需要三层模式之间的映像来说明外部记录、逻辑记录和内部记录之间的对应性。三层模式之间存在的两级映像如下。

（1）外模式/逻辑模式映像存在于外模式和逻辑模式之间，用于定义外模式和逻辑模式之间的对应性。这个映像一般是放在外模式中描述的。

（2）逻辑模式/内模式映像存在于逻辑模式和内模式之间，用于定义逻辑模式和内模式之间的对应性。这个映像一般是放在内模式中描述的。

1.1.5 关系型数据库系统

1970 年 6 月，ACM 图灵奖 1981 年得主、IBM 公司的研究员埃德加·弗兰克·科德博士在他的论文《大型共享数据仓库的关系模型》（A Relational Model of Data for Large Shared Data Banks）中，最早提出了关系模型的理论，奠定了关系模型的理论基础。自此以后，关系模型成为一种最重要的数据模型。20 世纪 80 年代后，关系数据库系统成为最重要、最流行、应用最广泛的数据库系统之一。

关系型数据库系统具有以下多种优点。

- 关系模型具有严格的数学基础，具有一定的演绎功能，因而发展很快。目前，关系型数据库系统的理论与技术已经发展得非常成熟。
- 关系模型概念单一，数据结构简单清晰，用户易懂易用。数据描述具有较强的一致性，各种实体及实体间的联系都可用关系来表达，对数据的检索结果也是关系。
- 命令具有过程化性质。关系模型的存取路径对用户透明，简化了程序员和数据库开发人员的工作。
- 具有更高的数据独立性和更好的安全保密性。
- 支持数据的重构。

自关系模型理论提出后，关系型数据库系统的研究取得了巨大的成功。目前性能非常良好的关系型数据库系统不下上百种，较为成功的有 SQL Server、Oracle、Sybase 等。本书围绕着广为使用的关系型数据库系统 SQL Server 2012 展开讲述。

1.2 SQL Server 2012 简介

SQL Server 是美国微软公司的旗舰产品，是一种典型的关系型数据库解决方案，其中目前的主流版本 SQL Server 2012 于 2012 年 8 月 6 日推出。SQL Server 向用户提供了数据的定义、控制、操纵等基本功能，还提供了数据的完整性、安全性、并发性、集成性等复杂功能。

1.2.1 SQL Server 的发展历史

SQL Server 是世界上影响最大的三大数据库管理系统之一，也是微软公司在数据库市场的主打产品。但该系统一开始并不是微软的产品，它起源于 1989 年由 Sybase 公司和 Ashton-Tate 公司合作开发的 SQL Server 1.0 数据库产品。为了与 Oracle 公司及 IBM 公司在关系数据库市场上相抗衡，微软公司在 1992 年与 Sybase 公司开始了为期 5 年的数据库产品研发合作，并最终推出了应用于 Windows NT 3.1 平台的 Microsoft SQL Server 4.21 版本，从此标志着 SQL Server 的正式诞生。后来微软又自主开发出 SQL Server 6.0，从此以后，SQL Server 便成为微软的重要产品。

SQL Server 早期的版本适用于中小企业的数据库管理。后来随着版本的升级，系统性能不断提高，可靠性与安全性不断增强，应用范围也扩展到大型企业及跨国公司的数据管理领域。目前的 SQL Server 已成为集数据管理和分析于一体的企业级数据平台。表 1.1 所示反映了 SQL Server 的版本演进和代号变迁。

表 1.1　　SQL Server 的版本演进和代号变迁

年代/年	版本	开发代号
1989	SQL Server 1.0	无
1993	SQL Server for Windows NT 4.21	无
1994	SQL Server for Windows NT 4.21a	无
1995	SQL Server 6.0	SQL 95
1996	SQL Server 6.5	Hydra
1998	SQL Server 7.0	Sphinx

续表

年代/年	版本	开发代号
2000	SQL Server 2000	Shiloh
2003	SQL Server 2000 Enterprise 64 位版	Liberty
2005	SQL Server 2005	Yukon
2010	SQL Server 2008	Katmai
2012	SQL Server 2012	Denali

1.2.2 SQL Server 2012 的版本类型

在安装 SQL Server 2012 之前，首先要根据具体需要选择 SQL Server 2012 的版本，并提供相应版本所需要的安装环境，包括硬件环境和软件环境。为了满足用户在性能、运行时间以及价格等因素上的不同需求，SQL Server 2012 提供了不同版本的系列产品，具体如下。

1．企业版（Enterprise Edition）

满足企业联机事务处理和数据仓库应用程序标准要求的综合数据平台。提供企业级的可扩展性、高可用性和高安全性，用于运行企业关键业务应用。该版本能够支持操作系统所能支持的最大 CPU 数。

2．标准版（Standard Edition）

一个完整的数据管理和企业职能平台，为部门级应用程序提供一流的易用性和易管理性支持。该版本最多支持 4 个插槽或 16 个核的 CPU（取二者中的较小值）。

3．商业智能版（Business Intelligence Edition）

提供了综合性平台，为支持组织构建和部署安全、可扩展且易于管理的商业智能解决方案。该版本最多支持 4 个插槽或 16 个核的 CPU（取二者中的较小值）。

4．网络版（Web Edition）

为客户提供低成本大规模的 Web 应用程序或主机解决方案。该版本最多支持 4 个插槽或 16 个核的 CPU（取二者中的较小值）。

5．开发版（Developer）

支持开发人员基于 SQL Server 构建任意类型的应用程序。它包括 Enterprise 版的所有功能，但有许可限制，只能用作开发和测试系统，而不能用作生产服务器。该版本最多支持 1 个插槽或 4 个核的 CPU（取二者中的较小值）。

6．免费版（Express）

可以免费下载，适用于学习以及构建桌面和小型服务器应用程序。

1.2.3 安装 SQL Server 2012 的环境要求

同其他软件一样，SQL Server 2012 的安装与运行也有对硬件和软件的最低要求，具体如表 1.2 所示。

表 1.2 安装 **SQL Server 2012** 版本的环境要求

资源项目	具体要求
处理器	x86 处理器最低需求 1.0GHz，x64 处理器最低需求 1.4GHz。建议使用 2.0GHz 或速度更高的处理器

续表

资源项目	具体要求
内存	至少需要 1GB，建议 4GB，并且应该随着数据库大小的增加而增加，以便确保最佳的性能
硬盘	最少需要 6GB 的可用硬盘空间。硬盘空间要求将随所安装的 SQL Server 2012 组件不同而发生变化
定位设备	Microsoft 鼠标或兼容设备
监视器	SQL Server 2012 图形工具需要使用 VGA，分辨率至少为 800×600 像素
CD 或 DVD 驱动器	通过 CD 或 DVD 媒体进行安装时需要相应的 CD 或 DVD 驱动器
网络要求	Internet Explorer 7 或更高版本，独立的命名原则实例和默认实例支持的网络协议包括 Shared Memory、Named Pipes、TCP/IP 和 VIA
软件要求	Microsoft Windows Installer 4.5 或更高版本以及 Microsoft 数据访问组件（MDAC）2.8 SP1 或更高版本
操作系统	Windows Server 2012 或更高版本

1.2.4 安装 SQL Server 2012

SQL Server 2012 的每次成功安装都将产生一个 SQL Server 实例。允许在同一台计算机上安装多个 SQL Server 实例。下面给出在当前机器上首次安装 SQL Server 2012 企业版的具体步骤。

在获得 SQL Server 2012 安装光盘或安装文件，并确认计算机的软、硬件配置能够满足安装要求后，就可以开始安装 SQL Server 2012 了。SQL Server 2012 的安装步骤详解如下。

（1）在安装 SQL Server 2012 之前，首先需要安装 Windows Installer 4.5 和.Net Framework。如果当前系统中没有安装这些软件，SQL Server 2012 安装程序会自动进行安装。

（2）运行 setup.exe，打开 SQL Server 安装方法。在【SQL Server 安装中心】窗体中单击【安装】，如图 1.6 所示，再单击【全新 SQL Server 独立安装或向现有安装添加功能】超链接，如图 1.7 所示。

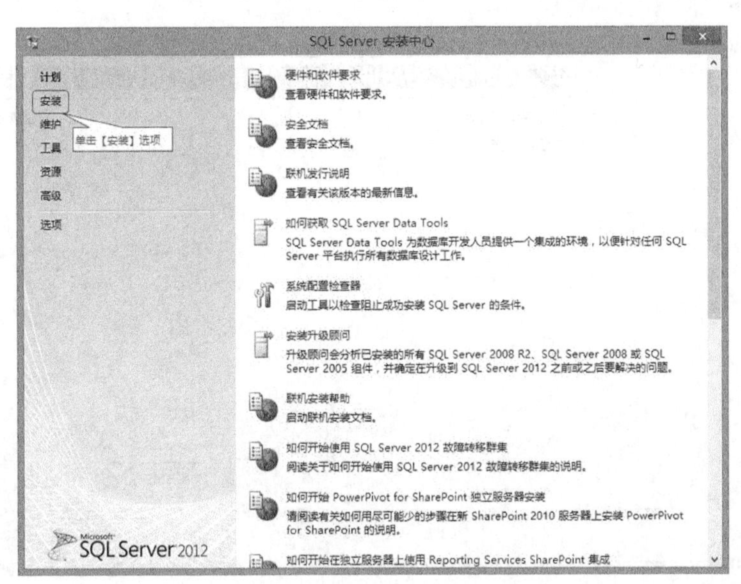

图 1.6 SQL Server 安装中心

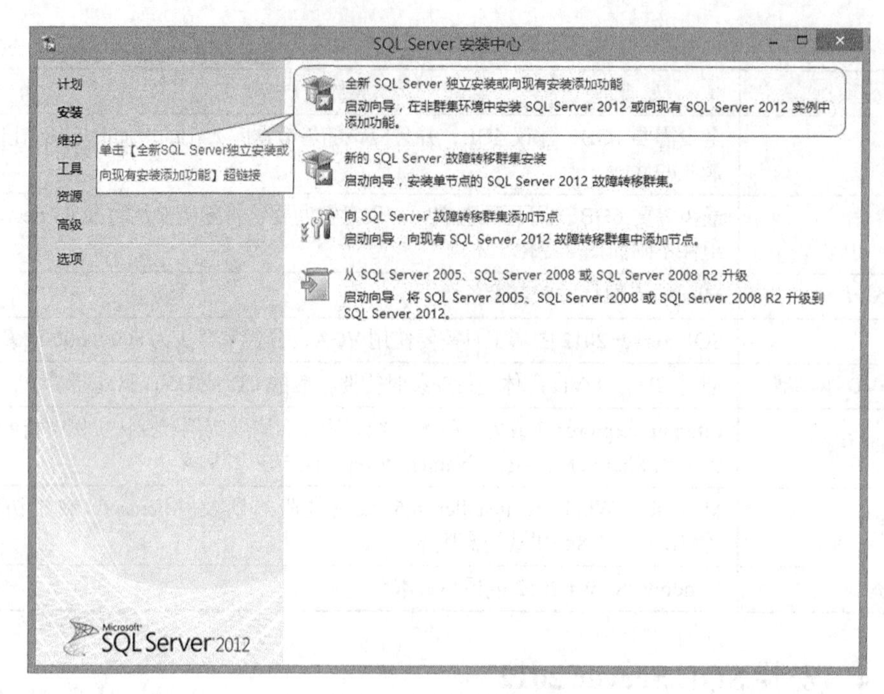

图 1.7 【安装】选项内容

（3）安装程序首先对安装 SQL Server 2012 需要遵循的规则进行检测，如果所有规则都通过，则【确定】按钮可用，如图 1.8 所示。在【安装程序支持规则】窗口中单击【确定】按钮，打开【产品密钥】窗口。如果选择 Enterprise Evaluation 版本，就不需要输入产品密钥；如果需要安装正式版，则选择【输入产品密钥】单选按钮，并在下面的文本框中输入 SQL Server 2012 的产品密钥。配置完成后，单击【下一步】按钮，如图 1.9 所示。

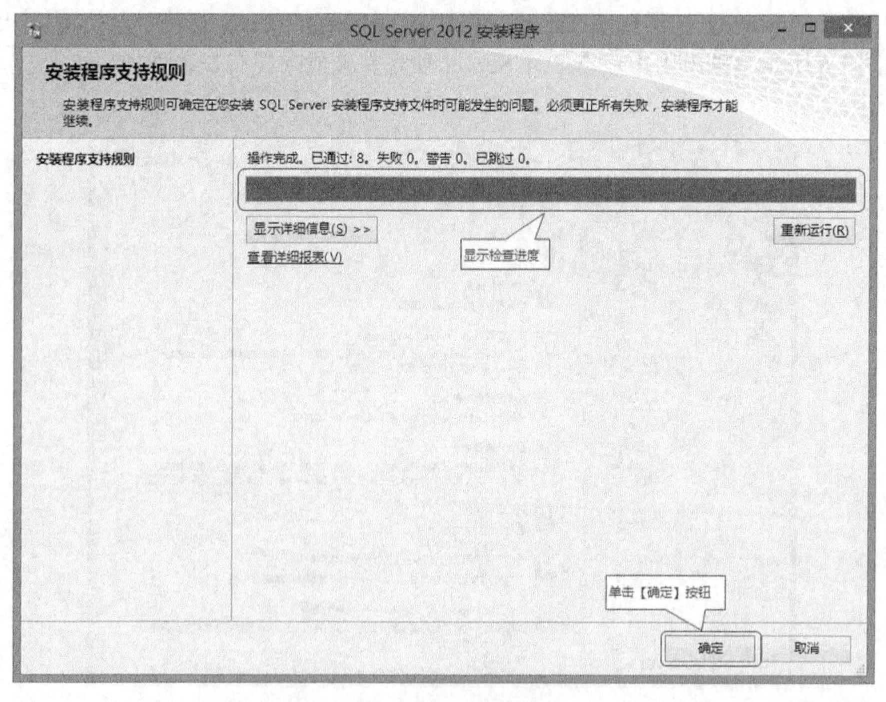

图 1.8 【安装程序支持规则】窗口

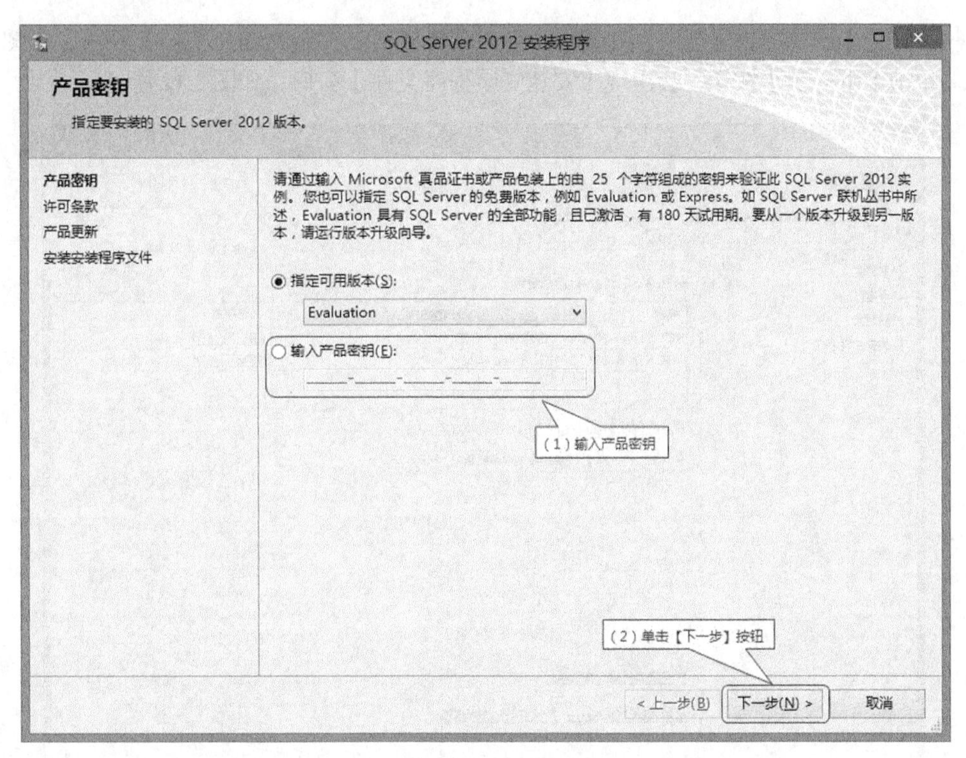

图 1.9 【产品密钥】窗口

（4）打开【许可条款】窗口，如图 1.10 所示，选择【我接受许可协议】复选框，然后单击【下一步】按钮。

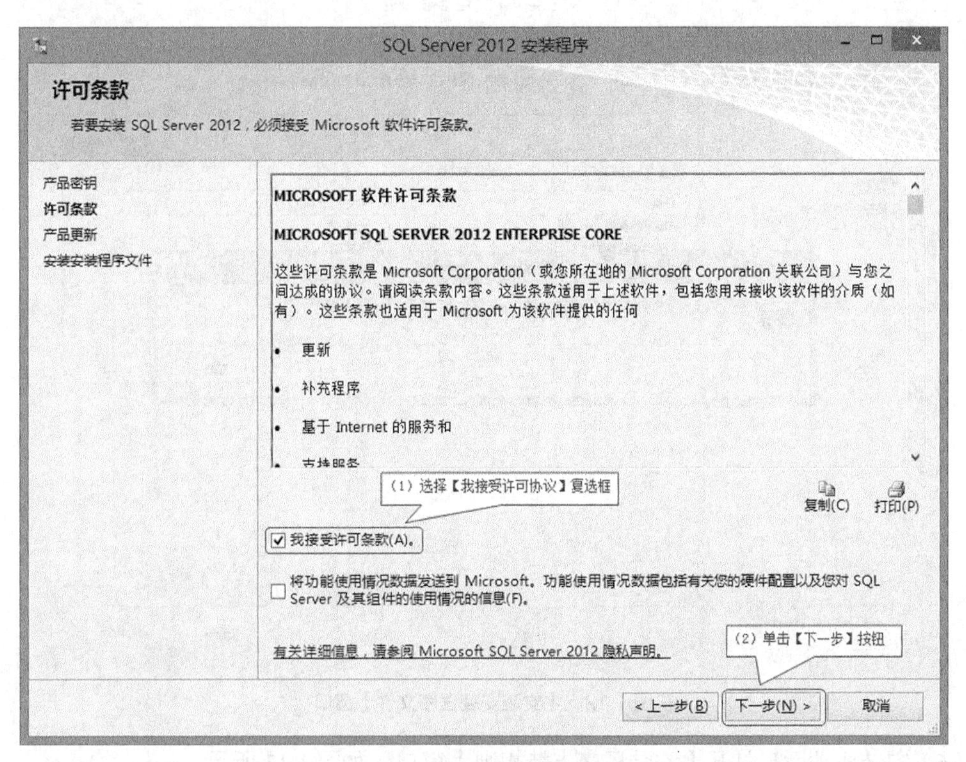

图 1.10 【许可条款】窗口

（5）打开【产品更新】窗口，安装程序会自动检测可以安装的 SQL Server 补丁，如图 1.11 所示。单击【下一步】按钮，会出现【安装安装程序文件】窗口，如图 1.12 所示。

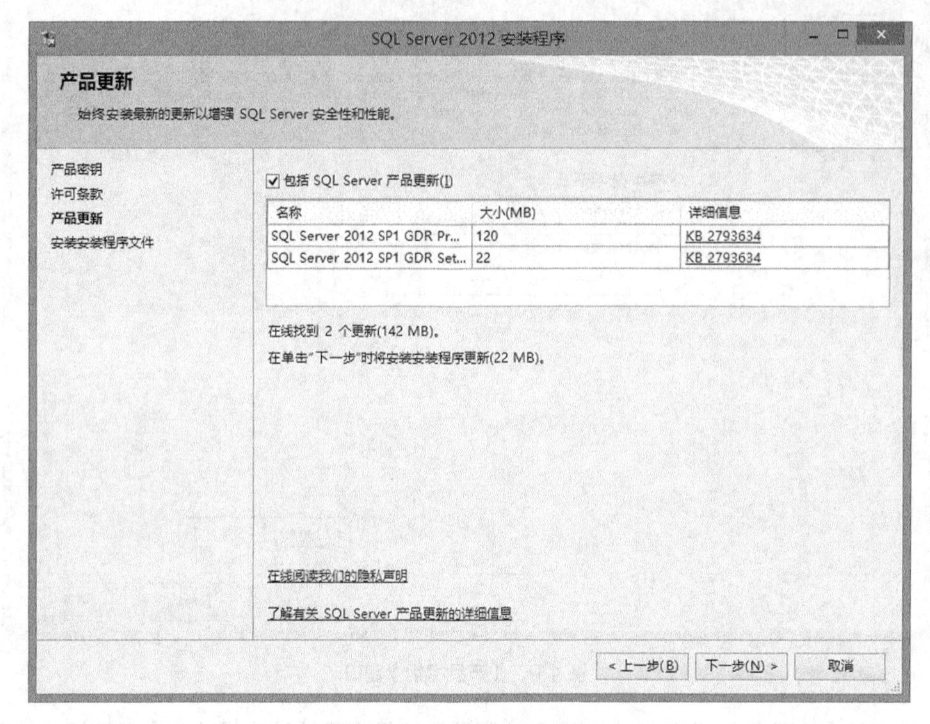

图 1.11 【产品更新】窗口

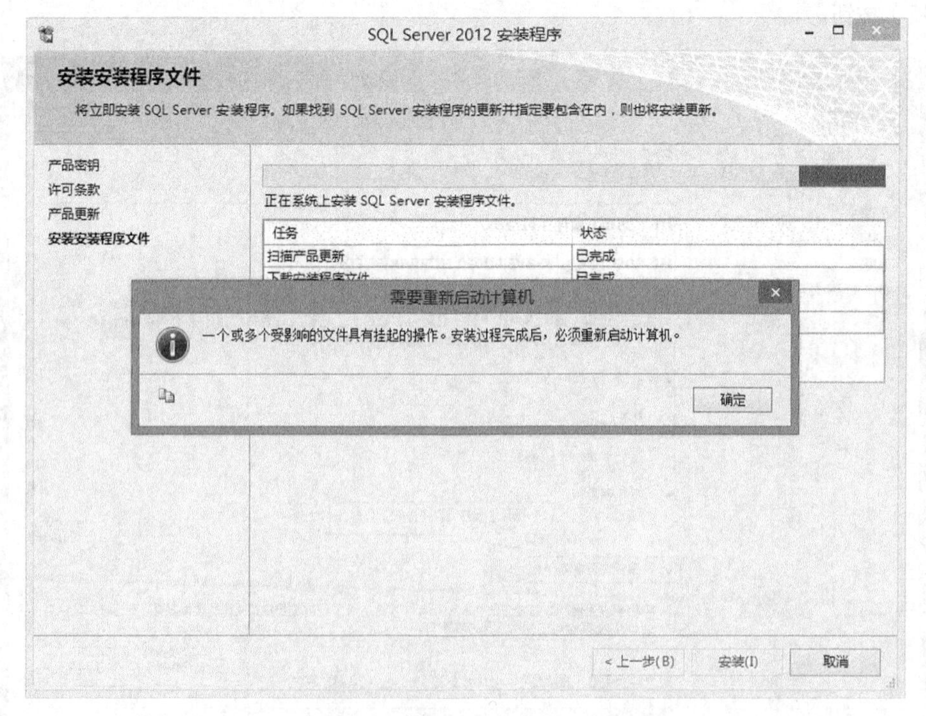

图 1.12 【安装安装程序文件】窗口

（6）安装成功后，打开【安装程序支持规则】窗口，如图 1.13 所示。

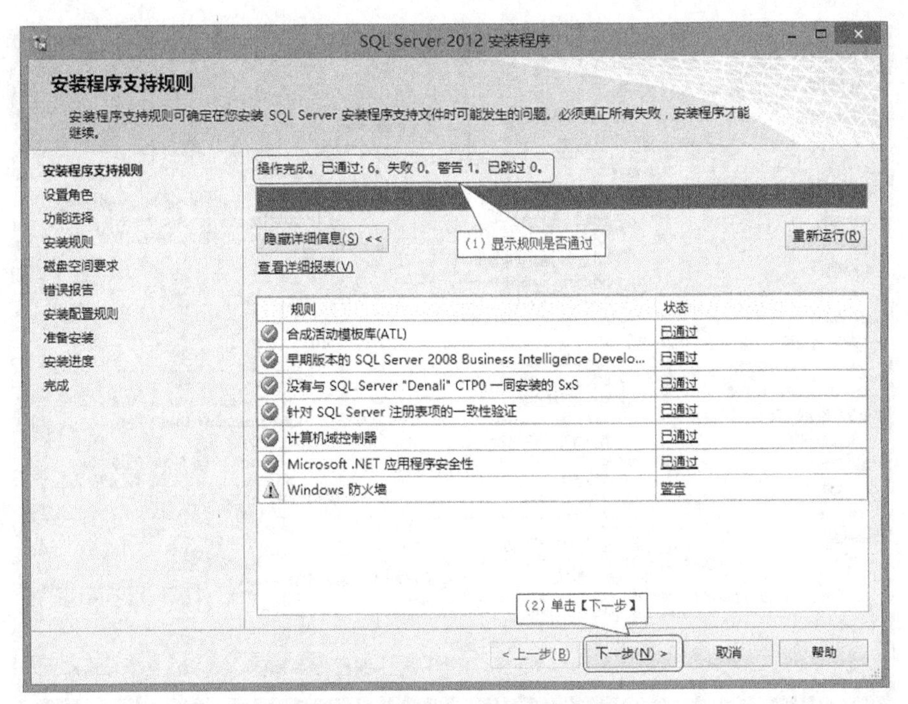

图 1.13 【安装程序支持规则】窗口

（7）如果安装程序支持文件已经安装成功，则可以单击【下一步】按钮，打开【设置角色】窗口，如图 1.14 所示。选择【SQL Server 2012 功能安装】，然后单击【下一步】按钮。

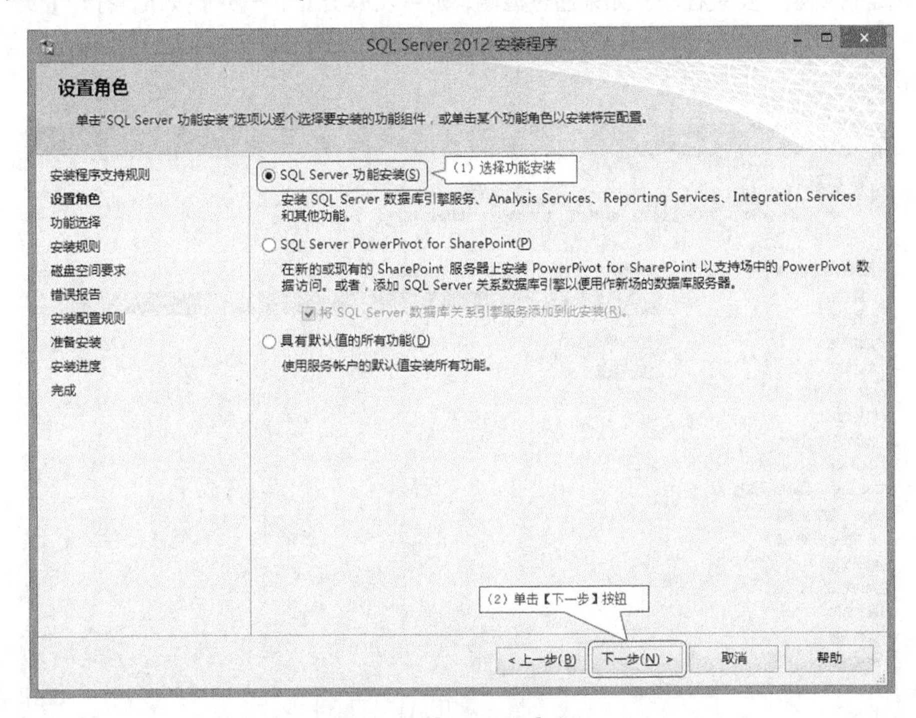

图 1.14 【设置角色】窗口

（8）打开【功能选择】窗口，如图 1.15 所示，选择要安装的功能模块。这里可以选择【数据库引擎服务】、【客户端工具连接】、【管理工具】等。

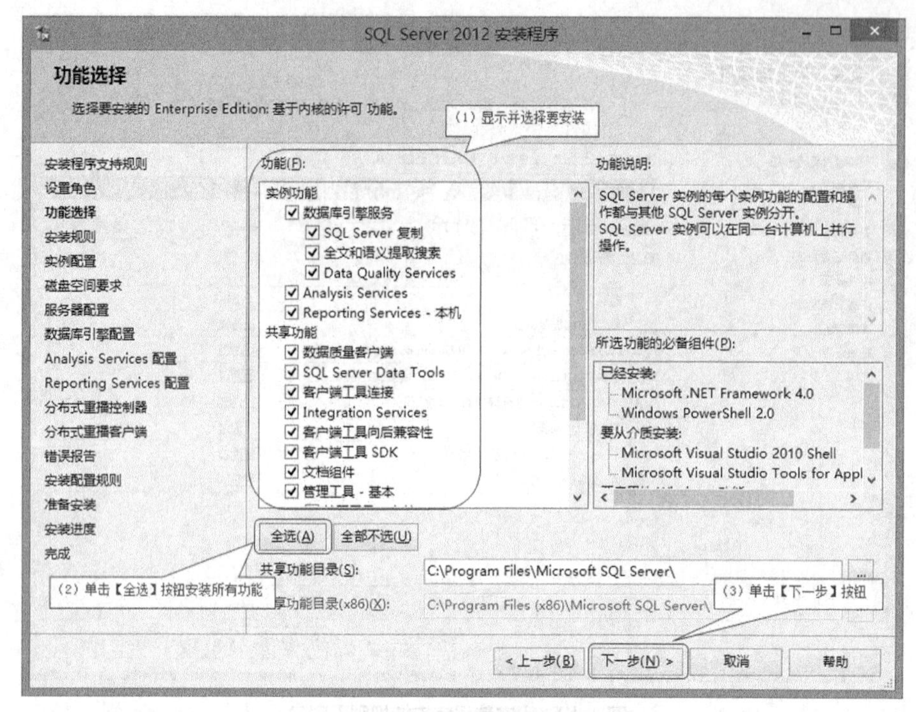

图 1.15 【功能选择】窗口

（9）选择完成后，单击【下一步】按钮，打开【安装规则】窗口，如图 1.16 所示。在这里可以检测是否要阻止安装程序。如果通过检测，则可以单击【下一步】按钮，打开【实例配置】窗口，如图 1.17 所示，在这里可以设置数据库实例 ID、实例根目录。配置完成后，单击【下一步】按钮。

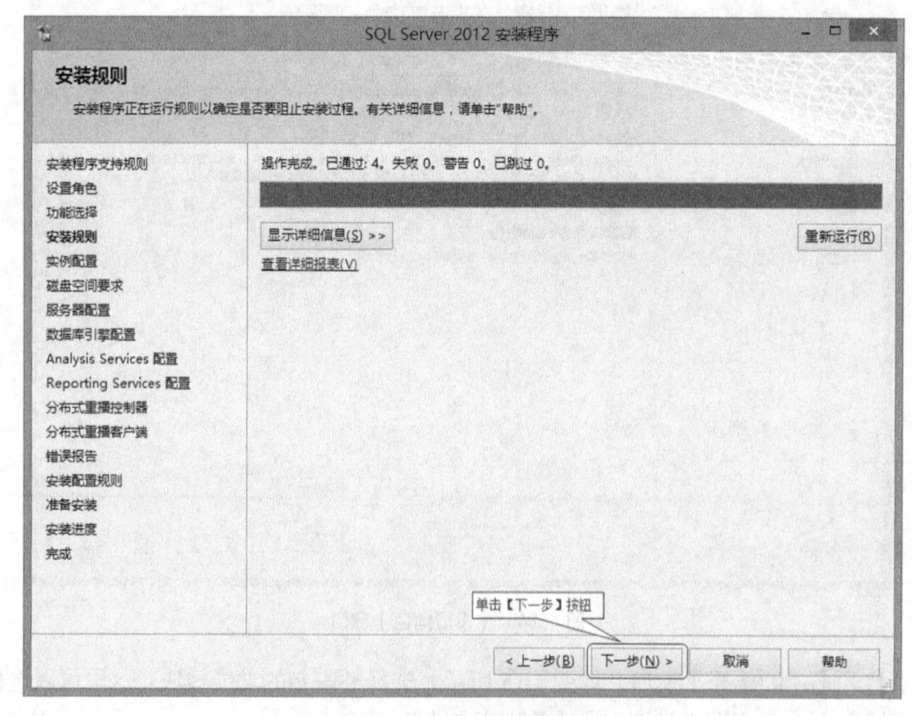

图 1.16 【安装规则】窗口

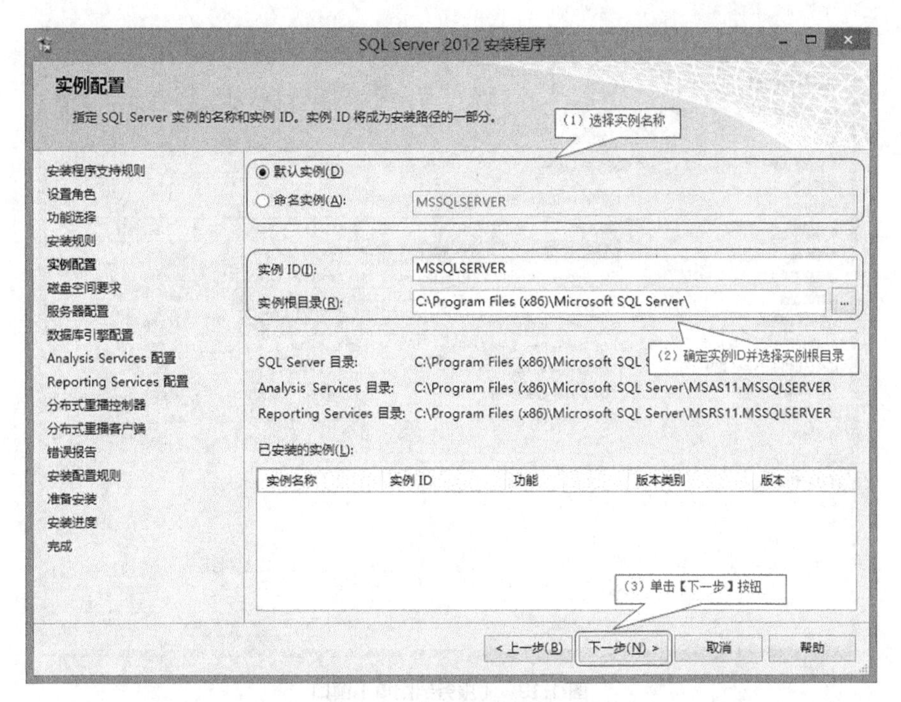

图 1.17 【实例配置】窗口

（10）打开【磁盘空间要求】窗口，如图 1.18 所示。可以在【磁盘空间要求】窗口中检查系统是否有足够的空间来安装 SQL Server。单击【下一步】打开【服务器配置】窗口，如图 1.19 所示。在此窗口中，用户需要为 SQL Server 代理服务、SQL Server Database Engine 服务和 SQL Server Browser 服务指定对应系统账户，并指定不同服务的启动状态。配置完成后，单击【下一步】按钮。

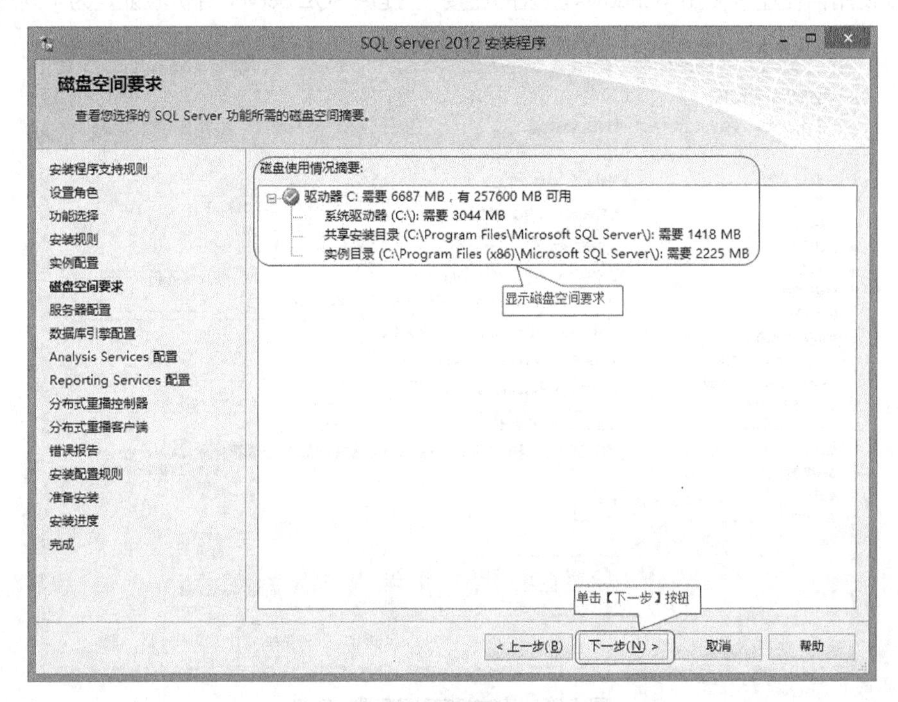

图 1.18 【磁盘空间要求】窗口

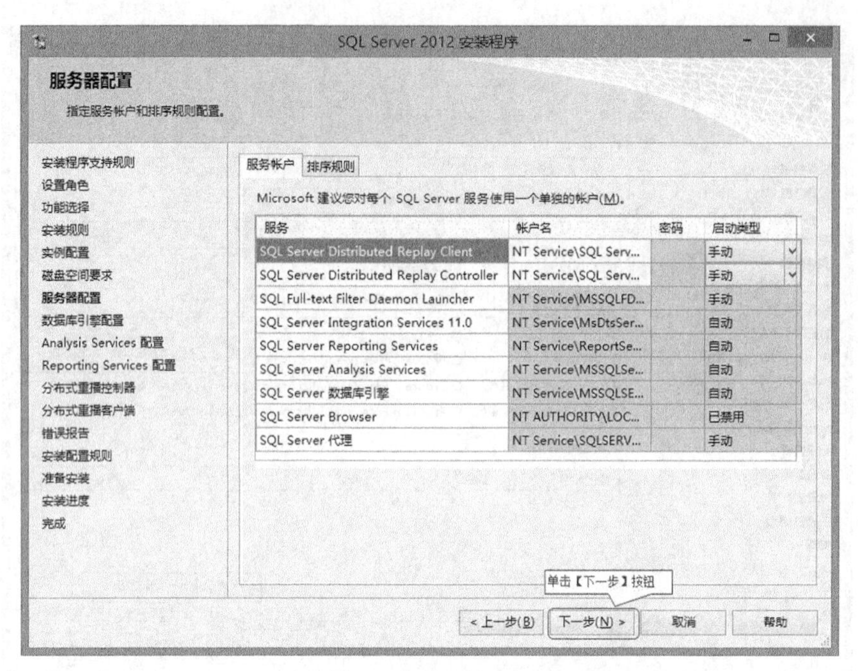

图 1.19 【服务器配置】窗口

（11）打开【数据库引擎配置】窗口，如图 1.20 所示。【数据库引擎配置】窗口用于选择 SQL Server 的身份验证模式。如果选择【混合模式】，则提示输入和确认系统管理员密码。如果选择【Windows 身份验证模式】，则表示用户通过 Windows 用户账户连接时，SQL Server 使用 Windows 操作系统中的信息验证账户名和密码。而【混合模式】允许用户使用 Windows 身份验证或 SQL Server 身份验证进行连接。通过 Windows 用户账户连接的用户可以在 Windows 身份验证模式或混合模式中使用信任连接（由 Windows 验证的连接）。提供 SQL Server 身份验证是为了向后兼容。

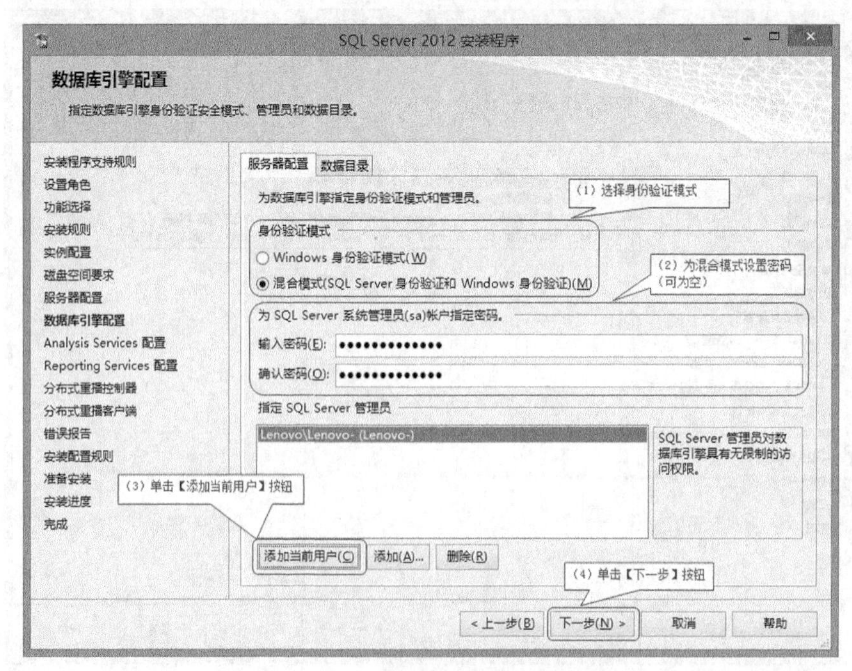

图 1.20 【数据库引擎配置】窗口

为了方便在程序设计中访问 SQL Server 数据库，建议用户选择【混合模式】，并输入管理员用户 sa 的登录密码。sa 是默认的 SQL Server 系统管理员用户。

还需要指定一个 Windows 账户作为 SQL Server 管理员。单击【添加当前用户】按钮，可以将当前 Windows 用户设置为 SQL Server 管理员；也可以单击【添加】按钮，选择其他 Windows 用户。

单击【数据目录】选项卡，可以查看和设置 SQL Server 数据库的各种安装目录。配置完成后，单击【下一步】按钮。

（12）打开【Analysis Services 配置】窗口，如图 1.21 所示。在该窗口中单击【添加当前用户】按钮，单击【下一步】按钮进入【Reporting Services 配置】窗口，如图 1.22 所示。

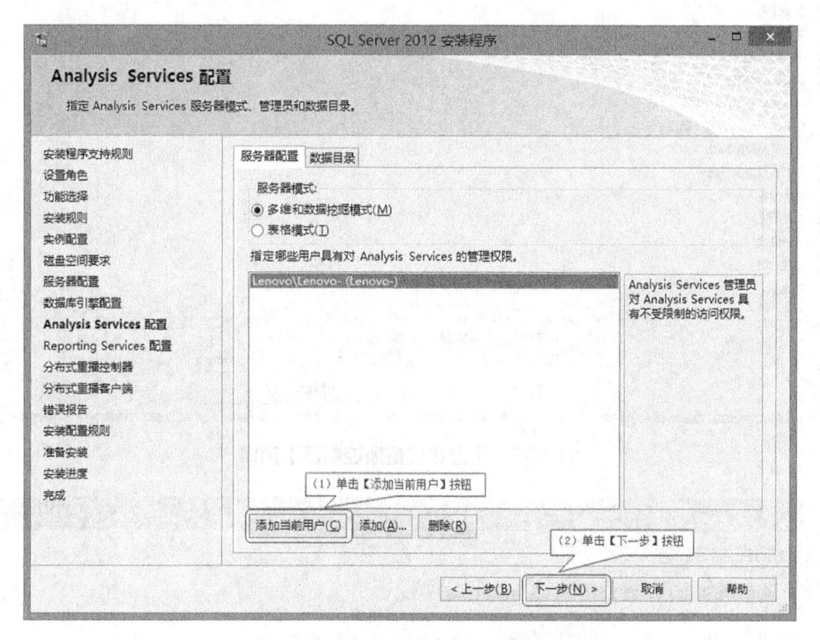

图 1.21 【Analysis Services 配置】窗口

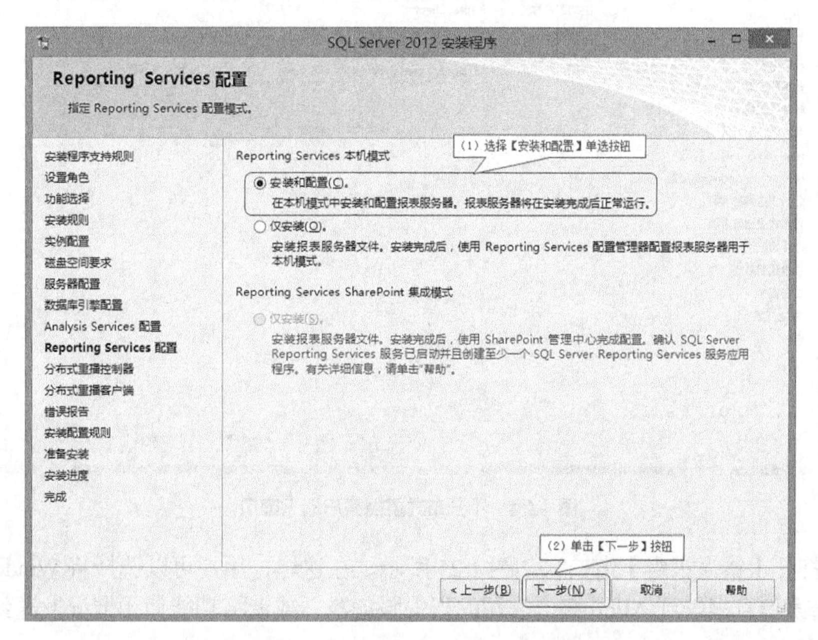

图 1.22 【Reporting Services 配置】窗口

（13）单击【下一步】按钮进入【分布式重播控制器】窗口，如图 1.23 所示，添加用户后进入【分布式重播客户端】窗口，如图 1.24 所示。

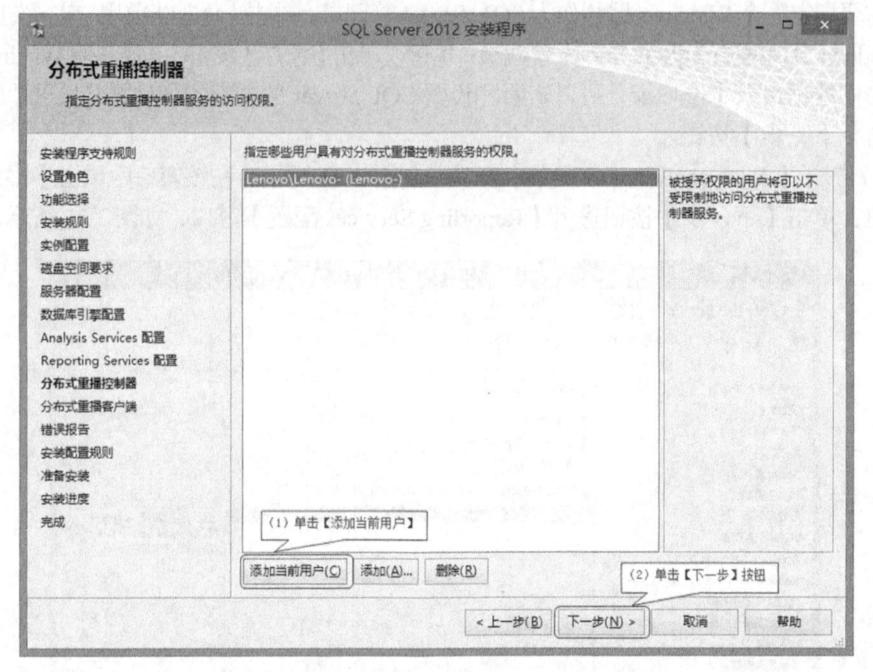

图 1.23 【分布式重播控制器】窗口

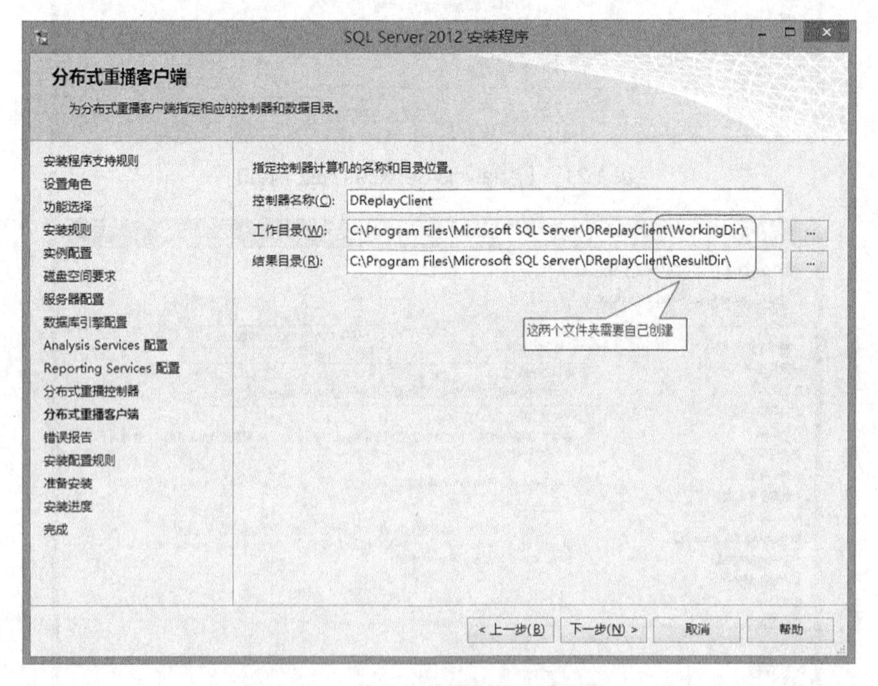

图 1.24 【分布式重播客户端】窗口

（14）打开【错误报告】窗口，如图 1.25 所示。在这里，用户可以选择将 Windows 和 SQL Server 的错误信息报告到 Microsoft 公司的报告服务器，或者将功能使用情况发送到 Microsoft 公司。

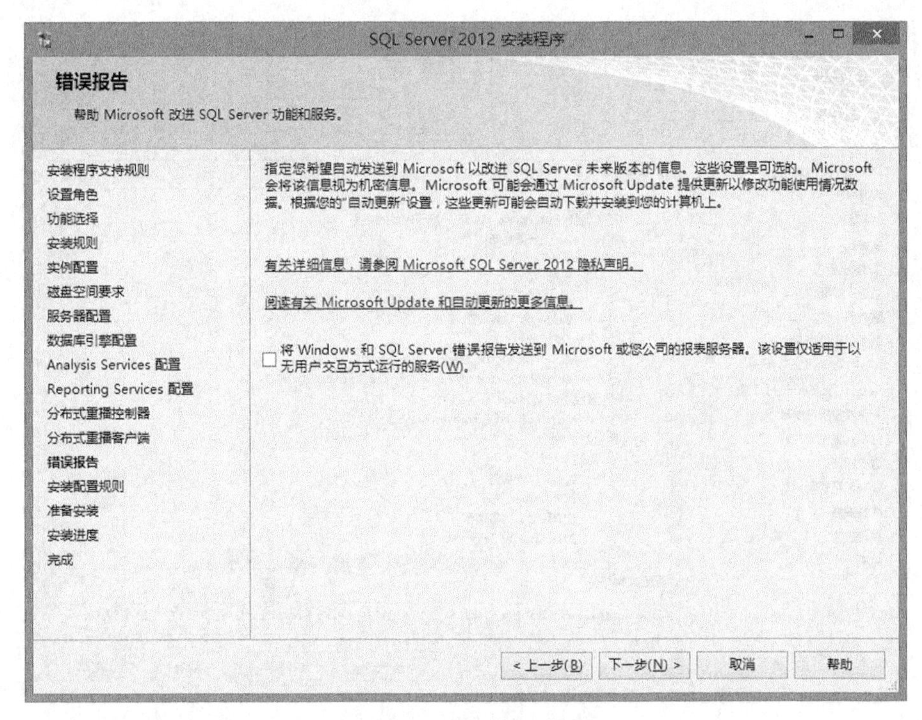

图 1.25　【错误报告】窗口

（15）配置完成后，单击【下一步】按钮，打开【安装配置规则】窗口，如图 1.26 所示。安装程序将检查当前的系统情况是否满足安装 SQL Server 2012 的规则。如果满足条件，则单击【下一步】按钮，打开【准备安装】窗口，如图 1.27 所示。窗口中显示准备安装的 SQL Server 2012 摘要信息，如果确认这些配置信息都正确，则单击【安装】按钮，开始安装 SQL Server 2012。

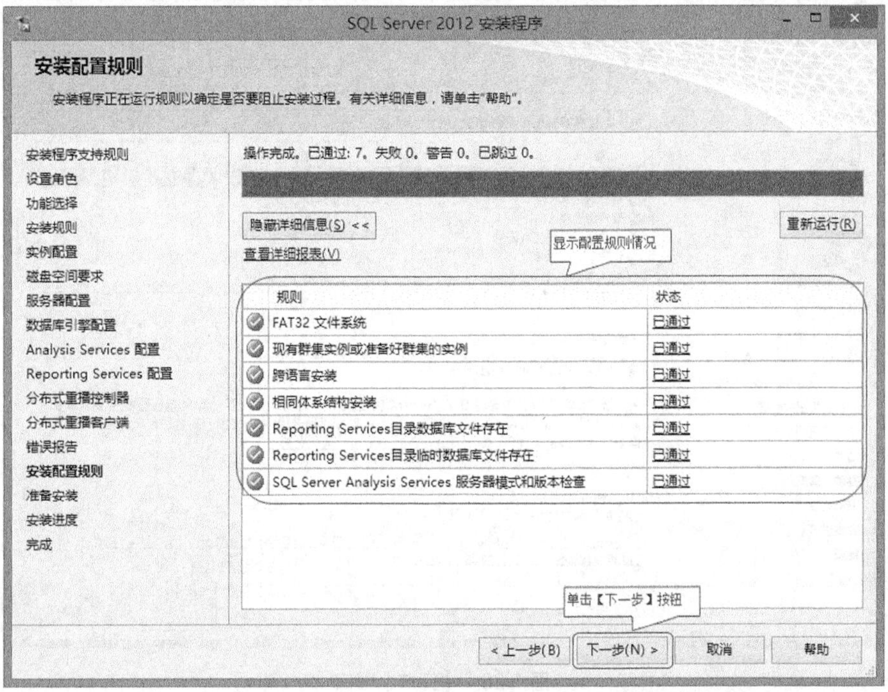

图 1.26　【安装配置规则】窗口

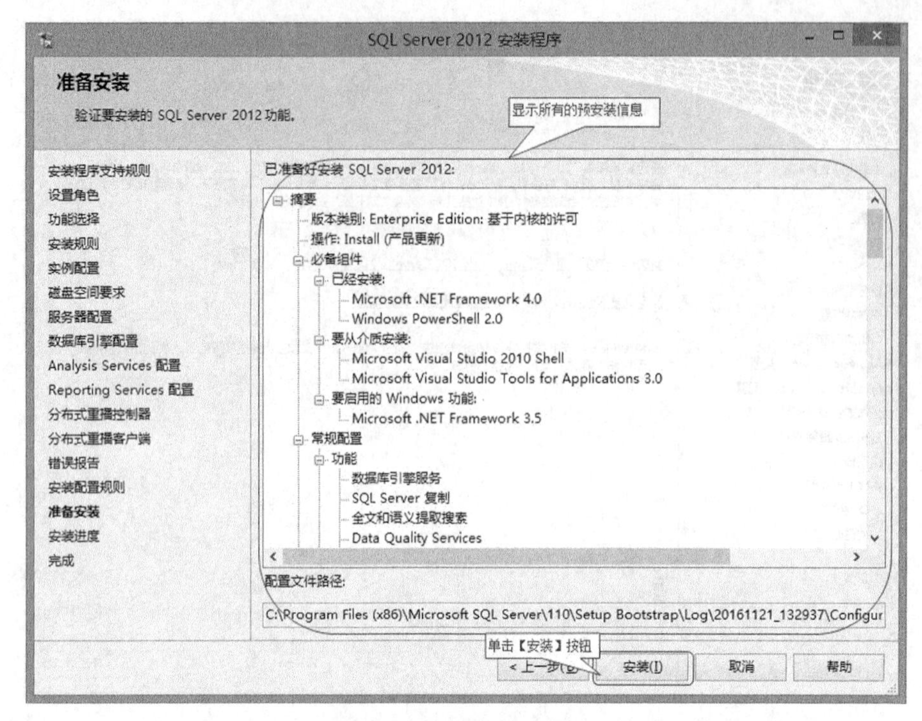

图 1.27 【准备安装】窗口

（16）安装完成后，单击【下一步】按钮，打开【完成】窗口，如图 1.28 所示，单击【关闭】按钮，结束安装。查看 Windows 的【开始】菜单，可以看到新增的菜单项【Microsoft SQL Server 2012】。

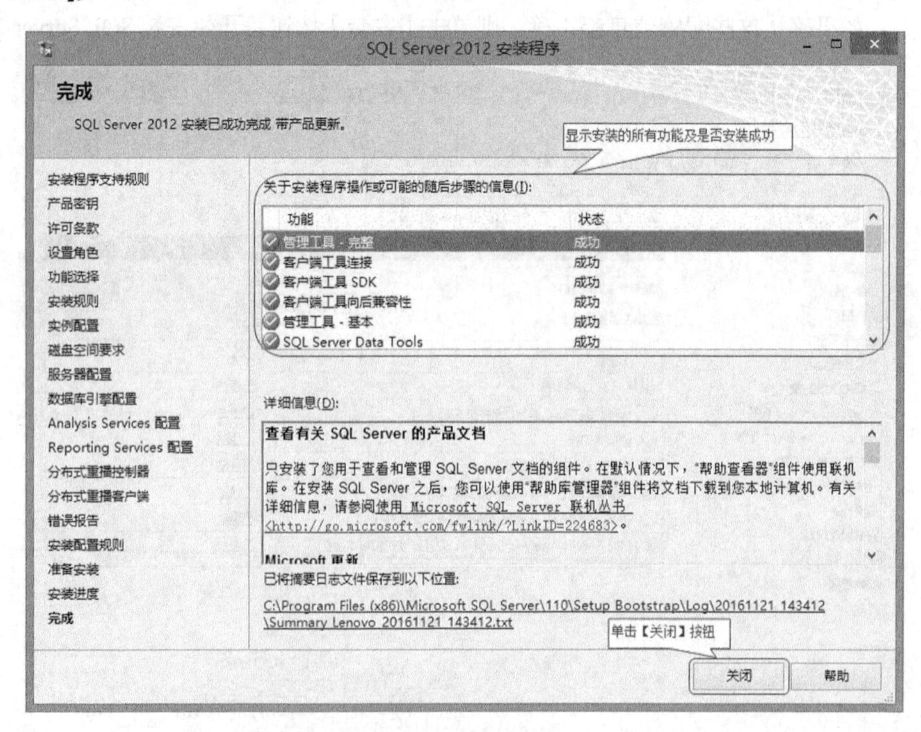

图 1.28 【完成】窗口

1.2.5 卸载 SQL Server 2012 系统

卸载 SQL Server 2012 的步骤如下。

（1）在 Windows 7 操作系统中，打开【控制面板】【程序】中的【程序和功能】窗口，在打开的窗口中选中【Microsoft SQL Server 2012】，如图 1.29 所示。

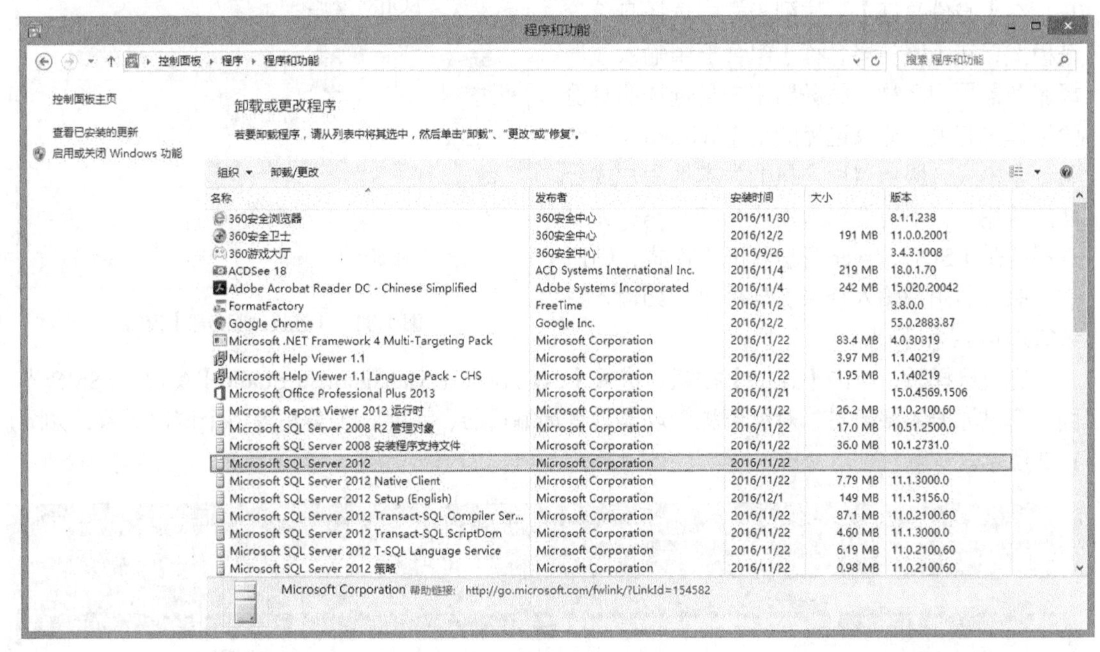

图 1.29 【程序和功能】窗口

（2）选中【Microsoft SQL Server 2012】后，单击【卸载/更改】按钮，进入 Microsoft SQL Server 2012 的添加、修复和删除页面，如图 1.30 所示。

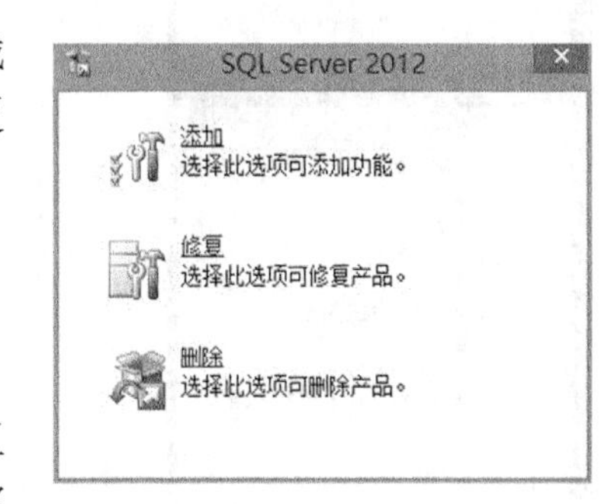

图 1.30 Microsoft SQL Server 2012 的添加、修复和删除页面

1.3 SQL Server 2012 的管理工具

SQL Server 2012 提供了大量的实用工具，借助于这些工具，用户能够快速、高效地对系统实施各种配置与管理。实用工具包括 SQL Server Management Studio、SQL Server 配置管理器、SQL Server Profiler、数据库引擎优化顾问，以及大量的命令行实用工具等。

1.3.1 SQL Server Management Studio

SQL Server Management Studio（SSMS）是一个建立数据库解决方案的集成环境，是 SQL Server 2012 最重要的管理工具，也是最常用的图形界面工具，主要用于连接数据库引擎服务并将用户的操作请求传递给数据库引擎。SSMS 将各种图形化工具和多功能的脚本编辑器组合在一起，向用户提供了一个集成环境，借助于该集成环境，用户能够快速、直观而高效地实现访问、配置、控制、管理和开发 SQL Server 所有组件的任务。

1．启动 SSMS

在 Windows 桌面上执行【Microsoft SQL Server 2012】下的【SQL Server Management Studio】命令，打开图 1.31 所示的【连接到服务器】窗口。

选择服务器类型，输入服务器名称，然后选择身份验证方式。

在【身份验证】下拉列表框中选择身份验证模式，在【服务器名称】组合框中输入或选择服务器用户名称。服务器用户与选择的身份验证模式有关。如果选择的是【Windows 身份验证】模式，服务器用户只能为本地用户或合法的域用户，不需要输入用户名和密码；如果选择的是【SQL Server 身份验证】模式，则还需为服务器用户输入登录名与密码，如输入系统管理员 sa 和密码。

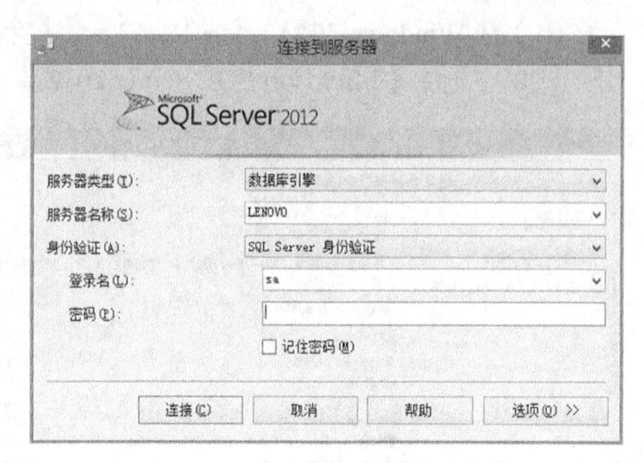

图 1.31　【连接到服务器】窗口

完成选择后，单击【连接】按钮，进入【SQL Server Management Studio】窗口。SSMS 界面包含已注册的服务器、对象资源管理器、查询编辑器、属性、工具箱等多个窗口对象，如图 1.32 所示。

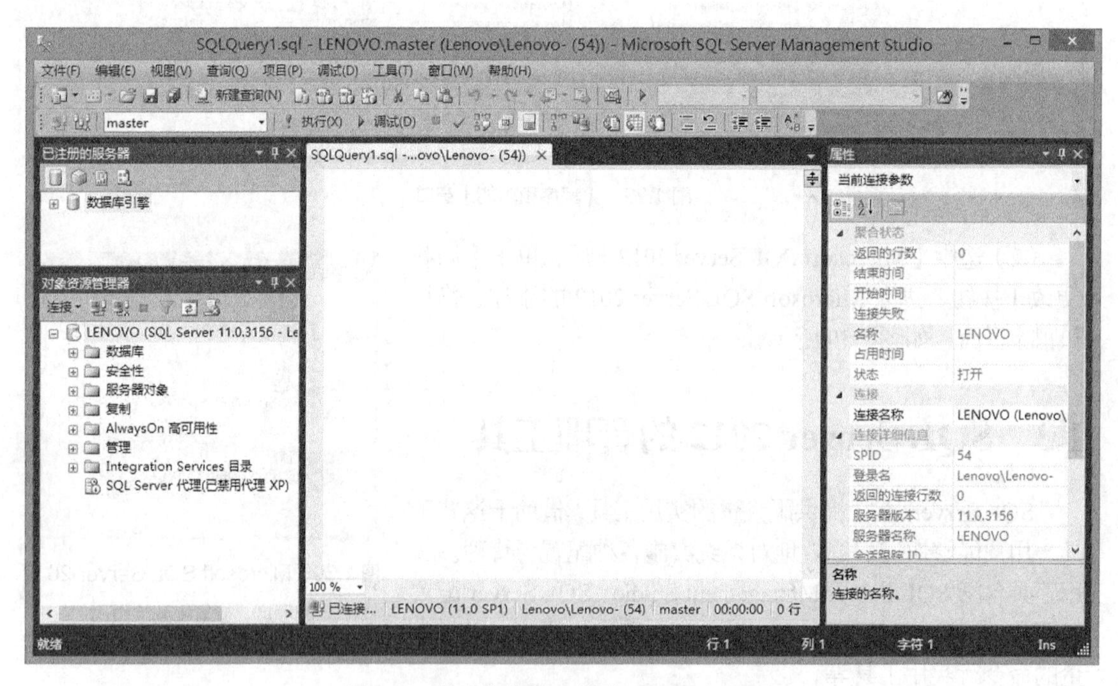

图 1.32　包含多个窗口对象的 SSMS 主界面

这些窗口对象都是具有一定管理与开发功能的工具。默认情况下，SSMS 启动后将自动打开已注册的服务器、对象资源管理器及文档窗口 3 个窗口对象。如果某些窗口被关闭，可以通过选择【视图】菜单中的相应命令来打开对应的窗口。

2．服务器的注册与管理

创建服务器组可以将众多的已注册的服务器进行分组化管理，通过注册服务器可以存储服务器连接的信息，以供在连接该服务器时使用。

鼠标右键单击 SSMS 中【视图】下的【已注册的服务器】选项，右键单击鼠标，在弹出的菜单中选择【新建服务器组】可实现新服务器组的创建，如图 1.33 所示。

如果要删除所选中的服务器组，系统会弹出如图 1.34 所示的【确认删除】提示信息，单击【是】按钮才会将其删除掉。

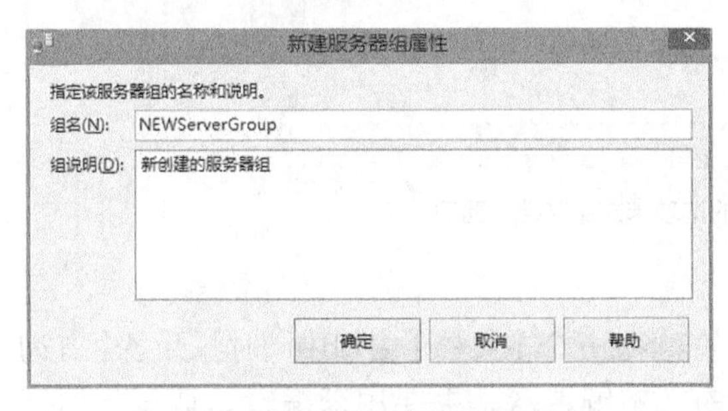

图 1.33 【新建服务器组属性】窗口

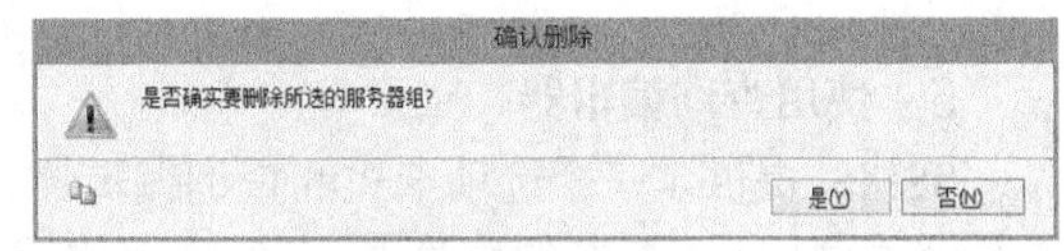

图 1.34 【确认删除】窗口

在选中的服务器组中进行新建和删除服务器的操作同样简单，不再赘述。

3．使用对象资源管理器

可以通过【对象资源管理器】窗口连接到数据库引擎、分析服务、报表服务、移动服务与集成服务 5 种类型的服务器，并以树型结构显示和管理服务器中的所有对象节点。查看各个资源对象节点详细信息的步骤如下。

（1）单击【对象资源管理器】工具栏中的【连接】按钮，从弹出的下拉列表中选择连接的服务器类型。

（2）在弹出的【连接到服务器】对话框中选择身份验证模式，输入或选择服务器名称。单击【连接】按钮，即可连接到指定的服务器。

（3）在【对象资源管理器】窗口中，通过单击某资源对象节点前的加号或减号，可以展开或折叠该资源的下级节点列表，层次化管理资源对象。

（4）【对象资源管理器】窗口所显示的一级资源节点是已连接的服务器名称，展开服务器节点，可以看到以下的所有二级资源节点。这些二级资源节点所代表的对象及其意义说明如下。

- 【数据库】节点：包含连接到的 SQL Server 服务器的系统数据库和用户数据库。
- 【安全性】节点：显示能连接到 SQL Server 服务器的 SQL Server 登录名列表。
- 【服务器对象】节点：包含【备份设备】、【端点】、【链接服务器】及【触发器】子节点，提供链接服务器列表，通过链接服务器把服务器与另一个远程服务器相连。
- 【复制】节点：显示有关数据复制的细节。数据可从当前服务器的数据库复制到另一个数据库或另一台服务器的数据库，也可按相反次序复制。
- 【管理】节点：包含【策略管理】、【数据收集】、【维护计划】、【SQL Server 日志】等子节点，控制是否启用策略管理，显示各类信息或错误，维护日志文件等。日志对于 SQL Server 的故障排除将非常有用。
- 【SQL Server 代理】节点：在特定的时间建立和运行 SQL Server 中的任务，并把成功或失败的详细情况发送给 SQL Server 中指定的操作员、寻呼机或电子邮件，包含【作业】、【警报】、【操作员】、【错误日志】等子节点。

4．使用文档窗口

根据服务器上资源对象操作的不同，【文档】窗口将相应地显示出查询脚本代码、表设计器、视图设计器、摘要等页面信息。可以将【文档】窗口设置为选项卡式窗口，如图 1.35 所示。通过单击页标题进行文档的切换，也可以右击页标题，在弹出的快捷菜单中选择【关闭】、【保存】、【隐藏】等命令，对指定文档进行相应的操作。

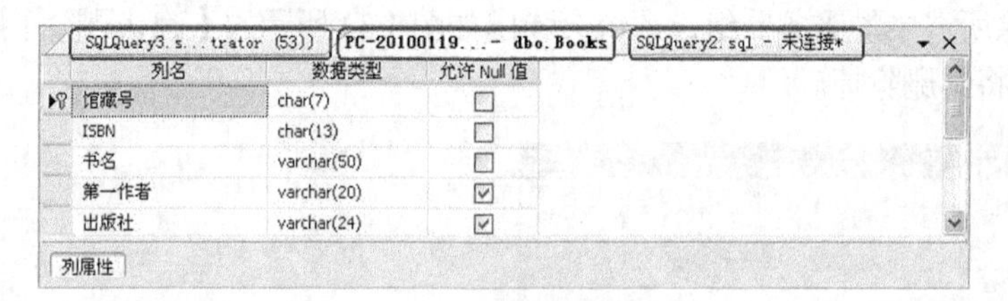

图 1.35　包含 3 个文档的选项卡式【文档】窗口

5．使用查询编辑器

SSMS 提供了一个选项卡式的查询编辑器，能够在一个【文档】窗口中同时打开多个查询编辑器的视图。查询编辑器是一个自由格式的文本编辑器，主要用来编辑、调试与运行 Transact-SQL 命令。

可以通过执行 SSMS 的【文件】|【新建】|【数据库引擎查询】命令，或者单击 SSMS 工具栏中的【新建查询】按钮来启动查询编辑器。图 1.36 所示即为一个新建的【查询编辑器】窗口，该窗口中正在输入一段 Transact-SQL 代码。

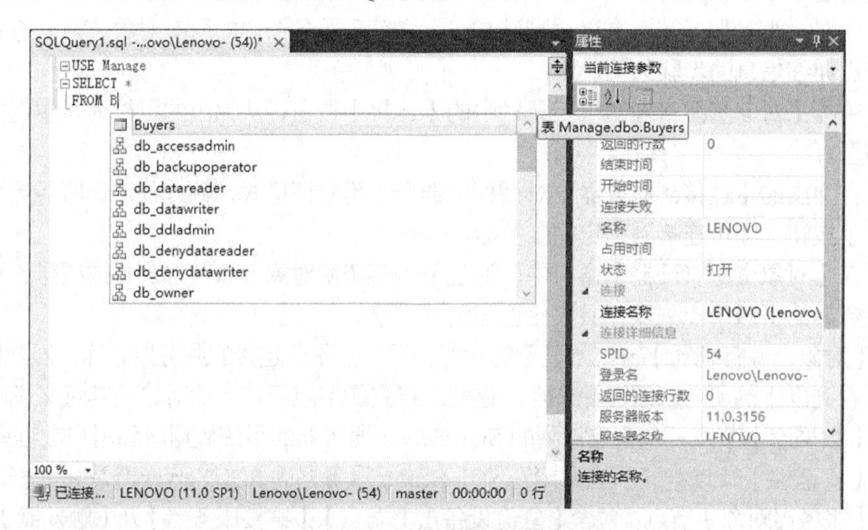

图 1.36　【查询编辑器】窗口

一旦打开了【查询编辑器】窗口，与查询编辑器相关的【SQL 编辑器】工具栏随之出现在 SSMS 窗口中。【SQL 编辑器】工具栏共包含【连接】、【更改连接】、【可用数据库】、【执行】、【调试】、【取消执行查询】、【分析】等 20 个功能按钮或下拉列表框，如图 1.37 所示，分别用来实现 T-SQL 命令或代码的输入、格式设置、编辑、调试、运行、结果显示、处理等一系列的功能与操作。

执行(X)　调试(D)

图 1.37　【SQL 编辑器】工具栏

SQL Server 2012 的查询编辑器具有智能感知（IntelliSense）的特性。在查询编辑器中，能够像 Visual Studio 一样自动列出对象成员、属性与方法等，还能够进行语法的拼写检查，即时显示出拼写错误的警告信息。

SQL Server 2012 的查询编辑器支持代码调试，提供断点设置、逐语句执行、逐过程执行、跟踪到存储过程或用户自定义函数内部执行等一系列强大的调试功能。

1.3.2 配置管理器

SQL Server Configuration Manager（SQL Server 配置管理器），简记为 SSCM，用于管理与 SQL Server 相关联的服务，配置 SQL Server 使用的网络协议，以及从 SQL Server 客户机管理网络连接。通过 SQL Server 配置管理器，能够启动、停止、暂停、恢复和重新启动各类服务，也可以更改服务使用的账户，以及查看或更改服务器属性。

SQL Server 2012 配置管理中的重要工作是服务管理，包括服务的启动、停止、暂停、恢复和重新启动等基本操作，可以使用后台启动和 SQL Server 配置管理器来完成。只有在 SQL Server 2012 服务启动后才能正确地使用该数据库系统。

通过后台启动 SQL Server 2012 服务时，在【控制面板】中选择【系统和安全】中【管理工具】下的【服务】命令，打开【服务】窗口，如图 1.38 所示。在【服务】窗口中找到需要启动的 SQL Server 2012 服务，单击鼠标右键，在弹出的快捷菜单中选择【启动】命令，即可启动 SQL Server 2012 服务。

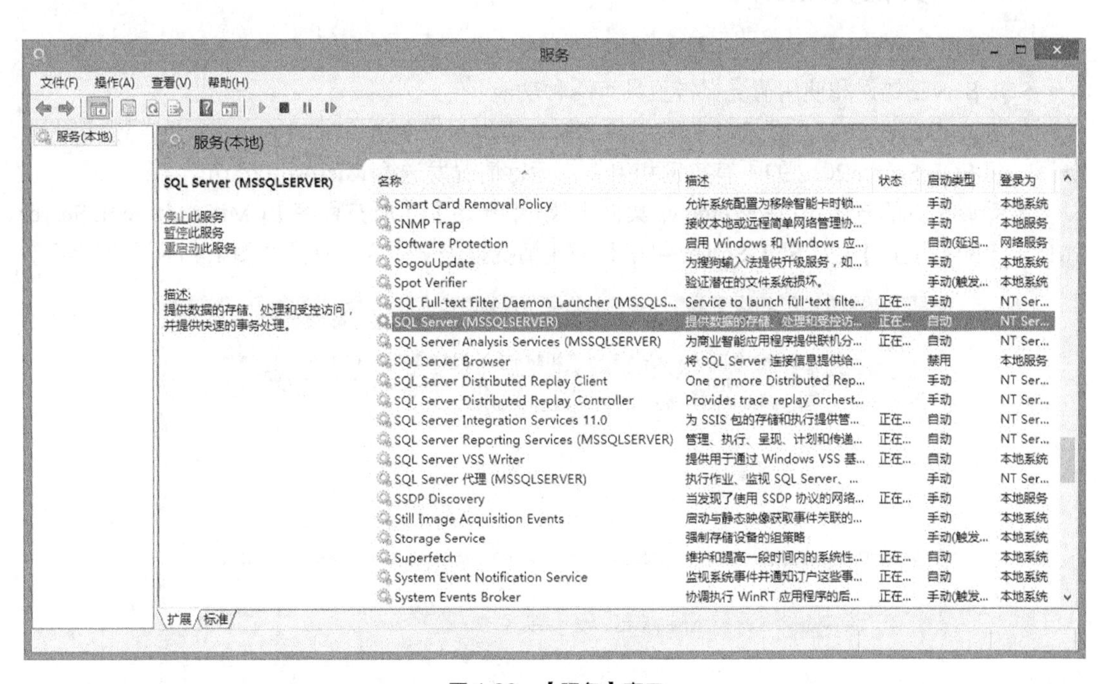

图 1.38 【服务】窗口

通过配置管理器启动 SQL Server 2012 服务，选择【开始】菜单中的【所有程序】，找到【Microsoft SQL Server 2012】中【配置工具】下的【SQL Server 配置管理器】命令，打开【SQL Server 配置管理器】窗口。窗口右侧窗格中显示出 SQL Server 的各种服务，选中要进行操作的服务对象 SQL Server Analysis Services（GARSQL）。执行【操作】中的【启动】命令，或者右击选中的服务对象，在弹出的快捷菜单中选择【启动】命令，将 SQL Server Analysis Services（GARSQL）服务启动。SQL Server 配置管理器在工具栏中提供 4 个命令按钮，来实现服务的常规操作，如图 1.39 所示。

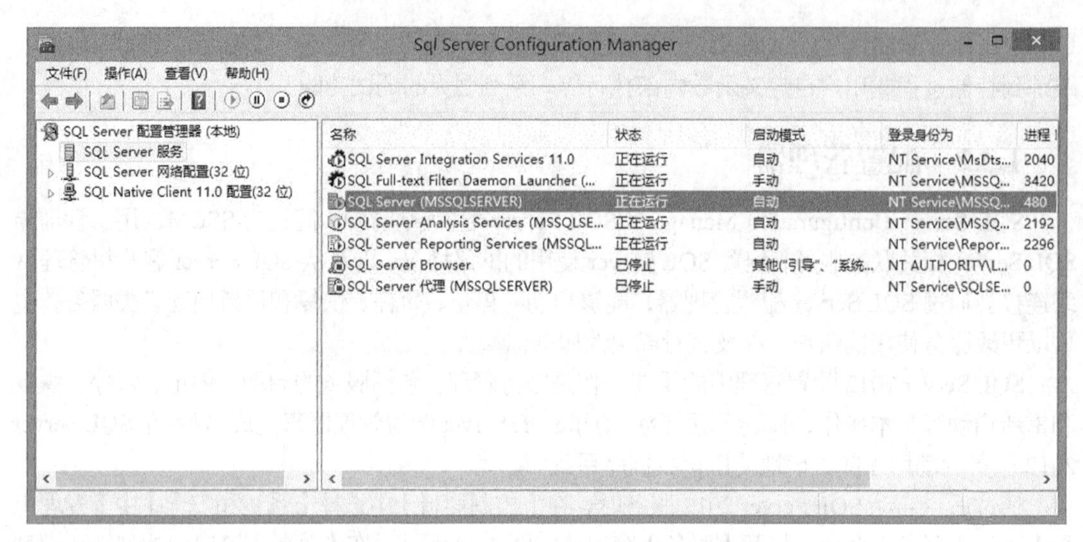

图 1.39 【SQL Server 配置管理器】窗口

1.3.3 其他实用工具

1. SQL Server 错误和使用情况报告工具

SQL Server 错误和使用情况报告工具有两种功能。

将 SQL Server 2012 的所有实例和组件的错误运行报告发送给 Microsoft 公司的错误报告服务器。将 SQL Server 2012 的所有实例和组件的运行情况发送给 Microsoft 公司。

启动该工具的方法为：在 Windows 桌面上执行【开始】|【所有程序】| Microsoft SQL Server 2012 |【配置工具】|【SQL Server 错误和使用情况报告】命令，打开如图 1.40 所示的界面。

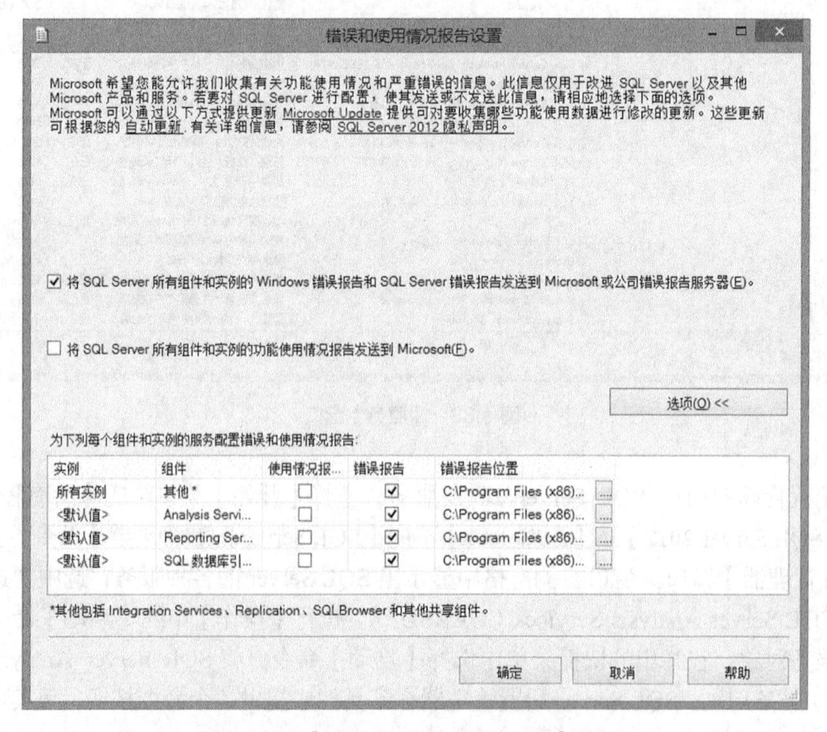

图 1.40 【错误和使用情况报告设置】界面

该工具的用法不再介绍。

2．文档和教程

SQL Server 2012 提供了大量的联机帮助文档与使用教程，如图 1.41 所示。这些文档与教程具有索引和全文搜索功能，用户可根据关键词快速查找所需的信息。

图 1.41　SQL Server 2012 的联机帮助文档

3．导入和导出数据工具

导入和导出数据工具用于 SQL Server 2012 的数据库与其他格式数据间的相互转换。该工具能够将其他类型的数据进行格式转换并存储到 SQL Server 2012 的数据库中，也可以将 SQL Server 2012 数据库中的数据转换输出为其他格式的数据。

本章小结

本章主要介绍数据库技术的基础理论，讲解 SQL Server 2012 的安装与配置方法。本章还介绍了 SQL Server 2012 的体系与结构、SQL Server 2012 的 4 个主要组成部分、SQL Server 2012 实用工具的概况及使用方法等。

课后练习

一、填空题

1. ________是用来统一管理与控制数据库的一套系统软件，是数据库系统的核心。
2. 3 种最常用的逻辑数据模型是________、________和________。
3. 在关系模型中，记录集合定义为一张二维表，即________。

4. 数据模型按不同的应用层次分为________、________和________。

5. SQL Server 2012 的每次成功安装都将产生一个________。

6. IBM 公司的研究人员埃德加·弗兰克·科德提出了关系模型，奠定了________管理系统的基础。

7. 查询编辑器是一个________格式的文本编辑器，主要用来编辑与运行________命令。

8. ________是 Microsoft SQL Server 2012 系统的核心服务。

9. SQL Server Configuration Manager 称为 SQL Server________。

10. SSMS 是一个集成环境，是 SQL Server 2012 最重要的________工具。

11. 对象资源管理器以________结构显示和管理服务器中的对象节点。

12. BIDS 的安装需要不低于________版本的支持。

13. 主机 IP 的标识是该 IP 的地址值通常为________。

14. ________是跟踪与捕获 SQL Server 事件的图形用户工具，常用来监视某些插入事务。

15. SQL Server 提供了大量的联机帮助文档与使用教程，它们具有________和________功能。

二、选择题

1. 下列 4 项中，不属于数据库特点的是（　　）。

A. 数据冗余高　　B. 数据共享

C. 数据完整性　　D. 数据独立性高

2.（　　）是长期存储在计算机内有结构的大量的共享数据集合。

A. 数据库　　B. 数据

C. 数据库系统　　D. 数据库管理系统

3. 以下的英文缩写表示数据库管理系统的是（　　）。

A. DBS　　B. DB　　C. DBAS　　D. DBMS

4.（　　）是位于用户与操作系统之间的一层数据管理软件，为用户或应用程序提供访问数据库的方法，属于系统软件。数据库在建立、使用和维护时由其统一管理、控制。

A. DBS　　B. DB　　C. DBMS　　D. DBA

5. 数据库管理系统、操作系统、应用软件的层次关系从核心到外围分别是（　　）。

A. 数据库管理系统、操作系统、应用系统

B. 操作系统、数据库管理系统、应用系统

C. 数据库管理系统、应用系统、操作系统

D. 操作系统、应用系统、数据库管理系统

6. SQL Server 配置管理器不能设置的一项是（　　）。

A. 启用服务器协议　　B. 禁用服务器协议

C. 删除已有的端口　　D. 更改侦听的 IP 地址

7.（　　）不是 SQL Server 2012 服务器可以使用的网络协议。

A. Shared Memory 协议　　B. PCI/TP

C. VIA 协议　　D. Named Pipes 协议

8.（　　）不是 SQL Server 错误和使用情况报告工具所具有的功能。

A. 将组件的错误报告发送给 Microsoft 公司

B. 将实例的错误报告发送给 Microsoft 公司

C. 将实例的运行情况发送给 Microsoft 公司

D. 将用户的报表与分析发送给 Microsoft 公司

9.（　　）不是【查询编辑器】工具栏中包含的工具按钮。

A. 调试　　B. 更改连接　　C. 更改文本颜色　　D. 分析

10. 通过【对象资源管理器】窗口不能连接到的服务类型是（　　）。

A. 查询服务　　B. 集成服务　　C. 报表服务　　D. 分析服务

三、简答题

1. 安装 SQL Server 2012 企业版对计算机的硬件与操作系统各有什么要求？
2. 在安装过程中可为数据库引擎选择的身份验证模式有哪两种？
3. SQL Server 2012 包含哪些版本？各有什么特点？
4. SQL Server 2012 的查询编辑器有哪些功能？
5. 如何启用已禁用的服务？
6. SQL Server 2012 系统的核心服务是什么？该服务有何特点？
7. SQL Server 2012 包含哪些服务？这些服务之间有什么关系？
8. 举例说明 SQL Server 2012 最重要的两个管理工具及其作用。

综合实训

实训名称

SQL Server 2012 常用工具的使用。

实训任务

（1）启动并使用 SQL Server Management Studio。

（2）启动并使用 SQL Server 配置管理器。

实训目的

（1）掌握 SQL Server Management Studio 的基本操作方法。

（2）掌握 SQL Server 配置管理器的基本操作方法。

实训环境

Windows Server 平台及 SQL Server 2012 系统。

实训内容

（1）用 SQL Server 2012 的 SSMS 更改服务的状态。

（2）用 SQL Server 2012 的配置管理器更改登录身份。

实训步骤

操作具体步骤略，请参考相应案例。

实训结果

在本次实训操作结果的基础上，分析总结并撰写实训报告。

实训步骤

操作具体步骤略，请参考相应案例。

实训结果

在本次实训操作结果的基础上，分析总结并撰写实训报告。

Chapter 2 第 2 章 数据库管理

任务目标：本章设计了一个简单数据库 Manage，用于对客户、货物以及客户对货物的订货信息进行管理，来帮助大家学习和理解数据库管理。通过 Manage 数据库应用，达到掌握 SQL Server 2012 的相关知识的目标，学会数据库的管理、信息的有效组织、数据库的高级应用、数据库的安全操作等技能。本章是实现 Manage 数据库的基础，首先应掌握 SQL Server 数据库的基本知识，包括数据库系统以及数据库文件结构等概念，在此基础上通过对数据库的创建、修改、删除、分离和附加等操作，完成数据库管理项目的相关任务操作。

2.1 SQL Server 数据库的结构

从数据库管理员的角度，SQL Server 数据库的物理表现形式是数据文件，即一个数据库由一个或多个磁盘上的文件组成。这种物理表现只对数据库管理员是可见的，对用户是透明的，可称为物理数据库。

从数据库用户的角度，SQL Server 数据库是由存放数据的表和对这些数据进行各类操作的逻辑对象共同组成的一个集合。这种集合称为逻辑数据库，组成逻辑数据库的各种对象称为数据库对象。

2.1.1 数据库文件分类

SQL Server 数据库是以文件的形式存储在磁盘上的，根据文件作用不同可以分为三种类型，为了便于文件管理，可将数据库文件分成不同的文件组。

1．数据库文件

- 主数据文件，是数据库的关键文件，包含数据库的启动信息、数据库对象、其他文件的位置信息以及数据等。每个数据库必须有且仅有一个主数据文件，其扩展名为.mdf。
- 辅助数据文件，用于存储未包含在主文件中的数据信息。使用辅助数据文件可以扩展数据库的存储空间。若数据库只有主数据文件来存储数据，则主数据文件的最大容量将受到整个磁盘空间的限制；若采用了辅助数据库文件，并将多个文件存放在不同的磁盘上，则数据库的容量不再受一个磁盘空间的限制。每个数据库可有 0 个或多个辅助数据文件，其扩展名为.ndf。
- 事务日志文件，用来记录对数据库的所有修改操作和执行每次修改的事务，保存恢复数据库所需的事务日志信息。SQL Server 遵循先写日志再执行数据库修改操作（如

INSERT、UPDATE、DELETE 等 SQL 命令）的原则，一旦发生数据库系统崩溃，数据库管理员可以通过日志文件完成数据库的修复与重建。每个数据库有一个或多个事务日志文件，其扩展名为.ldf。

注意：数据库三类数据文件的扩展名不是强制的，但最好使用这些默认扩展名，这样有助于标识文件用途。数据库文件默认存放路径为 C:\Program Files\Microsoft SQL Server\MSSQL10.MSSQLSERVER\MSSQL\DATA，此路径可以改变。

2．文件组

为了扩展存储空间，在创建数据库时常将多个数据文件存放在不同的磁盘上，并把多个数据文件组成一个或多个文件组。创建数据库对象时可以指定它所在的文件组，但不能指定文件，这样当对数据库对象进行操作时，由数据库对象找到它所在的文件组，再由文件组找到组中的数据文件。数据库根据组内数据文件的大小，按比例写入组内所有数据文件中，而不是将组内第一个数据文件写满后再写第二个、第三个……这样可以使多个磁盘同时并行工作，大大提高了读写速度，又使组内的数据文件同时写满。

每个数据库中都有一个文件组作为默认文件组，即主文件组 PRIMARY。若创建表或索引时没有为其指定文件组，则将从默认文件组中进行存储页分配、查询等操作。

注意：在一个数据库中可以创建多个文件组，而一个数据库文件只能属于一个文件组，事务日志文件不属于任何文件组，一个数据文件或文件组只能被一个数据库使用。

2.1.2 数据库对象

数据库中的数据按不同的形式组织在一起，构成了不同的数据库对象。当一个用户连接到数据库服务器后，看到的是这些逻辑对象，而不是存放在物理磁盘上的文件。一个数据库对象在磁盘上没有对应的文件。

SQL Server 数据库对象主要包括以下几方面。

- 表：SQL Server 最主要的数据库对象，是由行和列组成的二维表，作为存放和操作数据的一种逻辑结构。
- 视图：从一个或多个基表中创建的虚拟表，数据库中只存放视图的定义，数据仍然存放在基表中。
- 索引：提供加快检索数据的方式，是对数据表某些列的数据进行排序的一种结构。
- 同义词：在架构范围内为存在于本地或远程服务器上的其他数据库对象提供备用名称的一种技术手段。
- 存储过程：一组经过预编译的 SQL 语句集合，用于完成特定功能。
- 触发器：能够被某些操作激发并自动触发执行的一种特殊的存储过程。
- 规则：用来限制表列数据范围、保障数据完整性的一种手段。
- 默认值：在用户没有给出具体数据时，系统所自动生成的数值。
- 约束：用来保障数据的一致性与完整性的简便方法。

2.2 系统数据库

SQL Server 2012 包含用户数据库和系统数据库两类。

用户数据库是由用户自行创建的数据库，存储着用户的重要数据。

2.2.1 用户数据库

系统数据库是在安装 SQL Server 2012 时由安装程序自动创建的数据库。系统数据库存放着 SQL Server 运行和管理其他数据库的重要信息，是 SQL Server 2012 管理数据库的依据。如果系统数据库遭到破坏，SQL Server 将不能正常运行。

2.2.2 系统数据库

SQL Server 2012 包含 5 个系统数据库，分别是：master、tempdb、model、masb 和 resource。其中，前 4 个数据库是可见的，可以在 SSMS 中的【对象资源管理器】窗口（见图 2.1）【系统数据库】节点中看到；resource 数据库为隐藏数据库，它存在于 sys 框架中，无法显示在 SSMS【系统数据库】节点中。

图 2.1 【对象资源管理器】窗口内的系统数据库

1．master 数据库

master 数据库是 SQL Server 的主控数据库，用于管理其他数据库和保存 SQL Server 系统信息。master 数据库如果遭到破坏，SQL Server 系统将无法启动。master 数据库记录了 SQL Server 系统级的信息，包括系统中所有的登录账号、系统配置信息、所有数据库的信息、所有用户数据库的主文件地址等，这些信息都记录在 master 数据库的各个表中。

为了与用户创建的表相区别，这些表被称为系统表，表名多以“sys”开头。master 数据库中包含的系统表很丰富，常用的部分系统表如表 2.1 所示。

表 2.1　常用的 master 系统表

系统表名称	用　途
sys_server_info	保存服务器及安装信息
spt_values	用于保存系统表的特征值
sysconfigures	保存服务器选项的代码、名称、当前设置
sysdatabases	保存所有数据库的代码、名称、创建日期等信息
syslogins	保存系统所有登录账号
sysdevices	用于保存系统数据库设备和备份的信息

2．tempdb 数据库

临时数据库 tempdb 用于存储用户创建的临时表、存储过程或用户声明的全局变量，以及用户通过游标筛选出来的数据，并为数据排序提供一个临时性工作空间。当用户离开 SQL Server 以后，在 tempdb 数据库中的临时信息将被自动删除。当再次启动 SQL Server 时 tempdb 数据库将被重建，当它的空间不够用时，系统自动扩展它的大小。

使用这个临时数据库不需要特殊的权限，不管 SQL Server 中安装了多少个数据库，临时数据库都只有一个。tempdb 数据库是 SQL Server 中负担最重的数据库，因为几乎所有的查询都可能需要使用它。

3. model 数据库

model 数据库是 SQL Server 2012 中的模板数据库，其中包含的各个系统表为每个用户数据库所共享。当创建一个用户数据库时，model 数据库的内容会自动复制到该数据库中。通过修改模板数据库，可以对所有新数据库建立一个自定义的配置。所以我们可以把每一个新建数据库所需要的数据对象创建在 model 数据库中。

model 数据库有 19 个系统表，另外还有一些视图和存储过程。表 2.2 中列出了 model 数据库中部分系统表信息。

表 2.2　　常用的数据库系统表

系统表名称	用　途
sysobjects	用于保存数据库中所有的数据库对象的信息，包括表、视图、存储过程、规则等
systypes	记录系统数据类型和用户定义的数据类型
sysfiles	记录数据库的数据文件和日志文件的信息
sysdevices	用于保存数据库的文件组信息
sysusers	记录数据库中所有的用户和角色

4. msdb 数据库

msdb 数据库用于存储报警、作业及操作员信息。SQL Server Agent（SQL Server 代理）通过这些信息来调度作业，监视数据库系统的错误并触发报警，同时将作业或报警消息传递给操作员。

5. resource 数据库

resource 数据库包含 SQL Server 2012 中的所有系统对象。该数据库具有只读特性，即可以从 resource 数据库中读取相应的信息，但是不能够更改其信息。Resource 数据库的物理文件名为 mssqlsystemresource.mdf，该文件不允许移动或重新命名，否则 SQL Server 将不能启动。

2.3 使用 SSMS 操作数据库

SQL Server 2012 提供的管理工具 SQL Server Management Studio（SSMS）使用户能够在图形化界面中，方便而直观地完成数据库的建立、修改、删除等操作。

2.3.1 创建数据库

创建数据库实质上就是定义数据库文件与设置数据库选项，包括确定数据库的逻辑文件名与物理文件名，规划数据库文件的容量，指定文件的增长模式，设计数据库的排序规则，选择数据库的字符集，设置数据库文件的存放位置等。

微课：使用 SSMS 创建数据库

注意：系统会根据用户输入的数据库的名称，自动生成数据库文件的相关属性，具体如下。

- 逻辑名称：数据库的逻辑文件名。
- 文件类型：用来标识创建的文件是存储记录（行数据）的数据文件，还是存储日常事务行为的日志文件。
- 文件组：用来标识创建的数据库所归属的文件组名称。文件组包含所有的系统表。一个数据库文件只能存在于一个文件组中。日志文件不允许属于任何文件组。

- 初始大小：用来设置空数据库文件的初始空间大小值（单位默认为 MB）。刚创建的数据库只有系统表，而不存在用户数据库对象，因此初始文件大小可以比较小。以后随着数据库量增长，可以自动扩展数据库的空间大小。
- 自动增长：当数据库文件在超过其初始空间大小时，该项可用以启动文件大小的自动增长功能，可设置具体的增长方式。
- 路径：数据库物理文件所存放的位置。默认情况下为 SQL Server 安装目录下的某个特定子目录。可以通过其右侧的□按钮来指定文件的存储路径。
- 文件名：数据库物理文件的名称。该名称一般由系统根据逻辑名称按内部规则设定，也可以通过输入改变默认名称。

要创建数据库，用户必须是 sysadmin 或 dbcreator 服务器的成员，或被明确赋予了执行 CREATE DATABASE 语句的权限。

【任务 2.1】创建一个名为 Manage 的数据库，该数据库包含一个主数据库文件、一个事务日志文件，所有文件都存储在 C:\Program Files\Microsoft SQL Server\data 文件夹下。其中，主数据库文件初始大小为 5MB，按照 10%的容量增长，大小无限制。日志文件初始大小为 1MB，每次增长 1MB，文件最大容量为 100MB。

创建 Manage 数据库过程操作步骤如下。

（1）启动 SSMS 2012 管理工具。

（2）在 SSMS 窗口左侧的【对象资源管理器】中展开当前服务器对象节点，右击数据库节点，选择【新建数据库】命令，如图 2.2 所示。弹出【新建数据库】对话框，如图 2.3 所示。

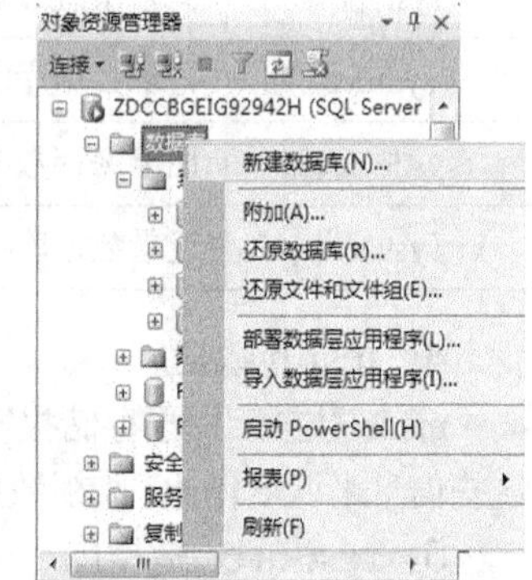

图 2.2 新建数据库快捷菜单

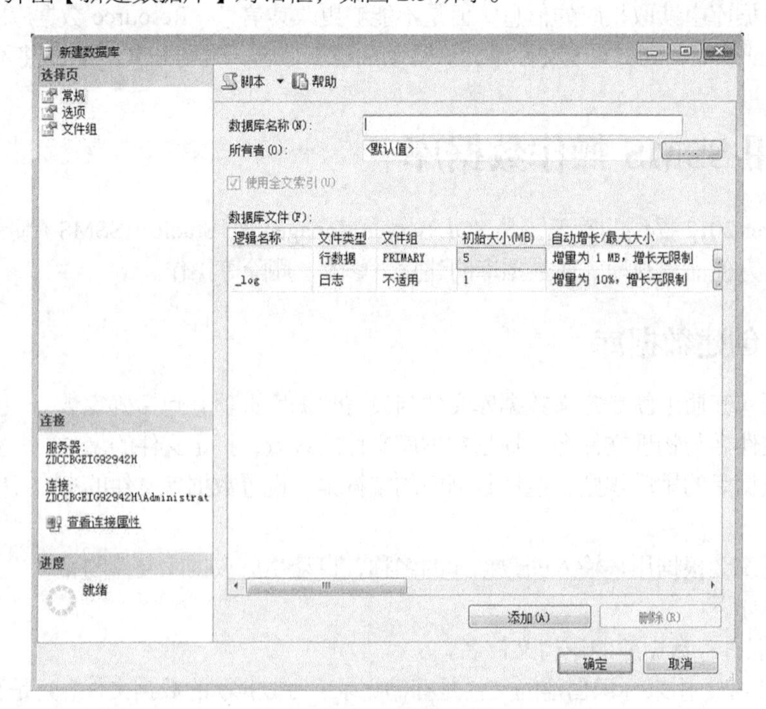

图 2.3 【新建数据库】对话框

（3）在对话框左上方的【选择页】窗格中选中【常规】选项卡，在对话框右侧的窗格中分别为新建的数据库提供必要的信息，如图 2.4 所示。

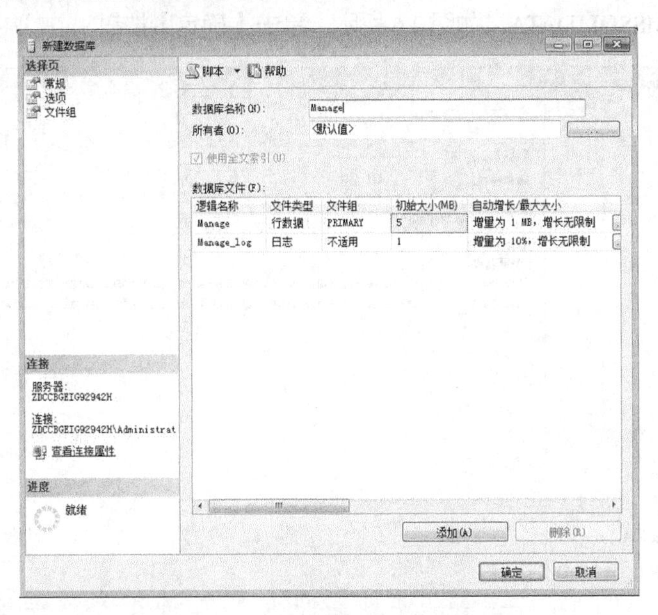

图 2.4 【新建数据库】对话框

（4）在【数据库名称】文本框中输入要创建数据库的逻辑名称 Manage。为【所有者】文本框选择数据库的拥有者（Owner）。数据库的拥有者又称为数据库的属主，可以是任何具有数据库权限的登录账户。此处保持系统默认值，即将数据库的拥有者设置为登录 SQL Server 服务器的当前用户。

（5）分别设置系统自动添加的逻辑名称为主数据文件 Manage 和 Manage_log 的事务日志文件的文件属性，其中逻辑名称和物理名称都可以更改。单击【自动增长】栏目右侧的按钮，在图 2.5 所示的【更改 Manage 的自动增长设置】对话框中选中【启用自动增长】复选框，按照题目要求分别设置文件增长和最大文件大小属性。

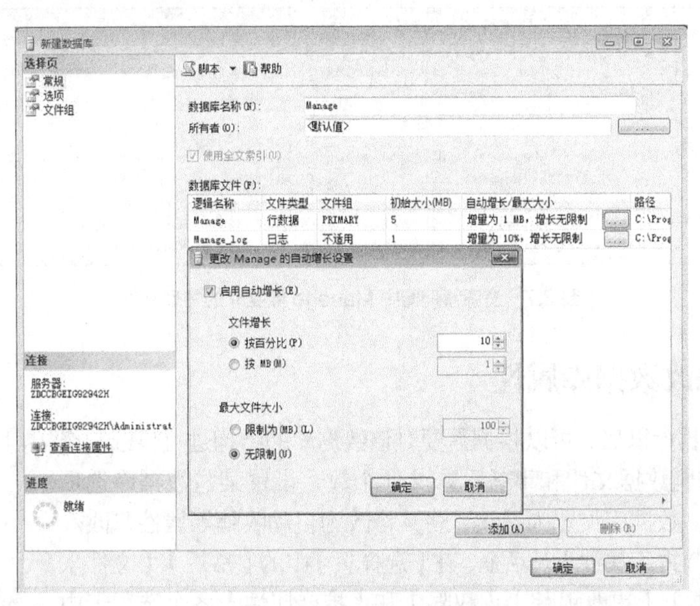

图 2.5 创建 Manage 数据库

（6）分别单击主数据文件和事务日志文件【路径】表项栏目右侧的...按钮，弹出【定位文件夹】对话框，将文件的保存路径改为 C:\Program Files\MicrosoftSQLServer\MSSQL11.MSSQLSERVER\MSSQL\DATA，如图 2.6 所示，单击【确定】按钮。

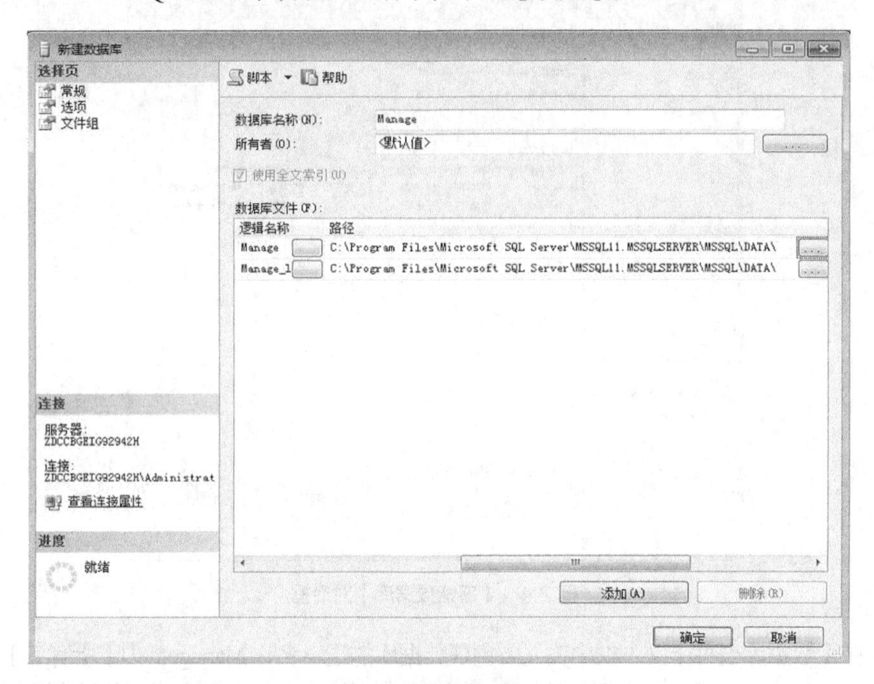

图 2.6　确定路径

（7）完成所有设置之后，单击【确定】按钮，退出【新建数据库】对话框。此时在【对象资源管理器】中可以看到新创建的数据库 Manage，在资源管理器 C:\Program Files\MicrosoftSQL Server\MSSQL11.MSSQLSERVER\MSSQL\DATA 文件夹下可见 SQL Server 引擎生成的 2 个数据库物理文件，如图 2.7 所示。

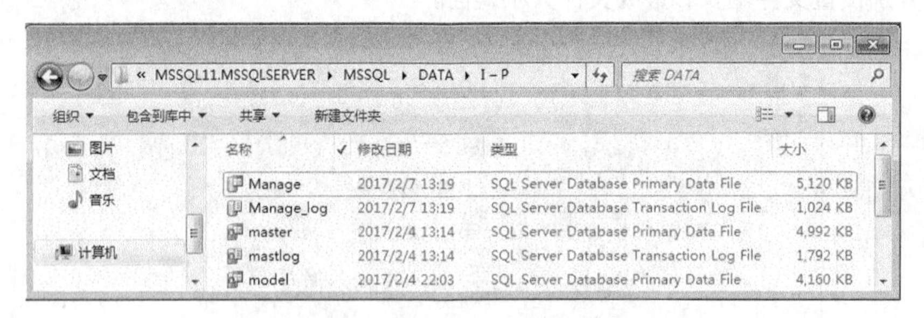

图 2.7　资源管理器中 Manage 数据库的物理文件

2.3.2　修改数据库属性

建立一个数据库以后，可以根据需要对该数据库的结构进行修改。修改数据库包括增删数据文件和事务日志文件个数、设置某些数据库选项等，如将 Manage 数据库设置为只读、将其修改为自动收缩等属性修改。可以通过打开【数据库属性】对话框，在【选择页】中的【常规】、【文件】、【文件组】、【选项】、【更改跟踪】、【权限】和【扩展属性】各个选项卡中

微课：修改数据库属性

进行查看和修改，如图 2.8 所示。修改完成后，单击【确定】按钮即可。

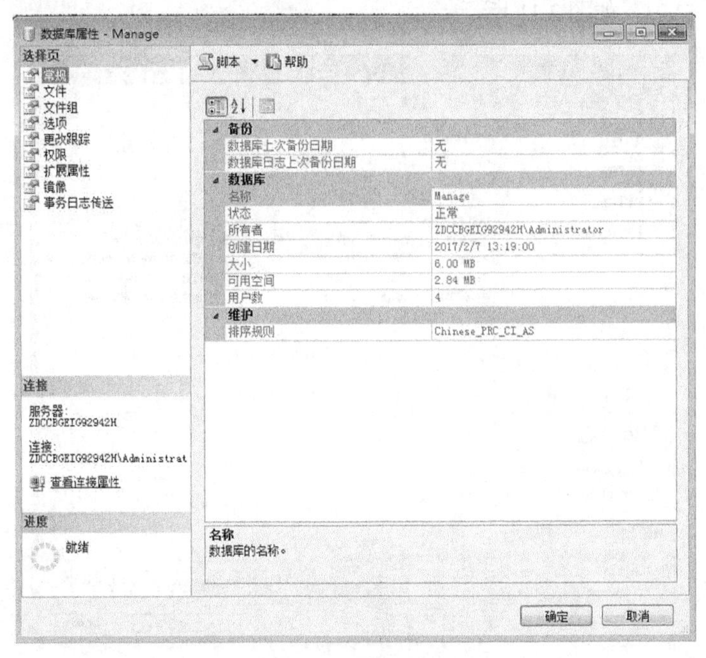

图 2.8　数据库属性

【任务 2.2】为 Manage 数据库添加一个辅助数据文件 Mange_DB1，将其初始大小设置为 5，自动增加 10%，最大空间设置为 20MB。

在 Manage 数据库中添加辅助数据文件操作步骤如下。

（1）选择 Manage 数据库节点，单击鼠标右键在弹出的快捷菜单中选择“属性”选项，如图 2.9 所示。

（2）在弹出的对话框中的【选择页】中选择【文件】，如图 2.10 所示。

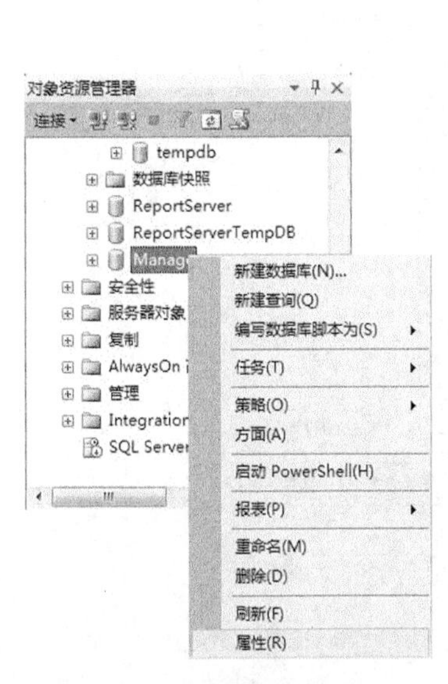

图 2.9　数据库快捷菜单

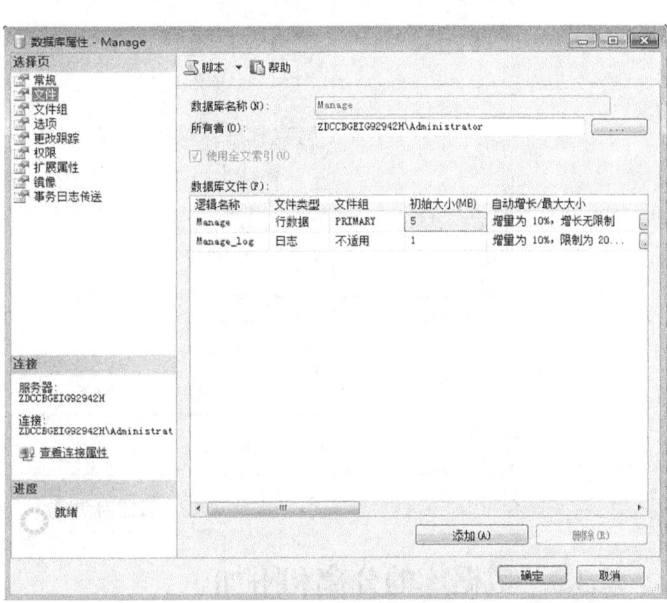

图 2.10　【文件】选择页

（3）在【文件】选择页中单击“添加”命令按钮，在逻辑名称处输入“Mange_DB1”并设置其初始大小为 5MB，如图 2.11 所示。

图 2.11 【文件】选择页

（4）单击【自动增长】栏目右侧的...按钮，在图 2.12 所示的【更改 Mange_DB1 的自动增长设置】对话框中选中自动增加 10%，最大空间设置为 20MB。

图 2.12 设置自动增长

2.3.3 数据库的分离和附加

当数据库需要从一台计算机转移到另一台计算机，或者更改物理保存位置，可以通过数据库的分离和附加操作来完成。

1．分离数据库

微课：分离数据库

分离数据库就是将数据库从 SQL Server 实例中卸载，但组成该数据库的数据文件和事务日志文件依然完好无损地保存在磁盘上。通过分离得到的数据库，可以重新附加到 SQL Server 实例上。在对数据库进行分离之前，要确保没有任何用户登录到该数据库上。

注意：只有固定服务器角色成员 sysadmin 才可执行分离操作，系统数据库 master、model 和 tempdb 无法从系统分离出去。

【任务 2.3】 将创建好的 Manage 的数据库从服务器上进行分离。

分离 Manage 数据库操作步骤如下。

（1）启动 SSMS 2012 工具。

（2）在左侧的【对象资源管理器】中展开当前服务器的对象节点，右击 Manage 数据库节点，选择弹出菜单【任务】下的【分离】命令，如图 2.13 所示。

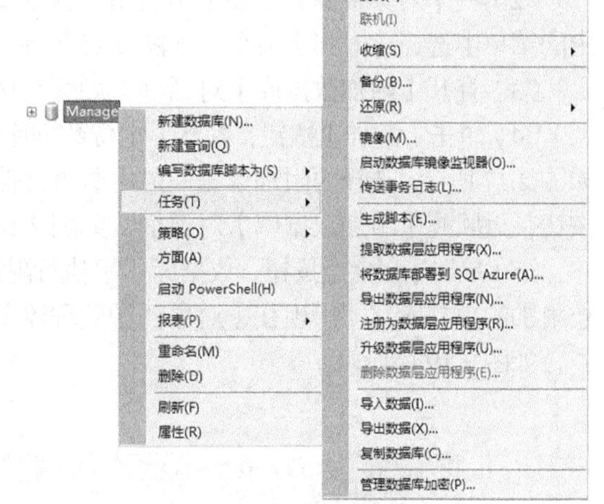

图 2.13　分离命令

（3）在打开的图 2.14 所示的对话框中右边窗格的【要分离的数据库】表项栏目中，显示出要分离的数据库名称、删除连接、更新统计信息、状态、消息等项目。选中【删除连接】复选框，指示终止任何现有的数据库连接；如果要更新现有的优化统计信息，应选中【更新统计信息】复选框；默认情况下，分离操作将在分离数据库时保留过期的优化统计信息；【状态】表项栏目可选择“就绪”或“未就绪”两种状态值；【消息】表项栏目显示数据库活动连接的个数。

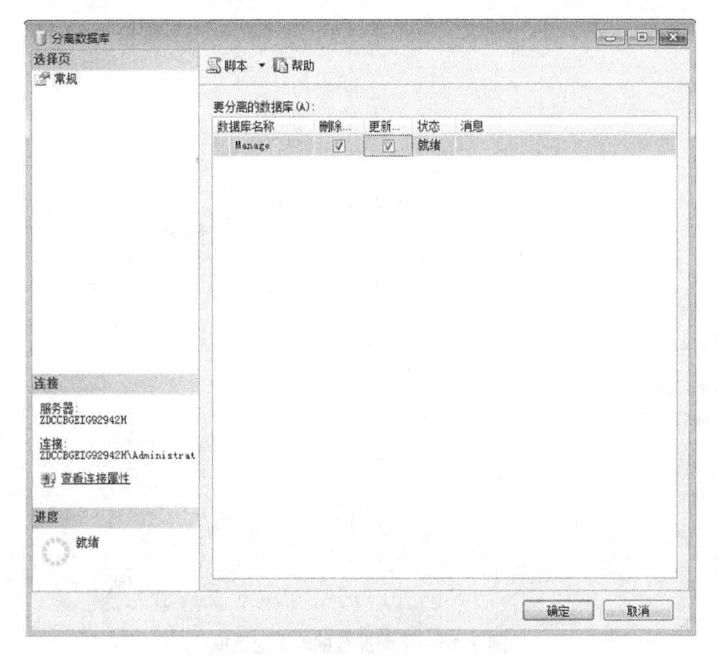

图 2.14　【分离数据库】对话框

（4）单击【确定】按钮，执行分离操作。分离成功后，该数据库将从【对象资源管理器】中的树型结构中被删除。

2．附加数据库

附加数据库就是利用分离出来的数据库文件和事务日志文件将数据库再附加到任何 SQL Server 系统中，而且数据库在新系统中的使用状态与它分离时的状态完全相同。

微课：附加数据库

【任务 2.4】 将被分离的 Manage 的数据库重新附加到 SQL Server 服务器上。

将分离的 Manage 数据库附加到服务器上的操作步骤如下。

（1）启动 SSMS 2012 工具。

（2）在【对象资源管理器】中右击【数据库】节点，在弹出的菜单中选择【附加】命令，如图 2.15 所示。

（3）打开【附加数据库】对话框，如图 2.16 所示。

（4）单击【添加】按钮，打开【定位数据库文件】对话框，如图 2.17 所示。选择要附加数据库的主数据文件，单击【确定】按钮，返回到【附加数据库】对话框，如图 2.18 所示。

（5）单击【确定】按钮，数据库引擎执行附加数据库操作，被附加的数据库立即出现在【对象资源管理器】中的树型结构中，如图 2.19 所示。

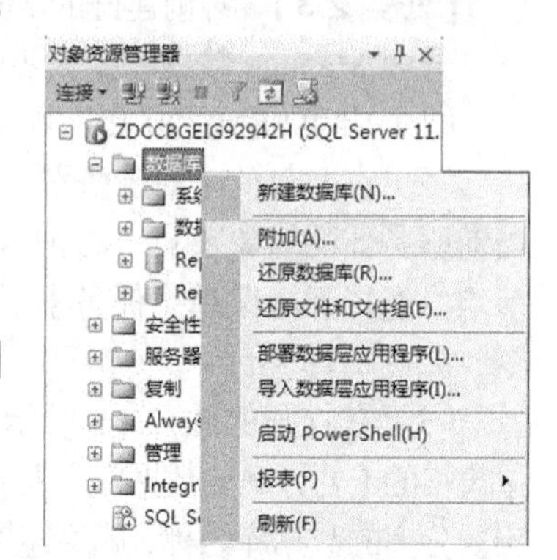

图 2.15　附加命令

图 2.16　【附加数据库】对话框

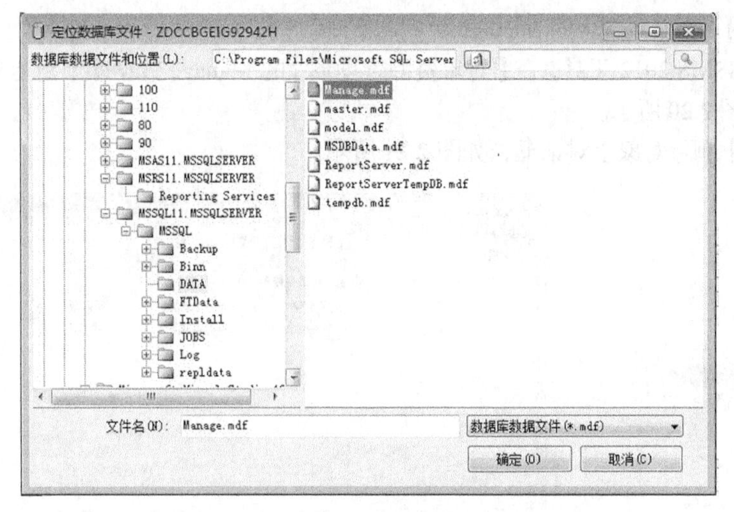

图 2.17 【定位数据库文件】对话框

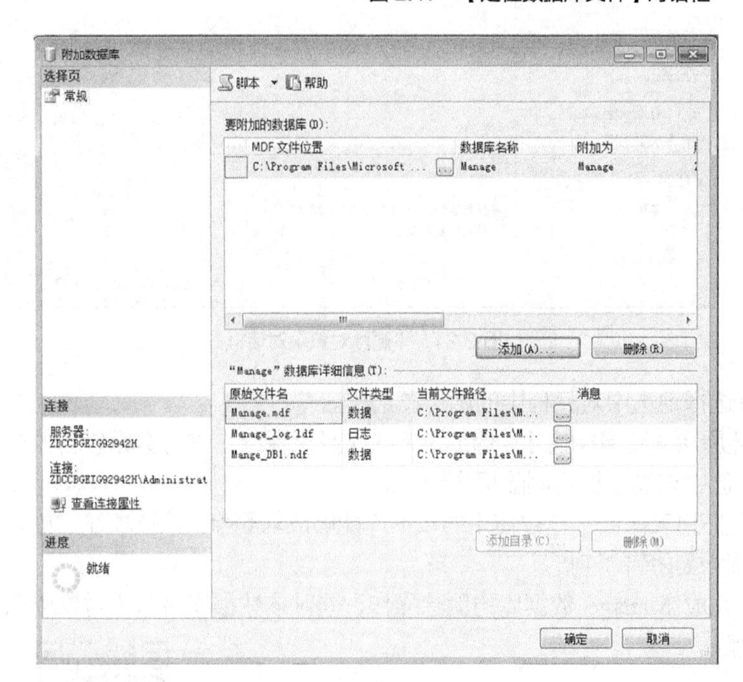

图 2.18 【附加数据库】对话框

图 2.19 Manage 数据库

2.3.4 删除数据库

微课：使用 SSMS 删除数据库

对于过时的数据库或失去使用价值的数据库，应及时予以删除，以便节省系统空间，提高操作的效率。删除数据库一定要谨慎操作，数据库一旦删除，数据库中所有对象也将被删除，数据库所占用的系统空间也将被释放，存储在数据库中的重要信息将永久丢失。为防止误删除重要数据库而导致数据丢失，造成无法挽回的损失，在进行数据库删除之前，最好先对被删除的数据库进行一次备份。

注意：当数据库处于正在使用、正在被恢复和正在参与复制三种状态之一时，不能删除该数据库。

【任务 2.5】 删除系统中的 Manage 数据库。

（1）启动 SSMS 2012 工具，在【对象资源管理器】的 Manage 数据库节点上右击，执行【删除】命令，如图 2.20 所示。

（2）打开【删除对象】对话框，如图 2.21 所示。

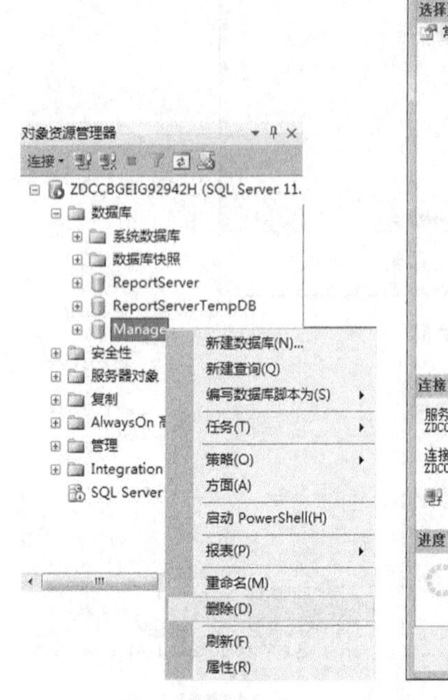

图 2.20 删除命令

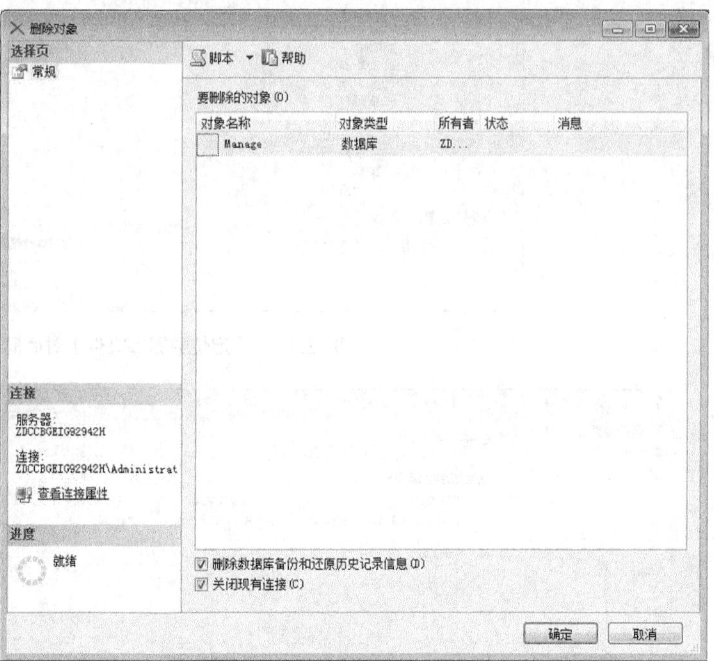

图 2.21 【删除对象】对话框

（3）根据应用的需求，有选择地选中对话框中的两个复选框。

- 【删除数据库备份和还原历史记录信息】复选框用来决定是否保存在进行数据库备份或还原过程中产生的历史记录。选中该复选框将删除历史记录。
- 【关闭现有连接】复选框用来保证正在被使用的数据库能够成功删除。该选项在实施删除操作前会自动关闭对于被删除数据库的连接。

（4）单击【确定】按钮，完成 Manage 数据库的删除操作，同时该数据库将从【对象资源管理器】中的树型结构中被删除。

2.4 使用 T-SQL 操作数据库

微课：使用 T-SQL 语句创建数据库

2.4.1 创建数据库

CREATE DATABASE 语句用来创建指定的数据库，该语句的基本语法格式如下。

```
CREATE DATABASE 数据库名
[ON [PRIMARY]
{([NAME=数据文件的逻辑名称,]
FILENAME= '数据文件的物理名称' ,
[SIZE=数据文件的初始大小,]
[MAXSIZE=数据文件的最大容量,]
[FILEGROWTH=数据文件的增长量])}[ ,…n]
```

```
LOG ON
{([NAME=事务日志文件的逻辑名称,]
FILENAME = '事务日志文件的物理名称',
[SIZE=事务日志文件的初始大小,]
[MAXSIZE=事务日志文件的最大容量 ,]
[FILEGROWTH =事务日志文件的增长量])}[ ,…n]
[COLLATE 数据库的排序方式]
[FOR {ATTACH | ATTACH_REBUILD_LOG}][;]
```

语法说明如下。

（1）ON 关键字表示数据库是根据后面的参数来创建的，LOG ON 子句用于指定该数据库的事务日志文件。每个文件定义包含 NAME、FILENAME、SIZE、MAXSIZE 和 FILEGROWTH 五个参数，需用括号括起来，若存在多个文件，文件定义用逗号分隔。

（2）PRIMARY 关键字指定将后面定义的数据文件加入主文件组中，也可加入用户自创建的文件组中。

（3）NAME 关键字用来指定数据库文件的逻辑名。

（4）FILENAME 关键字用来指定数据库文件的物理名，需要指明文件路径及带后缀的全名，用单引号引起来。

（5）SIZE 关键字用于指定文件的初始大小，默认单位为 MB，也可定义为其他单位（如 KB、GB 或 TB）。数据文件初始大小为 3MB，日志文件初始大小为 1MB。

（6）MAXSIZE 关键字用于指定文件的最大容量，单位与 SIZE 参数单位相同。若文件大小不受限制，表示文件可不断增长，直到磁盘空间完全被使用，此时可省略该参数，或将参数值设置为 UNLIMITED。

（7）FILEGROWTH 关键字用于指定数据库文件的增加量，增量采用固定大小和按比例增长两种方式，可加 MB 等单位或%，默认单位为 MB。

（8）COLLATE 关键字引导的子句用来指定数据库的默认排序方式。COLLATE 子句不出现时，数据库将依照 SQL Server 的 model 系统数据库的设置来定义数据库的默认排序方式。

（9）FOR {ATTACH | ATTACH_REBUILD_LOG}子句用来指定以何种附加方式向新建数据库中添加初始数据。FOR ATTACH 选项将依据已有的数据文件来创建新的数据库，此时新建数据库必须保证主文件已经被指定。FOR ATTACH_REBUILD_LOG 选项则依据日志文件的事务记录来创建新的数据库。

（10）若省略所有的选项，则数据库创建时会根据 model 系统数据库的默认设置来自动设定各属性参数。当用户不需对新建数据库的各种特性进行较多控制时，可以采用最简化的数据库创建方式，即语句 CREATE DATABASE 数据库名。

注意：SQL 语句在书写时不区分大小写，为了清晰，本书采用大写表示关键字，用小写表示用户自定义的名称。一条语句可以写成多行，但不能将多条语句写在一行中。

【任务 2.6】 创建一个名为 Manage 的数据库，该数据库包含一个主数据库文件、一个事务日志文件，所有文件都存储在 D:\data 文件夹下。其中，主数据库文件初始大小为 5MB，按照 10%的容量增长，大小无限制；日志文件初始大小为 1MB，每次增长 1MB，文件最大容量为 100MB。

使用 T_SQL 实现 Manage 数据库创建步骤如下。

（1）打开查询编辑器。

（2）在查询编辑器中输入如下的 T-SQL 脚本代码。

```
CREATE DATABASE Manage
ON PRIMARY
```

```
(NAME=Manage_data,
 FILENAME='D:\data\Manage_data.mdf',
 SIZE=5MB,
 MAXSIZE=UNLIMITED,
 FILEGROWTH=10%)
LOG ON
(NAME=Manage_log,
 FILENAME='D:\data\Manage_log.ldf',
 MAXSIZE=100,
 FILEGROWTH=1MB)
GO
```

（3）按 F5 键执行输入的代码，执行结果如图 2.22 所示。

图 2.22　使用 CREATE DATABASE 语句创建数据库

2.4.2　切换（或使用）数据库

微课：切换（或使用）数据库

T-SQL 中可使用 USE 语句来将数据库上下文环境设置为指定的某个数据库。SQL Server 服务器上通常有许多数据库，为使当前的一组操作都施加到某个选定的数据库上，需要使用 USE 语句将该数据库切换到数据库上下文环境中。这种切换到某个数据库的操作也常被称为打开该数据库。

USE 语句的基本语法格式如下。

```
USE 数据库名[;]
```

USE 语句常用在批处理或脚本代码中。

【任务 2.7】 将当前数据库切换为 Manage 数据库。

（1）打开查询编辑器。

（2）在查询编辑器中输入如下的 T-SQL 脚本代码。

```
USE Manage
GO
```

（3）按 F5 键执行输入的代码。

2.4.3　修改数据库

微课：使用 T-SQL 语句修改数据库

T-SQL 提供了 ALTER DATABASE 语句用于修改数据库的各文件参数，如更改数据库文件的尺寸、改变数据库文件的增长方式、增加或删除数据库文件及文件组等。

ALTER DATABASE 语句的基本语法格式如下。

```
ALTER DATABASE 数据库名
  ADD FILE <文件格式> [TO FILEGROUP 文件组]
| ADD LOG FILE <文件格式>
| REMOVE FILE 逻辑文件名
| ADD FILEGROUP 文件组名
| REMOVE FILEGROUP 文件组名
| MODIFY FILE <文件格式>
| MODIFY FILEGROUP 文件组名，文件组属性
| MODIFY NAME=数据库新名称
| SET 数据库功能选项[,…n] [WITH 终止符]
| COLLATE 数据库的排序方式[;]
```

语法说明如下。

（1）在上述语法格式中，“|”表示几项中仅选一项。

（2）ADD FILE 与 ADD LOG FILE 子句分别用来向数据库中添加数据文件与日志文件，文件的属性定义见 CREATE DATABASE。TO FILEGROUP 子句指定将文件添加到哪个文件组，默认为主文件组 PRIMARY。

（3）REMOVE FILE 子句用于从数据库中删除一个数据文件。

（4）ADD FILEGROUP 和 REMOVE FILEGROUP 子句分别指定添加和删除一个数据库文件组。

（5）MODIFY FILE 子句用于修改数据库文件的初始大小、文件最大容量及文件增长量等信息。

注意：数据库文件的物理文件名称不允许修改，因此 FILENAME 子句不允许出现在文件修改中。另外，在修改文件的“分配的空间”项时，所改动的值必须大于现有的空间值。

（6）MODIFY FILEGROUP 子句用于修改文件组属性。

（7）MODIFY NAME 子句用于改变数据库的逻辑名称。

注意：要对数据库改名必须先将数据库改为排他锁锁定状态，即断开所有其他连接，以执行该操作。

（8）SET 关键字引导的子句用来设置某些数据库功能选项，这些选项将影响数据库的某些特征或属性。

（9）COLLATE 关键字引导的子句用来为数据库指定排序规则。

【任务 2.8】 编写 T-SQL 代码，为 Manage 数据库添加一个新文件组 newfilegroup，并在其中添加一个辅助数据文件 Manage_add.ndf，将其保存在与主数据文件相同的目录下，初始大小 3MB，最大值不受限制，每次增长 10MB。

（1）打开查询编辑器。

（2）在查询编辑器中输入如下的 T-SQL 脚本代码。

```
ALTER DATABASE Manage
ADD FILEGROUP newfilegroup
GO
ALTER DATABASE Manage
ADD FILE
(NAME=Manage_add,
 FILENAME='D:\DATA\Manage_add.ndf',
 SIZE=3MB,
 MAXSIZE=UNLIMITED,
```

```
 FILEGROWTH=10)
TO FILEGROUP newfilegroup
GO
```

（3）按 F5 键执行输入的代码，执行结果如图 2.23 所示。

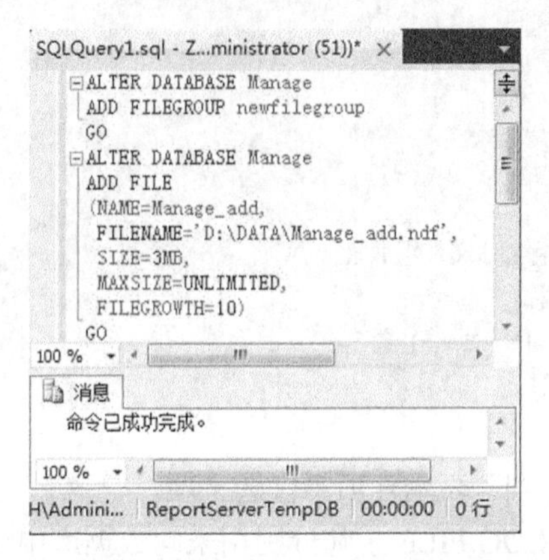

图 2.23　使用 ALTER DATABASE 语句修改数据库

微课：使用 T-SQL 语句删除数据库

2.4.4　删除数据库

T-SQL 提供了 DROP DATABASE 命令来删除数据库，该语句的基本语法格式如下。

```
DROP DATABASE 数据库名[;]
```

注意：在执行某个数据库的删除命令前，要保证没有实际应用与该数据库保持连接。

【任务 2.9】 删除 Manage 数据库。

（1）打开查询编辑器。

（2）在查询编辑器中输入如下的 T-SQL 脚本代码。

```
DROP DATABASE Manage
GO
```

（3）按 F5 键执行输入的代码，刷新【对象资源管理器】，该数据库已从其中的树型结构中被删除。

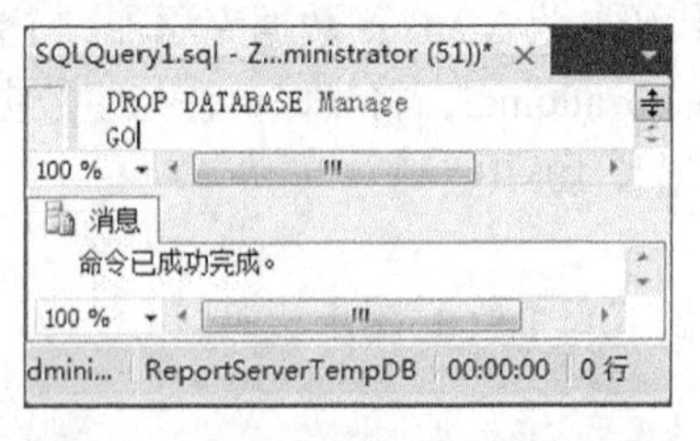

图 2.24　使用 DROP 语句删除数据库

微课：使用 T-SQL 语句查看数据库

2.4.5　管理数据库信息

1. 查看数据库信息

查看数据库信息主要包括查看三方面内容：基本信息、维护信息和空间使用情况。

在 T-SQL 中查看数据库信息可使用 sp_helpdb 系统存储过程，基本语法格式如下。

```
[EXECUTE] sp_helpdb [数据库名]
```

注意事项如下。

- 若省略数据库名，可查看所有数据库的定义信息，与“SELECT * FROM sysdatabases”语句功能完全相同。

- EXECUTE 关键字可缩写成 EXEC。如果此语句是一个批处理中的第一句，则 EXECUTE 关键字可省略。

【任务 2.10】 查看 Manage 数据库相关信息。

（1）打开查询编辑器。

（2）在查询编辑器中输入如下的 T-SQL 脚本代码。

```
EXEC sp_helpdb Manage
GO
```

（3）按 F5 键执行输入的代码，执行结果如图 2.25 所示。

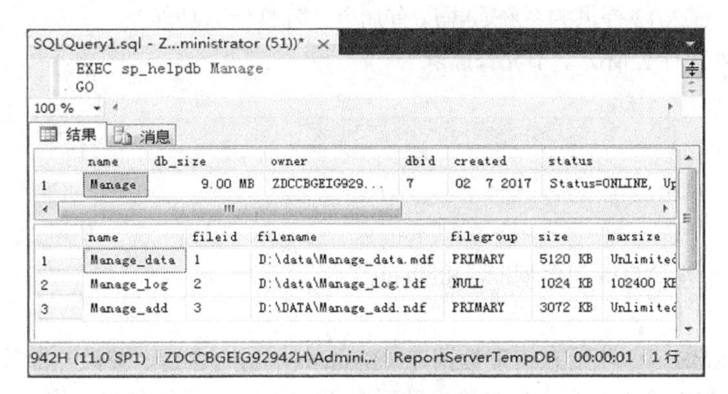

图 2.25　查看数据库信息

2.4.6　直接复制文件的数据库分离与附加

T-SQL 也提供了实现数据库分离与附加的系统存储过程。

1．实现数据库分离的语法格式

```
sp_detach_db 数据库名[, TRUE | FALSE]
```

- 如果为 TRUE，则跳过 UPDATE STATISTICS。如果为 FALSE，则运行 UPDATE STATISTICS。对于要移动到只读媒体上的数据库，此选项很有用。

- 只有 sysadmin 固定服务器角色的成员才能执行 sp_detach_db。

2．实现数据库附加的语法格式

```
sp_attach_db 数据库名, 数据库文件名[, …16]
```

- 数据库名必须是唯一的。

- 数据库文件名为文件的物理名称，包括文件路径。

- 最多可以指定 16 个文件名。

- 文件名列表至少必须包括主文件。

- 可使用此方法对现有数据库制作多个副本，也可以实现在不同 SQL Server 服务器之间移动传递数据的目的。

本章小结

本章主要介绍了数据库的重要概念 SQL Server 2012 的数据库类型、数据库文件、事务日志等。本章的重点是使用语句创建、显示、修改、删除数据库和使用 SSMS 管理数据库。

课后练习

一、填空题

使用 T-SQL 语句，创建数据库使用________命令，修改数据库使用________命令，删除数据库使用________命令，查看数据库信息使用________命令，查看和设置数据库选项使用________命令。

二、简答题

1. SQL Server 2012 中数据库文件有哪三类？分别简述各个文件的功能及要求。
2. SQL Server 2012 提供的系统数据库有几个，各具什么功能？
3. 数据库处在什么情况下不允许删除？

综合实训

实训名称

创建并管理学生信息管理数据库（Students）。

实训任务

（1）使用 SSMS 对学生信息管理数据库（Students）进行创建、修改与删除等操作。

（2）使用 T-SQL 命令对学生信息管理数据库（Students）进行创建、修改与删除等操作。

实训目的

（1）规划学生信息管理数据库（Students）的主数据文件、辅助数据文件与日志文件的名称、大小、增长方式与存储路径等属性。

（2）在 SSMS 中完成学生信息管理数据库（Students）从创建、修改、分离、附加，直到删除的完整过程。

（3）使用 T-SQL 语句完成学生信息管理数据库（Students）的创建、修改与删除等操作。

实训环境

Windows Server 平台及 SQL Server 2012 系统。

实训内容

Students 数据库，该数据库包含一个主数据文件逻辑名“StuInfodata1”，物理名“C:\DATA\StuInfodata1.mdf”，初始容量 3MB，最大容量 10MB，每次增长量为 15%。一个辅助数据文件逻辑名“StuInfodata2”，物理名“D:\DATA\StuInfodata2.ndf”，初始默认，最大容量不受限，每次增长量为 2MB。一个事务日志文件逻辑名“StuInfolog”，物理名“D:\DATA\StuInfolog.ldf”，其他参数默认。

（1）使用 SSMS 创建该数据库，创建完成后即可再通过 SSMS 对其进行删除。

（2）使用 T-SQL 语句创建该数据库，可使用最简单的语句实现以上功能。

（3）使用 T-SQL 语句对该数据库进行修改，创建一个新的文件组 newgroup，并在其中添加一个辅助数据文件，逻辑名为"StuInfoAdd"，与前一数据文件放在同一目录下，初始大小为5MB。添加一个事务日志文件，逻辑名为"StuInfoLogAdd"，与前一日志文件放在同一目录下。

（4）使用系统存储过程查看数据库信息。

（5）使用系统存储过程修改数据库设置信息，将"自动收缩（AUTO SHRINK）"属性设置为TRUE。

（6）使用SSMS和T-SQL两种方式对数据库进行分离操作。

（7）用最简单的T-SQL语句创建数据库CeShi，创建成功后对数据库进行删除操作。

实训步骤

操作具体步骤略，请参考相应案例。

实训结果

在本次实训操作结果的基础上，分析总结并撰写实训报告。

Chapter 3 第3章 建表基础

任务目标：在上一章中，我们完成了 Manage 数据库规划和设计，下一步我们就要真正地在 SQL Server 2012 系统中来实现这个规划了。若要通过 Manage 数据库实现信息的管理，首先需要创建表这个数据库对象，表是数据库中最基本的对象，是存储数据的重要载体，因此建表是设计数据库的重要内容。在创建 Manage 数据库表之前，我们首先应学会一些基础知识，包括：标识符的命名、重要的数据类型、数据完整性和约束。在下一章中，我们要运用以上知识，确定 Manage 数据库三个表对象中各个字段的数据类型，定义它们的完整性约束，为真正实现表的创建打好基础。

3.1 标识符命名规则

在 Transact-SQL 语言中，数据库对象的名称就是其标识符。在 Microsoft SQL Server 2012 系统中，所有的数据库对象都可以有标识符，如数据库、表、视图、索引、触发器、约束等。大多数对象的标识符是必需的，如创建表时必须为表指定标识符。但是，也有一些对象的标识符是可选的，如创建约束时用户可以不提供标识符，其标识符由系统自动生成。

按照标识符的使用方式，可以把这些标识符分为常规标识符和分割标识符两种类型。在 Transact-SQL 语句中使用时不用将其分割的标识符称为常规标识符，否则称为分割标识符。

3.1.1 常规标识符

在 Microsoft SQL Server 2012 系统中，Transact-SQL 语言常规标识符的格式规则如下。

（1）第一个字符必须是 Unicode 标准定义的字母，包括 a~z、A~Z 以及其他语言的字母字符）、下画线（_）、符号（@）或数字符号（#）。不过，需要注意的是以一个符号（@）开头的标识符表示局部变量，以两个符号（@）开头的标识符表示系统内置的函数。以一个数字符号（#）开头的标识符标识临时表或临时存储过程，以两个数字符号（#）开头的标识符标识全局临时对象。

（2）后续字符可以包括 Unicode 标准中定义的字母、基本拉丁字符、十进制数字、下画线（_）、符号（@）、数字符号（#）或美元符号（$）。

（3）标识符不能是 Transact-SQL 语言的保留字，包括大写和小写形式。

（4）不允许嵌入空格或其他特殊字符。

例如，companyProduct、_com_product、comProduct_123 等标识符都是常规标识符，但是诸如 this product info、company 123 等则不是常规标识符。

3.1.2 分割标识符

包含在双引号（""）或方括号（[ ]）内的标识符被称为分割标识符。符合标识符格式规则的标识符既可以分割，也可以不分割。但是，对于那些不符合格式规则的标识符必须进行分割。例如，companyProduct 标识符既可以分割，也可以不分割，分割后的标识符为[companyProduct]，并与 companyProduct 相同。但是，this product info 必须进行分割，分割后为[this product info]或"this product info"标识符。

以下两种情况需要使用分割标识符：一是对象名称中有 Microsoft SQL Server 2008 保留字时需要使用分割标识符，例如，[where]分割标识符；二是对象名称中使用了未列入限定字符的字符，例如，[product[1] table]分割标识符。

使用双引号分割的标识符称为引用标识符，使用方括号分割的标识符称为括号标识符。默认情况下，只能使用括号标识符。当 QUOTED_IDENTIFIER 选项设置为 ON 时，才能使用引用标识符。

3.2 SQL Server 2012 的数据类型

数据库是存储在一起的相关数据的集合，可以存储数量、名称、日期和时间、二进制文件等诸多信息，这些信息可以按照类型进行分类，以便反映数据的"特性"，如字符、数字、日期等。

为什么必须使用数据类型呢？全部使用字符号串来存储所有信息岂不是更加简单吗？使用不同数据类型的重要原因之一是数据性能。近年来，要处理的信息量成指数增长，将信息划分为不同的数据类型非常重要，可以让不同的信息使用处理这一特定数据类型最有效的方法、函数和运算符。另一个重要原因是逻辑的一致性。每一种数据类型都有自己的规则、排序顺序、转换规则等，处理相似值集合要比处理混合有日期、数字和字符串的值容易得多。

SQL Server 2012 系统提供了 36 种数据类型。这些数据类型可以分为精确数字类型、近似数据类型、Unicode 字符数据类、字符串数据类型、二进制数据类型、实践和日期数据类型等。

3.2.1 字符串数据类型

在数据存储中，字符串数据类型是最常用的数据类型之一。例如，通讯录中的姓名、地址、电子信箱等都是字符串。字符串数据类型又可分为两种：固定长度字符串和可变长度字符串。固定长度字符串的字符数在数据库表创建的时候就指定了，并分配了存储空间。例如，指定客户姓名的字符数为 10。如果用户输入姓名的字符数超过 10 个，那么数据库只记录前 10 个字符，后面的丢弃；如果输入的字符数少于 10 个，则数据库会自动在字符右边以空格填补到 10 个字符进行保存。可变长度字符串可以存储任意长度的字符，其最大存储长度取决于采用的数据类型和数据库管理系统（DBMS），它不需要预先指定存储长度，而是根据用户的输入动态地分配存储空间。

既然可变长度字符串用起来更加灵活，为什么还要采用固定长度字符串呢？这是因为 SQL Server 2012 在进行排序或处理字符时，对固定长度字符串的处理效率远远高于可变长度字符串。

SQL Server 2012 常用的字符串数据类型如表 3.1 所示。

表 3.1　　字符串数据类型

序号	数据类型	描述
1	Char	固定长度的字符串数据，以 char（length）的形式指定字符串的字符长度可以达到 length，length 是一个大于或者等于 1 的整数。当要存储比 length 短的字符串时，SQL Server 2008 将使用空格在字符串的末尾进行填充以到达 length 的长度。为非 Unicode 数据，最大长度为 8000 字符
2	Varchar	可变长度的字符串数据，以 varchar（length）的形式指定字符串的字符长度可以达到 length，length 是一个大于或者等于 1 的整数。当要存储比 length 短的字符串时，SQL Server 2008 直接存储，并不使用空格填充。为非 Unicode 数据，允许最大长度 8000 字符。当 length 设定为 max 关键字时，表示其长度可以足够大（数据长度达到 231 字节）
3	NChar	定长 Unicode 字符数据，以 NChar（length）的格式进行定义。当要存储比 length 短的字符串时，SQL Server 2008 将使用空格在字符串的末尾进行填充以到达 length 的长度。最大长度为 4000 字符
4	NVarchar	可变长度的 Unicode 字符数据，以 NVarchar（length）的格式进行定义。当要存储比 length 短的字符串时，SQL Server 2008 直接存储，并不使用空格填充。允许最大长度 4000 字符。当 length 设定为 max 关键字时，表示其长度可以足够大（数据长度达到 231 字节）
5	Text	用于存储大量的可变长度的非 Unicode 数据，可以使用 Varchar（max）代替
6	NText	用于存储大量的可变长度的 Unicode 数据，可以使用 NVarchar（max）代替

Unicode（统一字符编码标准）说明：计算机通过在内部指派给它们数字值，来存储字符（字母、标点、数字、控制字符和其他符号），编码决定了字符对数字值的映射。不同的语言和计算机操作系统使用不同的编码。标准的美国英语使用 ASCII 编码，它给 128（27）个不同的字符指派值，并不多，甚至不够保存现代欧洲语言中使用的所有拉丁字符，远远少于所有中文汉字。Unicode 是单一的字符集合，表示了世界上几乎所有的书写语言字符。Unicode 能够编码多达 4300000 万个字符（使用 UTF-32 编码）。Unicode 委员会发展并维护 Unicode 标准，要获得包含实际映射的 Unicode 标准，可以访问 http://www.unicode.org 网站。

3.2.2　精确数字数据类型

精确数字可以是整数，也可以带有小数点，这些数字信息可以参加各种数字运算，所有的数字数据类型都有精度和小数位数。精度是指表示数字中有效数字的个数（包含小数点左边数字和右边数字），小数位数是指表示数字中的小数部分数字的数目，比如，数字 1000.202 的精度是 7，小数位数是 3。小数位数为 0 表示该数是一个整数。SQL Server 2012 支持多种精确数字类型，如表 3.2 所示。

另外，SQL Server 2012 提供了一种特殊的精确数字类型数据——货币数据类型。货币数据类型用于存储货币值，在使用货币数据类型时，应在数据前加上货币符号，系统才能辨识其为哪国的货币。如果不加货币符号，则默认为“￥”。

表 3.2 精确数字数据类型

序号	数据类型	描述
1	Bit	Bit 为位数据类型，其数据有两种取值，0 和 1，长度为 1 个字节。这种数据类型常作为逻辑变量使用，用来表示真、假或者是、否等二值选择
2	Tinyint	Tinyint 数据类型占用 1 个字节，可以存储从 0 至 255 之间的整数。它在存储有限数据的数值时非常有用，如可以使用该数据类型存储年龄
3	Smallint	Smallint 数据类型占用 2 个字节，可以存储-215（-32768）至 215-1（32767）之间的整数。它在存储限定在特定范围内的数值型数据时非常有用
4	Int	Int 数据类型占用 4 个字节，可以存储-231（-2147483648）至 231-1（2147483647）之间的整数。存储到数据库的几乎所有数值型的数据都可以用这种类型，只有当 int 数据类型表示的数据长度不足时，才考虑使用 bigint
5	Bigint	可以处理比 int 数据类型更大的数据，占用 8 个字节，可以存储-263 至 263-1 之间的整数
6	Numeric	Numeric 数据类型用来存储从-1031-1 至 1031-1 的固定精度和小数位数的数值型数据，以 Numeric（precision[，scale]）的形式指定精度和小数位数，小数位数 scale 是 0 到 precision 之间的一个值，如果小数位数省略，默认值为 0
7	Decimal	等同于 Numeric

在 SQL Server 2012 数据库系统中，货币数据类型有 SMALLMONEY 和 MONEY 两种类型，如表 3.3 所示。

表 3.3 货币数据类型

序号	数据类型	描述
1	SMALLMONEY	占用 4 个字节，存储的货币值范围比 MONEY 数据类型小，其取值为-214，748.3648 至+214，748.3647
2	MONEY	占用 8 个字节，相当于一个有 4 位小数的 DECIMAL，其取值为-922 337 203 685477.5808 至+922 337 203 685 477.5807，数据精度为万分之一货币单位

注意：在选择 tinyint、smallint、int 和 bigint 类型时，默认情况下一般考虑使用 int 数据类型，如果确认将要存储的数据可能很大或者很小，可以考虑使用 bigint 数据类型或者 smallint 数据类型。只有当要存储的数值不超过 255，并且都是正数时，才能使用 tinyint，如保存一个人的年龄。在数据库中，有些看似是数字信息的数据如果不参加数学运算，则应该将数据存储为字符串，如电话号码信息、邮政编码信息等。假设某人的电话号码为 053112345678，采用数字数据类型存储，则最左边的“0”将被忽略，记录的信息实际为 53112345678。

3.2.3 近似数字类型

近似数字是指那些不能用绝对精度表示的数字（或者没有一个精确的值）。例如，1/3 为 0.33333……就难以用一个精确值来表示，如表 3.4 所示。

表 3.4　　近似数据类型

序号	数据类型	描述
1	Real	Real 数据类型像浮点数一样，是近似数据类型。它可以表示数值在-3.40E+38 到 3.40E+38 之间的浮点数
2	Float	float 数据类型是一种近似数据类型，供浮点数使用。说浮点数是近似的，是因为在其范围内不是所有的数都能精确表示。浮点数可以是从-1.79E+308 到 1.79E+308 之间的浮点数

3.2.4 日期时间数据类型

在 SQL Server 2012 以前的版本中，时间和日期数据类型只有 datetime 和 smalldatetime 两种。这两种类型的差别在于表示的时间和日期范围不同，时间精确度也不同。用于存储日期和时间的结合体。SQL Server 2012 提供 6 种日期数据类型，用于存储不同精度和范围的时间、日期数据，如表 3.5 所示。

表 3.5　　时间日期数据类型

序号	数据类型	描述
1	date	只存储 Gregorian 日历定义的 0001 年 01 月 01 日至 9999 年 12 月 31 日的日期数据，采取 ANSI 标准日期格式（YYYY-MM-DD），可以从其他一些格式隐式转换
2	Time	如果想要存储一个特定的时间信息而不涉及具体的日期，这将非常有用。TIME 数据类型存储使用 24 小时制，不关心时区，支持高达 100 纳秒的精确度。它包含 3 个整数段（hour、minute 和 second），并被格式化为 hh:mm:ss（长度为 8，例如 23:06:56）。可以用 TIME（precision）定义小数的秒，精度 precision 是一个大于或者等于 0 的小数的位数，TIME 数据类型支持从 0 到 7 不同的精度
3	DateTime	DATETIME 数据类型用于存储日期和时间的结合体。它可以存储从公元 1753 年 1 月 1 日到公元 9999 年 12 月 31 日之间的所有日期和时间，其精确度可达三百分之一秒，即 3.33 毫秒。如果在输入数据时省略了时间部分，则系统将 12:00:00:000AM 作为时间默认值；如果省略了日期部分，则系统将 1900 年 1 月 1 日作为日期默认值
4	SmallDateTime	SMALLDATETIME 数据类型与 DATETIME 数据类型相似，但其日期时间范围较小，为从 1900 年 1 月 1 日到 2079 年 6 月 6 日。精度较低，只能精确到分钟，以 30 秒为界进行四舍五入。例如，DATETIME 时间为 14:38:30.283，SMALLDATETIME 认为是 14:39:00。如果没有特殊要求，建议大家不要使用 smalldatetime，因为 2079 年并不遥远
5	DateTime2	新扩展的 DateTime 典型数据类型，支持更大的日期范围和更高的时间部分精度（精确到 100 纳秒），和 DateTime 一样，它不包含时区信息
6	DateTimeOffset	类似于 DateTime 数据类型，但是有一个相对于 UTC 时间的-14:00 至+14:00 的偏移量。时间在内部存储为 UTC 时间，任何比较、排序或者索引将基于该统一的时区

3.2.5 二进制数据类型

与前面介绍的数据类型不同，二进制数据类型不专门用于存储特定类型的数据，几乎可以存储任何类型的数据，包括图形图像、多媒体和字处理文档等。SQL Server 2012 中常用的二进制数据类型如表 3.6 所示。

表 3.6　　　　二进制数据类型

序号	数据类型	描述
1	Binary	BINARY 数据类型用于存储二进制数据。其定义形式为 BINARY（n），n 表示数据的长度，取值为 1 到 8000。在使用时必须指定 BINARY 类型数据的大小，至少应为 1 个字节，BINARY 类型数据占用 n+4 个字节的存储空间。若输入的二进制长度小于 n 时，余下的部分填充 0，若输入的数据过长，则会截掉其超出部分。在输入数据时必须在数据前加上字符“0x”作为二进制标识，例如，要输入“abc”，则应输入“0xabc”，若输入的数据位数为奇数，则会在起始符号“0x”后添加一个 0，比如上述的“0xabc”会被系统自动变为“0x0abc”
2	Varbinary	VARBINARY 数据类型的定义形式为 VARBINARY（n）。与 BINARY 类型相似，n 的取值也为 1 到 8000。不同的是 VARBINARY 数据类型具有变动长度的特性，它为实际所输入二进制数据的长度加上 4 个字节。当 n 取值为 max 关键字时，长度可以达到 231-1 个字节
3	Image	在 SQL Server 2008 中，image 可以用 varbinary（max）代替

3.2.6 其他数据类型

除了前面介绍的类型外，SQL Server 2012 系统提供了 Sql_Variant、Timestamp、uniqueidentifier、xml、table 和 cursor 六种特殊用途的数据类型，使用这些数据类型可以完成对特殊数据对象的定义、存储和使用，其他数据类型见表 3.7。

表 3.7　　　　SQL Server 2008 中的其他数据类型

序号	数据类型	描述
1	Sql_Variant	用于存储除了 varchar（max）、varbinary（max）、nvarchar（max）、xml、text、text、ntext、image、timestamp、sql_variant 和用户定义类型以外的各种数据类型，此数据类型极大地方便了 SQL Server 2008 的开发工作。例如，sql_variant 可以存储 int、binary 和 char 等类型的数据
2	Timestamp	也称为时间戳数据类型，它提供数据库范围内的唯一值，反应数据库中数据修改的相对顺序，相当于一个单调上升的计数器。Timestamp 值是一个二进制数据，表明数据库中的数据修改发生的相对顺序
3	uniqueidentifier	用于存储一个 16 字节长的二进制数据类型，是 SQL Server 根据计算机网络适配器地址和 CPU 时钟产生的全局唯一标识符代码。此数字可以通过调用 SQL Server 的 newid()函数获得，在全球各地的计算机经由此函数产生的数字不会相同

续表

序号	数据类型	描述
4	xml	可以用来保存整个 XML 文档。用户可以像使用 int 数据类型一样使用 XML 数据类型。另外 xml 数据类型还提供一些高级功能，比如借助 Xquery 语法执行搜索
5	table	用于存储表或者视图处理后的结果集。这种新的数据类型使得变量可以存储一个表，从而使函数或者过程返回查询结果更加方便、快捷
6	cursor	这是变量或者存储过程 OUTPUT 参数的一种数据类型，这些参数包含对游标的引用。使用 cursor 数据类型创建的变量可以为空。注意：对于 CREATE TABLE 语句中的列，不能使用 crusor 数据类型

注意：

- 一般的，只有在不能准确确定将要存储的数据类型时，才使用 sql_variant 数据类型。在使用这种类型之前，SQL Server 首先要判断其基本的数据类型，因此 sql_variant 数据类型的性能会受到一定影响。
- Timestamp：该数据类型与时间和日期无关。实现 Timestamp 数据类型最初是为了支持 SQL Server 的恢复算法。每次修改页时，都会用当前的@@DBTS 值对该页做一次标记，@@DBTS 的值每次递增 1。这样就可以帮助恢复过程确定页被修改的相对顺序，因此 Timestamp 与时间没有关系。

3.3 数据完整性

数据的完整性就是数据库中数据的正确性、一致性和可靠性。在 SQL Server 2012 中，数据的完整性可能会由于用户进行的各种数据操作（INSERT、DELETE 和 UPDATE）而遭到破坏。维护数据库完整性就是为了防止数据库中存在不符合语义规则的数据，防止错误信息的输入与输出，从而避免对数据库造成无效的操作与不良破坏。

数据库完整性是保证数据质量的重要方法，直接影响到数据库能否真实反映现实世界。数据完整性分为四种类型，其中前三种为系统定义的完整性类型，如图 3.1 所示。

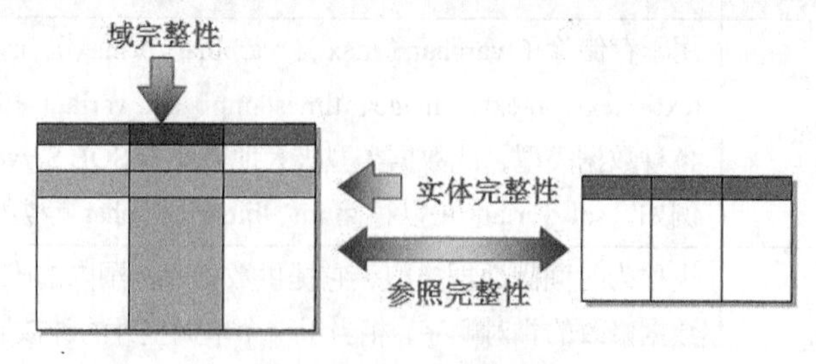

图 3.1　三类数据完整性

3.3.1 实体完整性

实体完整性又称为行完整性，要求表中所有的行唯一，即所有记录都是可以区分的。实体完整性中的实体是指数据库中所表示的一个实际事物或事件。实体完整性通过建立主键约束、唯一性约束、标识列、唯一性索引等措施来实现。

3.3.2 域完整性

域完整性又称为列完整性，要求表中指定列的数据具有正确的数据类型、格式和有效的数据范围，用于保证指定字段值的有效性和正确性。域完整性通常使用有效性检查来保证，也可以通过限制数据的类型、格式、取值范围等来实现。

3.3.3 参照完整性

参照完整性又称为引用完整性，要求有关联的两个或两个以上表之间数据的一致性。参照完整性是通过建立主键与外键约束实现的。当增加、修改或删除表中数据时，参照完整性用来保证相关联的多个表中数据的一致性与更新的同步性，维护表间的参照关系，确保外键值与主键值或唯一键值在所有表中保持一致，禁止引用不存在的键值。

对于建立有参照完整性的两个表，SQL Server 2012 系统禁止用户的下列操作。

- 在被引用表中没有关联记录前提下为引用表添加数据记录。
- 从被引用表中删除记录，但引用表中仍存在与被删记录对应的相关记录。
- 对被引用表中主键值进行更改，从而导致引用表中相关记录找不到对应信息。

3.3.4 用户自定义完整性

用户自定义完整性是根据实际应用的语义要求或数据库的约束条件，由用户自行定义并体现应用需求的特定业务规则。用户自定义完整性可通过其他 3 种完整性的实施而得到维护。

3.4 约束

为了保证数据库中数据的完整性，在 SQL Server 2012 中可以通过各种约束、规则、默认、触发器等数据库对象来保证数据的完整性。

约束是对输入数据取值范围和格式的限制。SQL Server 2012 中的约束包含 6 种。

3.4.1 主键约束（PRIMARY KEY）

主键约束是用来保证表中记录唯一性的，即每条记录必须是可以严格区分的。一个表可以通过一列或列组合的数据来唯一标识表中的每一条记录。这种用来标识表中记录的列或列的组合称为主键。创建了主键约束的列具有如下特点。

- 每个数据表只能定义一个主键，主键值是表中记录的标识。
- 主键列可以由一个或多个列组合而成。
- 主键值不可为空（NULL）。
- 主键值不可重复。若主键是由多列组合而成的，某一列上的数据可以重复，但多列的组合值不能重复。
- 主键约束在指定列或列组合上创建了一个唯一性索引，该索引既可以是聚集索引，也可以是非聚集索引，默认为聚集索引。
- 作为主键的列数据类型不能为 text、ntext、varchar、nvarchar、image、xml 等。

主键约束用来强制实体完整性实现。

3.4.2 唯一性约束（UNIQUE）

唯一性约束用来强制确保在表的非主键列上不输入重复值，即规定一条记录的一个字段值或几个字段的组合值不得与其他记录的相同字段或字段组合的值重复。唯一性约束是为了保证除主键列外的其他列的数据不重复。它也可以由一列或多列组成。

使用唯一性约束和主键约束都可以保证数据的唯一性，它们的区别如下。

- 一个表中只能定义一个主键约束，但可以定义多个唯一性约束。
- 如果在某列上创建了主键约束，表中记录在磁盘的存放顺序就以该列的值从小到大的顺序存放，而唯一性约束则不改变记录的物理存放顺序，只是保证该列的值不重复。
- 定义了唯一性约束的列数据可以为空值，而定义了主键约束的列数据不能为空值。

唯一性约束用来强制实体完整性实现。

3.4.3 外键约束（FOREIGN KEY）

外键约束用来建立两个表之间的关联，能够在同一个数据库的多个表之间建立关联，并维护表与表之间的依赖关系。外键是由表中的一个列或多个列组成的，该外键值引用同表或者其他表中的主键约束所映射的列或唯一约束所映射的列。

微课：外键约束

创建外键约束的列具有以下特点。

- 外键列可以由一个列或多个列组成。
- 外键列的取值可以为空，可以有重复值，但必须是它所引用列的列值之一。引用列必须是创建了主键约束或唯一性约束的列。

外键约束用来强制实现参照完整性。

【任务 3.1】 对 Manage 数据库中的三个数据表，确定它们各自的主键约束、唯一性约束，以及表之间的外键关联关系。

步骤实施如下。

（1）客户信息表（Buyers）中，客户编号字段用于唯一标识不同客户，应定义为主键。

（2）货品信息表（Wares）中，货品名称是货品的唯一标识，应定义为主键。

（3）订货信息表（Sales）中，订货编号字段是订货信息表中的唯一标识，应定义为主键。

（4）订货情况信息表（Sales）中，货品名称必须是订货情况信息表（Sales）中已存在的货品才允许订购，所以定义为外键，引用订货情况信息表（Sales）中的货品名称字段。

（5）订货情况信息表（Sales）中，客户编号必须是客户信息表（Buyers）中已存在的客户信息，所以定义为外键，引用客户信息表（Buyers）中客户编号字段。

3.4.4 检查约束（CHECK）

检查约束是用来检查一个字段或多个字段的输入值是否满足指定的约束条件，使用逻辑表达式来限制某列上可以接受的数值范围，用于强制实现域完整性。

注意：对同一个列可以定义多个检查约束，但标识列（定义了 IDENTITY 属性的列）、ROWGUIDCOL（自动增长值）列或数据类型为 TIMESTAMP 的列不能定义检查约束，因为这几类列的列值由数据库系统自动添加。

检查约束的作用类似于外键约束，它们都能限制列的取值范围。但是两种约束确定列值是否有效的方法却不同：检查约束通过指定的逻辑表达式来限制列的取值范围，外键约束则通过其他表来限制列的取值范围。

微课：检查约束

【任务 3.2】 在 Sales 订货信息表中定义订货数量字段数据有效，客户信息表性别字段取值范围为“男”和“女”。

步骤实施如下。

（1）在 Sales 订货信息表中定义订货数量字段检查约束>0。

（2）在 Buyers 客户信息表性别字段检查约束取值为“男”和“女”。

3.4.5 默认值约束（DEFAULT）

在数据库中建立一个默认值并把该默认值绑定到表中某字段或用户定义数据类型时，如果用户在插入记录时没有明确地提供该字段数值，系统便自动将默认值赋予该字段，这种对字段数值的限制被称为默认值约束。在用户定义数据类型的情况下，如果使用默认值约束，则默认值被插入使用这个自定义数据的所有字段中。默认值可以是常量、内置函数或表达式。使用默认值使数据的输入更加方便。

注意：一个列只能定义一个默认约束，并不是所有列都支持默认约束，不能对标识列、ROWGUIDCOL 列或数据类型为 TIMESTAMP 的列定义默认约束。

默认值用来实现域完整性。

微课：默认约束

【任务 3.3】 定义订货信息表中订货时间字段默认值为系统当前时间，客户信息表性别字段默认值为“男”。

步骤实施如下。

（1）在 Sales 表中字段默认值为系统当前时间。

（2）在 Buyers 表中字段默认值为“男”。

3.4.6 空值约束（NULL）

空值约束是指尚不知道或不确定的数据值，它不等同于 0 或空格。创建表时，如果未对列指定默认值，则 SQL Server 系统为该列提供 NULL 默认值，可以通过为该列定义非空约束改变这种默认的空值。

注意：主键列或标识列自动具有非空约束。

非空约束用来实现域完整性。

在已创建的 Manager 数据库中，客户信息表（Buygers）中含有表 3.8 所示的字段，货品信息表（Wares）中含有表 3.9 所示的字段，订货情况信息表（Sales）中含有表 3.10 所示的字段，为所有的字段确定数据类型，并指定字段是否允许为空值。

表 3.8　　客户信息表（Buygers）字段信息

字段名	字段描述	数据类型	长度	是否允许空值
BuyerID	客户编号			
BuyerName	客户姓名			
BuyerSex	性别			

续表

字段名	字段描述	数据类型	长度	是否允许空值
Address	联系地址			
PhoneCode	电话号码			
Birthday	出生日期			

表 3.9　　货品信息表（Wares）字段信息

字段名	字段描述	数据类型	长度	是否允许空值
WareName	货品名称			
Stock	库存量			
Supplier	提供商			
Status	状态			
Unitrice	价格			

表 3.10　　订货情况信息表（Sales）字段信息

字段名	字段描述	数据类型	长度	是否允许空值
SaleID	订货编号			
BuyerID	客户编号			
WareName	货品名称			
Quantity	订货数量			
Amount	总价格			
SaleTime	订货时间			

微课：空值约束

【任务 3.4】客户信息表（Buyer）中，客户编号字段仅用于区别不同客户信息，可用数值标识，系统自动生成数字序号即可，是客户信息中必须存在的，不允许为空；客户姓名用于存储文字类信息，由于客户姓名字数不能完全确定长度，可确定为变长字符 varchar 型，长度为 20，是客户信息中必须存在的，不允许为空；性别存储的信息为“男”或“女”，能存储一个汉字信息即可，可定义为 char 型，长度为 2，是客户信息中必须存在的，不允许为空；联系地址存储文字类信息，长度不能确定，且地址可能比较复杂，可定义为 varchar 型，长度应能存储比较长的地址信息，可定义为 50，可以允许不填写，所以可允许为空；电话号码可允许存储手机号、座机号等信息，其中座机号还有可能存在分机号码，所以定义为 varchar 型，长度 20，且允许不填写；出生日期选用能够填写日期时间的格式，所以选用 date 型即可，且允许为空。定义好的表结构如表 3.11 所示。

表 3.11　　确定好的客户信息表（Buyers）字段信息

字段名	字段描述	数据类型	长度	是否允许空值
BuyerID	客户编号	int		
BuyerName	客户姓名	varchar	20	
BuyerSex	性别	char	2	
Address	联系地址	varchar	50	是
PhoneCode	电话号码	varchar	20	是
Birthday	出生日期	date		是

【任务 3.5】 货品信息表（Wares）中，货品名称为文字类的数据信息，定义为 varchar 型，长度 20，且对于货品信息描述来说，货品名称是必须存在的，所以不能为空；库存量存储商品的当前库存数量，可选用数值型，允许为空；提供商存储文字类信息，且不能事先确定文字长度，所以定义为 varchar 型，长度 50，允许为空；状态记录当前货品是否可正常销售，只是用来做一个标记，为节约存储空间，选用 bit 类型，允许为空；价格选用能记录钱数的专用类型 money，允许为空。定义好的表结构如表 3.12 所示。

表 3.12　　确定好的货品信息表（Wares）字段信息

字段名	字段描述	数据类型	长度	是否允许空值
WareName	货品名称	varchar	20	
Stock	库存量	int		是
Supplier	提供商	varchar	50	是
Status	状态	bit		是
UnitPrice	价格	money		是

【任务 3.6】 订货情况信息表（Sales）中，订货编号字段仅用于区别不同订货信息，可用数值标识，系统自动生成数字序号即可，是订货信息中必须存在的，不允许为空；订货数量是订货信息必须描述的信息，不允许为空，记录数字数据，可选用 int 型，且订货数量应为正数；总价格选用能记录钱数的专用类型 money，允许为空；订货时间选用可记录日期值的 date 类型即可，且为方便使用，可用当前日期默认进行填充，必要时再做补充修改。定义好的表结构如表 3.13 所示。

表 3.13　　确定好的订货情况信息表（Sales）字段信息

字段名	字段描述	数据类型	长度	是否允许空值
SaleID	订货编号	int		
WareName	货品名称	varchar	20	
BuyerID	客户编号	int		
Quantity	订货数量	int		
Amount	总价格	money		是
SaleTime	订货时间	datetime		是

本章小结

本章主要介绍数据表的重要概念、数据表标识符、数据类型、数据完整性、约束。本章的重点是建表基础。

课后练习

选择题

1. 以下哪个是合法的 SQL Server 标识符？（　　）

A. StudentID　　B. Order　　C. Student Name　　D. Stu%Name

2. 可变长度字符串用起来非常灵活，为什么还要采用固定长度字符串呢？（　　）

A. 固定长度字符串节省存储空间

B. 对固定长度字符串的处理效率远远高于可变长度字符串

C. 固定长度字符串特别适合保存长短相差悬殊的字符数据

D. 固定长度字符串无用处

3. 关于数据完整性的说法正确的是（　　）。

A. 实体完整性要求每个实体都必须有一个主键或其他的唯一标识

B. 记录中某个字段值为 NULL，标识该列上没有值

C. 利用主键约束的列不能有重复的值，但是允许 NULL 值

D. 外键用来维护两个表之间的级联关系

4. SQL 中不一定能保证完整性约束彻底实现的是（　　）。

A. 主键约束　　B. 外键约束　　C. 局部约束　　D. 检查子句

5. 要在 SQL Server 2012 中创建一个员工信息表，其中员工的薪水、医疗保险和养老保险分别采用三个字段来存储，但是该公司规定：任何一个员工，医疗保险和养老保险两项的和不能大于薪水的 1/3，这一项规则可以采用（　　）来实现。

A. 主键约束　　B. 外键约束　　C. 检查约束　　D. 默认约束

6. 定义何种可以接受的数据值或者格式，称为（　　）。

A. 唯一约束　　B. 检查约束　　C. 主键约束　　D. 默认约束

7. 下面哪个数据类型可以精确指定小数点两边的总位数？（　　）

A. float　　B. money　　C. real　　D. decimal

综合实训

实训名称

设计学生管理数据库（Students）中各表的列的数据类型和约束。

实训任务

（1）根据实际情况，设计 StudInfo、CourseInfo 和 Score 三个数据表中列的数据类型。

（2）设计 StudInfo、CourseInfo 和 Score 三个数据表中列的约束。

实训目的

（1）掌握给数据表的列设定合理的数据类型。

（2）掌握给数据表的列添加必要的约束。

实训环境

SQL Server 2012 系统。

实训内容

（1）假设根据数据库的设计需求，已经将 StudInfo、CourseInfo 和 Score 表的列列出，请根据实际情况确定各列的数据类型和约束条件。

表名	StudInfo（学生基本信息表）		
列名	数据类型（精度范围）	空/非空	约束条件
学号（StudNo）			
姓名（Name）			
性别（Sex）			
身份证号码（IdNo）			
手机号码（Mobile）			
考试科目数（CourseNum）			
所在班级（Class）			

表名	CourseInfo（课程信息表）		
列名	数据类型（精度范围）	空/非空	约束条件
课程编号（CourseNo）			
课程名称（CourseName）			
学分（CourseXF）			
课时数（CourseKS）			

表名	Score（成绩信息表）		
列名	数据类型（精度范围）	空/非空	约束条件
学号（StudNumber）			
课程号（CourseNumber）			
考试次数（Times）			
考试时间（KSTime）			
考试成绩（Score）			

（2）在教师的指导下，完成 StudInfo 表在 SQL Server 2012 中的设计，具体操作将在第 5 章中讲解。

实训步骤

操作具体步骤略，请参考相应案例。

实训结果

在本次实训操作结果的基础上，分析总结并撰写实训报告。

Chapter 4

第4章 表的管理

任务目标：SQL Server是通过数据库来管理所有信息的。在数据库中，用户真正关心并实际访问的数据是存储在表这个最基本的数据库对象中的。对表的有效管理是影响数据库执行效率的重要因素，因此掌握表的操作对于掌握SQL Server数据库尤为重要。本章将介绍表的基本概念，以及表的创建、修改、删除等一系列操作。

4.1 表的概念

4.1.1 表的基本概念

数据表简称表，是最重要、最基本、最核心的数据库对象。其他的许多数据库对象，如索引、视图等，都是依附于表对象而存在的。表既是数据实际存储的场所，也是组织与存储数据与关系的一种逻辑结构。从某种意义上讲，管理数据库实际上就是管理数据库中的各个表、表间的关系及与表相关的操作对象。每个数据库都会包含若干个表。

结构和数据记录是表的两大组成部分，其中表中各个列表示出存储着不同性质的数据，称为表的列或字段，构成表结构；表中每行数据构成一条记录，形成表的数据记录。因此，表是相关联的行列集合。例如，客户信息管理表，如表4.1所示。

表4.1　　客户信息管理表

客户编号	姓名	性别	身份证号	联系方式	QQ号
201003040101	张晓芳	女	370105199001073961	13805317766	2345636
201003040102	曹铁飞	男	370401199010268115	1380531291	678423
201003040103	刘丽	女	630101198904225325	13805317830	45623558
201003040104	张仕鑫	男	370202199009231512	13805316968	345652

在SQL Server中创建表时的两个问题如下。

- 在表的结构中列的顺序可以任意排列，但同一个表中列的名字必须唯一。
- 记录是具有一定意义的信息组合，同一个数据表中不能有两条完全相同的记录。

4.1.2 创建表前的考虑

在数据库设计中，表的设计是一个重要环节。为了减少数据的冗余度，创建表之前应考虑以下两个问题。

● 数据库中要存放哪些数据，这些数据如何划分到表中。例如，在 Manage 经营管理数据库中，需要存储公司的客户、货品、客户订单等信息，可以将这些信息划分在三个表中，分别为客户信息表（Buyers）、货品信息表（Wares）和订货情况信息表（Sales）。

● 确定每个表需要哪些列，确定一个表需要哪些列实际上就是决定要用这个表来存储个体的哪些属性。例如，在 Manage 市场销售管理数据库中，Buyers 表是用来存储客户基本信息的，所以它需要包括客户姓名、地址、电话等信息。此外，为了便于数据的检索，还可以给用户信息设计一个客户编号列，用于区分重名客户。

4.2 使用 SSMS 操作表

数据表的主要操作包括表的创建、表结构的修改及表的删除等。

下面通过 Manage 市场销售管理数据库案例对各类操作过程予以说明。

4.2.1 创建数据表

创建数据表就是定义表的结构及各种约束的过程。创建表之前，首先要保证存储表的数据库已经存在且正在使用该数据库，其次要保证表的逻辑结构已经设计好。

微课：使用 SSMS 创建客户信息表

【任务 4.1】 使用 SSMS 工具创建简单结构的数据表。

我们已经创建了 Manage 市场销售管理数据库，要创建的客户信息表（Buyers）数据表逻辑结构如表 4.2 所示。

表 4.2　　客户信息表（Buyers）

字段名	字段描述	数据类型	长度	是否允许空值	说明
BuyerID	客户编号	int			主键
BuyerName	客户姓名	varchar	20		
BuyerSex	性别	char	2		
Address	通信地址	varchar	50	是	
PhoneCode	电话号码	varchar	20	是	
Birthday	客户生日	date		是	

创建客户信息表（Buyers）的操作步骤如下。

（1）启动 SSMS 2012 工具，在对象资源管理器中展开数据库节点，找到 Manage 市场销售管理数据库。

（2）展开 Manage 市场销售管理数据库节点，右击该数据库中表对象，在弹出的菜单中选择【新建表】命令，SSMS 会自动打开【表设计器】窗口，如图 4.1 所示。

表设计器是对单个表进行设计与处理的可视化工具。它分为上下两个功能区。

● 上方窗格为表结构定义区，该区以网格的方式显示每个字段列的三个基本特征定义栏目，包括【列名】、【数据类型】和【允许 Null 值】。

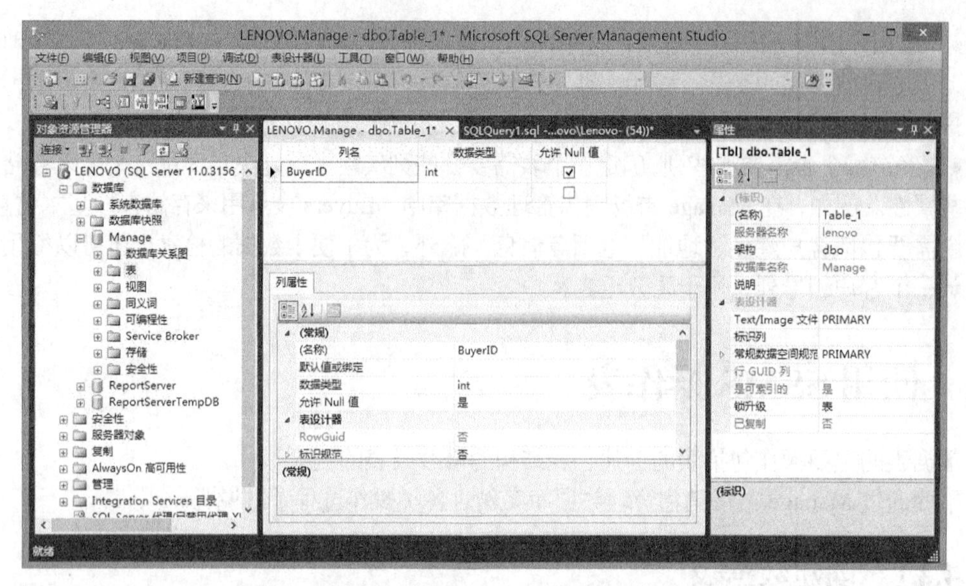

图 4.1　使用【新建表】命令打开的【表设计器】窗口

- 下方窗格为【列属性】选项卡，该选项卡的内容为上方定义区中选定字段的主要属性列表，用来显示与设置选定字段的各种重要属性的当前值。【列属性】选项卡中包含无法在表结构定义区中设置的附加属性，如排序规则、标识规范、计算公式等。

（3）在表设计器的表结构定义区中，对照表 4.2 的内容，依次定义出 Buyers 表各个列的列名、数据类型及是否允许 Null 值。

（4）将 BuyerID 字段设置为主键，在表设计器中，单击 BuyerID 列名左侧的【列选择】按钮，使其所在的行处于选中状态，即该行【列选择】按钮上出现三角箭头。在选中行的任意位置右击，在弹出的快捷菜单中选择【设置主键】命令即可。此时，在 BuyerID 列左侧【列选择】按钮上出现钥匙图标，表明该字段已经成为表的主键。设置主键还可以通过选中行后，直接选择工具栏中的【设置主键】命令图标，如图 4.2 所示。

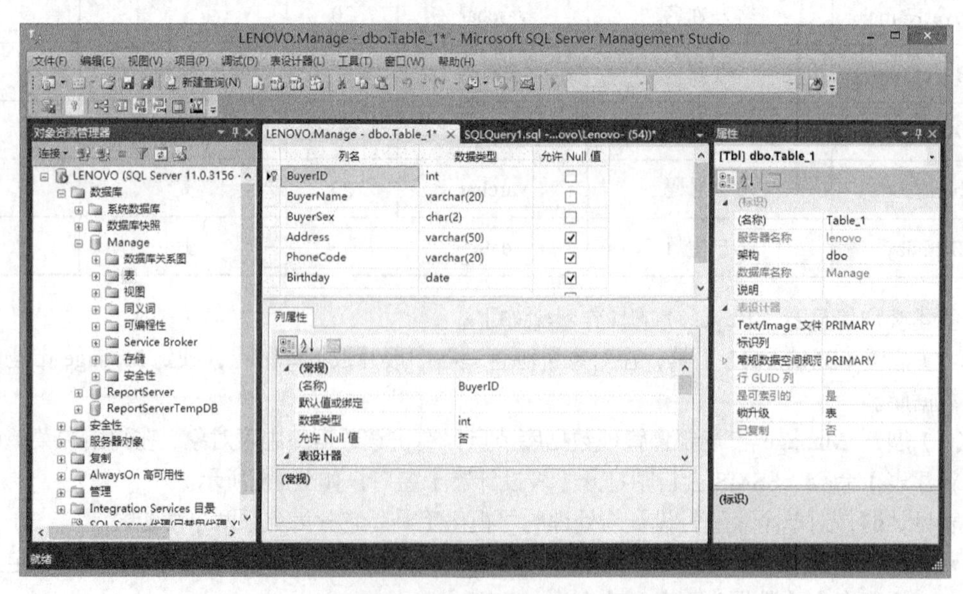

图 4.2　使用【表设计器】窗口定义新表结构

（5）新建表的默认名为 Table_1。当表结构定义完成之后，选择【文件】下的【保存 Table_1】命令，或单击工具栏中的【保存 Table_1】按钮，或在关闭表设计器时，系统都会弹出【选择名称】对话框，如图 4.3 所示，让用户输入最终保存所用的表名。输入 Buyers，单击【确定】按钮，新表创建保存完成。

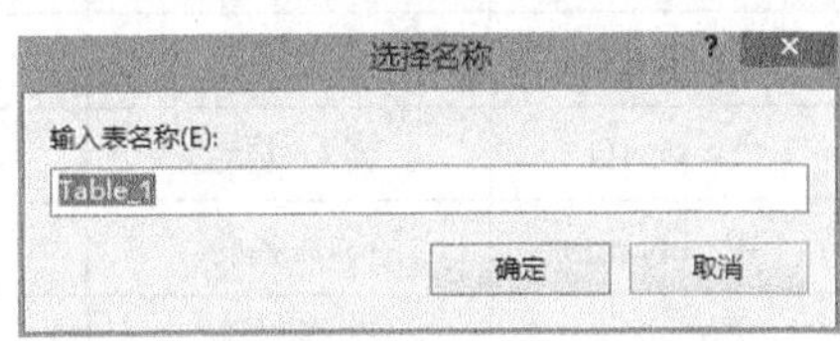

图 4.3 【选择名称】对话框

（6）在 SSMS 的对象资源管理器中展开 Manage 市场销售管理数据库的表节点，马上就能够看到新创建的表对象了。

（7）参照步骤（1）~（5）创建货品信息表（Wares），数据表逻辑结构如表 4.3 所示，表 Wares 结构创建如图 4.4 所示。

表 4.3　　货品信息表（Wares）

字段名	字段描述	数据类型	长度	是否允许空值	说明
WareName	货品名称	varchar	20		主键
Stock	货品库存量	int		是	
Supplier	货品供货商	varchar	50	是	
Status	货品状态	bit		是	
UnitPrice	货品单价	money		是	

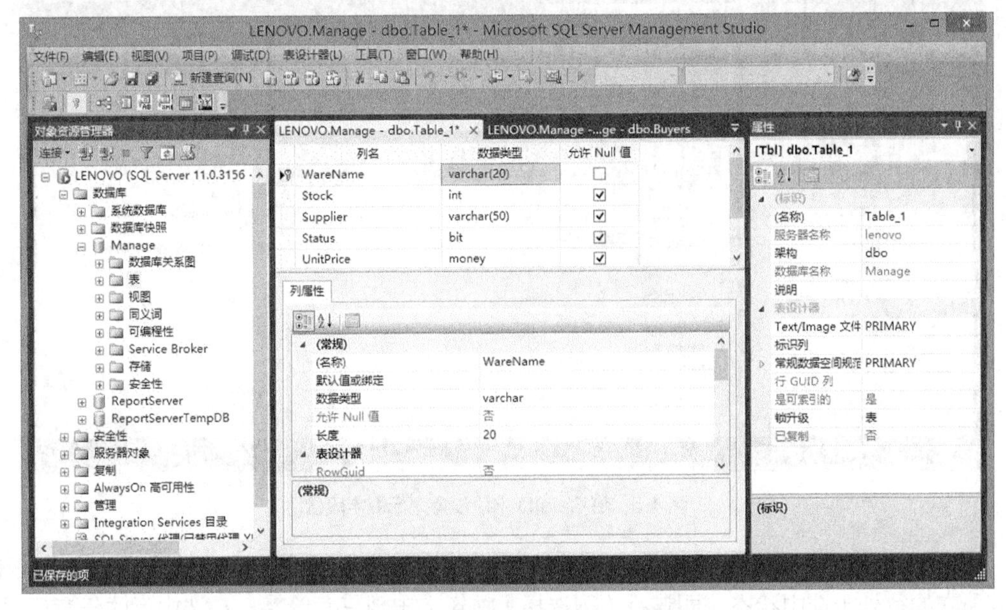

图 4.4 使用【表设计器】窗口定义新表 Wares 结构

【任务 4.2】 使用 SSMS 工具创建复杂结构的数据表。

在 Manage 市场销售管理数据库中创建名为订货情况信息表（Sales）的数据表，该表逻辑结构如表 4.4 所示。与简单表 Buyers 不同的是在 Sales 表中包含主键、外键、默认值、检查约束、默认值以及标识列等属性定义。

微课：使用 SSMS 创建订货信息表

表 4.4　　　　订货情况信息表（Sales）

字段名	字段描述	数据类型	长度	是否允许空值	说明
SaleID	订货编号	int			主键，标识列
BuyerID	客户编号	int			外键
WareName	货品名称	varchar	20		外键
Quantity	订货数量	int			数量大于 0
Amount	订货金额	money		是	
SaleTime	订货时间	datetime		是	默认为当前时间

具体操作步骤如下。

（1）如任务 4.1 所述，在 SSMS 对象资源管理器中创建一个新表，并在表设计器的表结构定义区中依次定义出 Sales 表各个列的列名、数据类型及是否允许 Null 值。

（2）将 SaleID 字段设置为标识字段，选中该字段并展开【列属性】选项卡中标识规范节点，设定标识种子值（初始值）与增量值都为 1，如图 4.5 所示。

注意：一个数据表中只能包含一个标识字段。

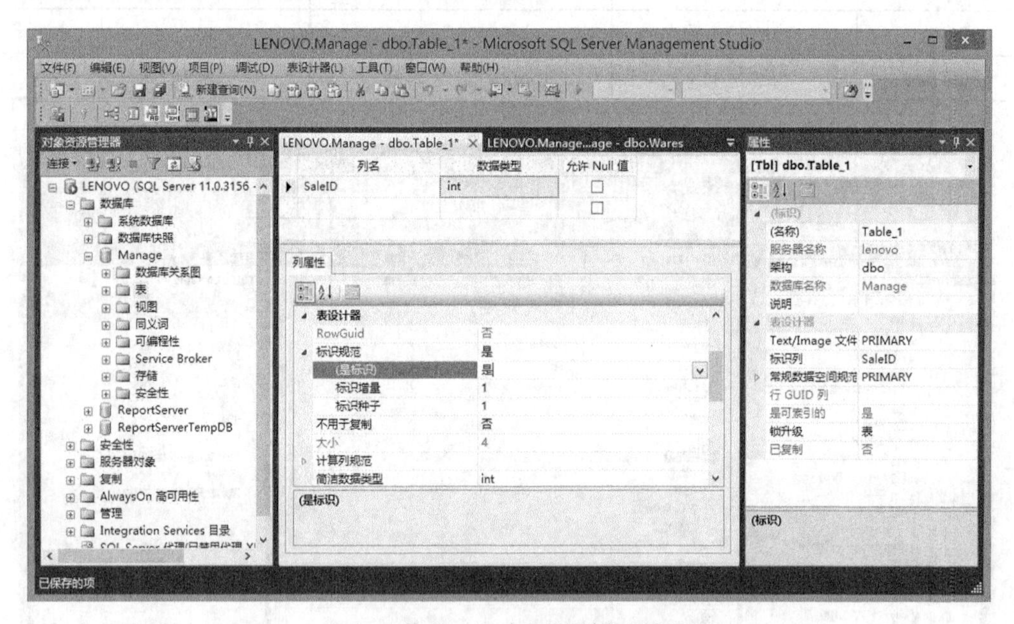

图 4.5　将 SaleID 字段设置为标识字段

（3）将 SaleID 字段设置为主键，在表设计器中，单击 SaleID 列名左侧的【列选择】按钮，使其所在的行处于选中状态，即该行【列选择】按钮上出现三角箭头。在选中行的任意位置右击，在弹出的快捷菜单中选择【设置主键】命令即可。此时，在 SaleID 列左侧【列选择】按钮上出现钥匙图标，表明该字段已经成为表的主键。设置主键还可以通过选中行后，直接选择工具栏中的【设置主键】命令图标。

（4）为 BuyerID 列添加外键约束，在该行的任意位置右击，在弹出的快捷菜单中选择【关系】命令，单击弹出对话框【外键关系】的【添加】按钮，选择【表和列规范】右侧的【...】按钮，即可打开新的弹出对话框【表和列】，在其中设定【关系名】、【主键表】及字段、【外键表】及字段等信息，如图 4.6 所示。

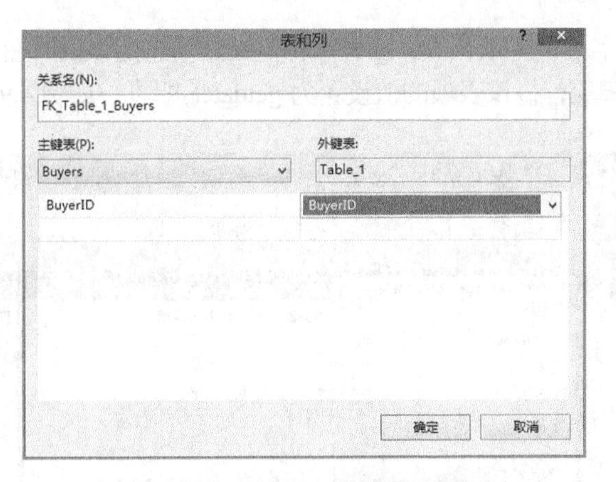

图 4.6　将 BuyerID 字段设置外键约束

用同样的方法设定 WareName 列为外键约束，设定好约束的【外键关系】对话框如图 4.7 所示。

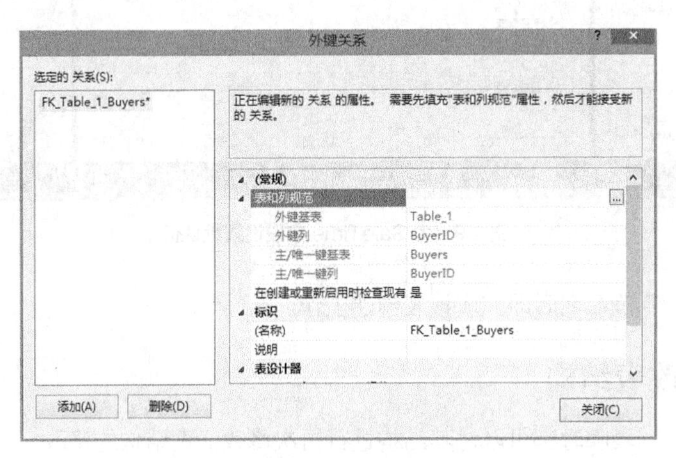

图 4.7　设定好外键的【外键关系】对话框

（5）为 Quantity 字段设定检查条件，在该行的任意位置右击，在弹出的快捷菜单中选择【CHECK 约束】命令，在弹出对话框的表达式部分输入条件内容 Quantity>0，关闭对话框后条件即会自动保存。设置对话框如图 4.8 所示。

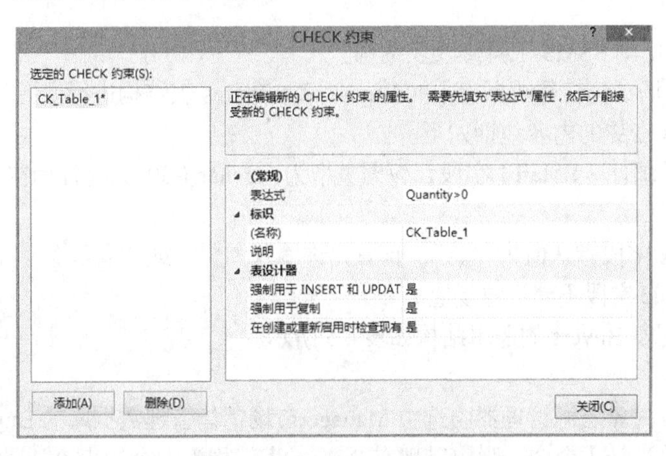

图 4.8　设置检查约束的对话框

（6）为 SaleTime 字段设置默认值，从表结构定义区中选定该列，在【列属性】选项卡中选中【默认值或绑定】表项，将该表项的值设置为 getdate()即可，如图 4.9 所示。

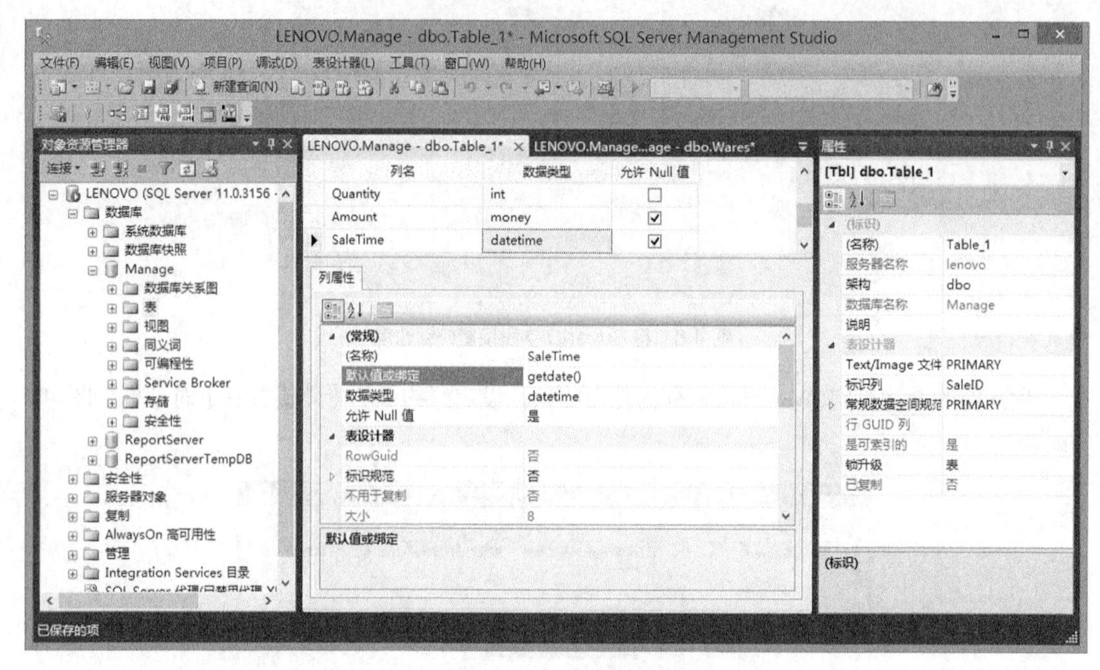

图 4.9　为 SaleTime 字段设置默认值

（7）为表进行正确命名后即完成该表创建工作。

4.2.2　修改表结构

创建成功的数据表随时都可以对其结构进行再次修改。表结构的修改包括对列的各种属性（如列名称、数据类型、长度、能否为 Null 值等）的更改、添加新列、删除某些列，以及对主键、默认值、检查约束等附加属性的定义或重新设置。

微课：使用 SSMS 修改客户信息表

修改表结构主要通过【表设计器】菜单、快捷菜单或【表设计器】工具栏来完成。

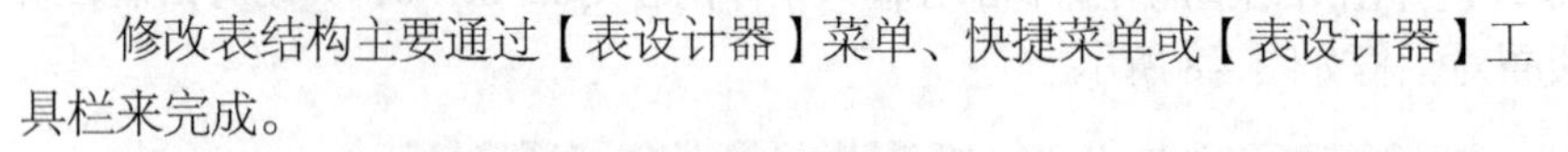

【任务 4.3】 使用 SSMS 工具修改表结构。

对 Manage 市场销售管理数据库中的 Buyers 表、Wares 表结构进行变更。

Buyers 表结构变更的内容包括如下。

（1）添加电子邮件（EMail）字段，数据类型为 varchar（30），允许为空，但内容必须包含@符号。

（2）BuyerSex 字段默认值为“男”，且只允许输入“男”或“女”。

（3）PhoneCode 字段不允许重复值。

修改后的数据表 Buyers 的逻辑结构如表 4.5 所示。

操作步骤如下。

（1）在 SSMS 对象资源管理器中选中 Manage 市场销售管理数据库的 Buyers 表，右击，在弹出菜单中选择【设计】命令，弹出以现有 Buyers 表结构为内容的表设计器。

表 4.5　　修改后的客户信息表（**Buyers**）的逻辑结构

字段名	字段描述	数据类型	长度	是否允许空值	说明
BuyerID	客户编号	int			主键
BuyerName	客户姓名	varchar	20		
BuyerSex	性别	char	2		默认值为男， 值只限为男或女
Address	通信地址	varchar	50	是	
PhoneCode	电话号码	varchar	20	是	不允许重复
Birthday	出生日期	date		是	
EMail	电子邮件	varchar	30	是	内容包含@符号

（2）追加新字段时，在表设计器的最后一行中输入字段名 EMail，确定好数据类型及其长度。如创建表时一样进行操作，设定 CHECK 约束的内容为：EMail like‘%@%’，如图 4.10 所示。

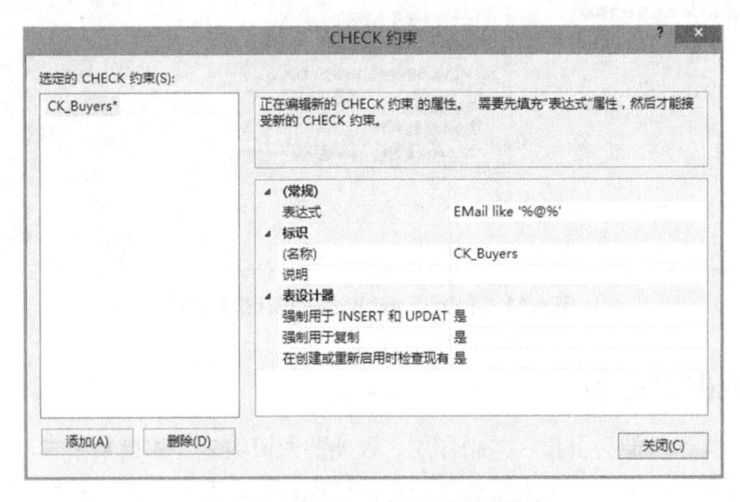

图 4.10　为 Email 字段设置检查约束

（3）选中 BuyerSex 字段，在【列属性】选项卡区域中为其设定默认值“男”，如前述操作，设定 CHECK 约束的内容为：BuyerSex='男'OR BuyerSex='女'。

（4）修改后的数据表 Wares 的逻辑结构如表 4.6 所示，具体操作步骤不再赘述。

表 4.6　　修改后的货品信息表（**Wares**）的逻辑结构

字段名	字段描述	数据类型	长度	是否允许空值	说明
WareName	货品名称	varchar	20		主键
Stock	库存量	int		是	
Supplier	提供商	varchar	50	是	
Status	状态	bit		是	默认为 0
UnitPrice	价格	money		是	

注意：如果 SQL Server 2012 当前的设置不允许保存对表结构所做的更改，在保存时系统会弹出【不允许保存更改】的警告消息框。这种情形下，可以通过以下操作来改变系统设置，解决无法保存的问题。

- 在 SSMS 中选择【工具】菜单中的【选项】命令，打开图 4.11 所示的【选项】对话框。
- 在对话框左边的窗格中展开【设计器】节点，单击【表设计器和数据库设计器】子项。
- 在对话框右边的【表选项】窗格中，取消选中【阻止保存要求重新创建表的更改】复选框。
- 单击【确定】按钮，使设置生效。此时再修改表结构及保存，就能够正常保存更改结果了。

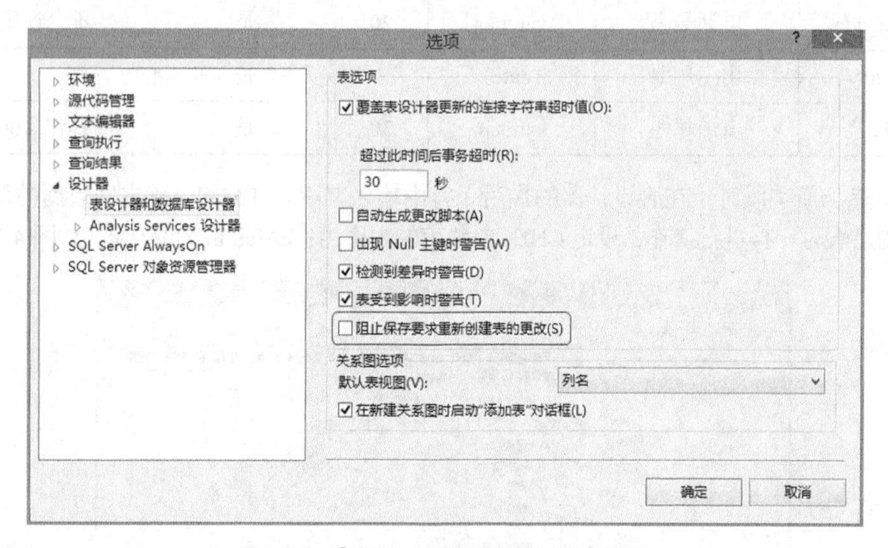

图 4.11 【表设计器和数据库设计器】子项

4.2.3 数据表更名

数据表更名操作可能会引起一些副作用，因此要谨慎实施。如果某个表上已经建立起了视图，或者这个表正被某些存储过程访问，或者该表与其他表之间建立了关联，则不宜再对其更名，否则会引起相关的视图、存储过程或关联访问异常，甚至失败。

微课：数据表更名

【任务 4.4】 使用 SSMS 工具对数据表进行更名。

在 Manage 市场销售管理数据库中，依据表 4.4 的结构建立新表 SalesNEW，并将其更名为 SaleInfo。

操作步骤如下。

（1）在 SSMS 对象资源管理器中展开 Manage 市场销售管理数据库节点并右击 Sales 表，在弹出的菜单中选择【重命名】命令，当前的表名自动选中并被置于文本框内。

（2）在文本框中输入新的表名 SaleInfo，按 Enter 键或单击文本框外任意位置，数据表名更改完成。

4.2.4 删除数据表

删除数据表也是一个需谨慎对待的操作，一旦操作不当，同样会引起无法弥补的损失。当一个表被删除后，表的结构、表的记录、表的约束定义、表的索引、表的触发器等对象也将随着消失，并且再也无法恢复。因此，对于要删除的表，一定要确保它们不再有存在的必要。

注意：

- SQL Server 系统表严格禁止删除。
- 如果一个表被其他表通过外键约束引用，则必须先删除设置了外键约束的表，或删除其外键约束。

【任务 4.5】 使用 SSMS 工具删除数据表。

删除 Manage 市场销售管理数据库中的 SaleInfo 表。

操作步骤如下。

（1）在 SSMS 对象资源管理器中展开 Manage 市场销售管理数据库节点并右击 SaleInfo 表，在弹出的菜单中选择【删除】命令，打开【删除对象】对话框，SaleInfo 表的基本信息出现在【要删除的对象】列表中。

（2）单击对话框下方的【显示依赖关系】按钮，确保被删除数据表无依赖关系存在。单击【确定】按钮，SaleInfo 表即被删除了。

4.3 使用 T-SQL 操作表

通过在 SQL Server 2012 的查询编辑器中输入并运行 T-SQL 语句，同样能够完成数据表的各类操作。

4.3.1 创建数据表

CREATE TABLE 语句用来创建指定的数据表，它是 T-SQL 中最常用的命令之一。

CREATE TABLE 语句的基本语法格式如下。

```
CREATE TABLE [数据库名.][框架名称.]表名
({列名 列属性 列约束} [, …n] | 字段名 AS 计算列[PERSISTED [NOT NULL]] [列约束])
```

其中列属性的格式如下。

```
数据类型[(长度)]
[NULL | NOT NULL] [SPARSE] [IDENTITY(初始值,步长值)] [ROWGUIDCOL]
```

列约束的格式如下。

```
[CONSTRAINT 约束名] PRIMARY KEY[(列名)]
[CONSTRAINT 约束名] UNIQUE[(列名)]
[CONSTRAINT 约束名] [FOREIGN KEY[(外键列)]]
        REFERENCES 引用表名(引用列)
       [ON DELETE {CASCADE | NO ACTION}]
       [ON UPDATE {CASCADE | NO ACTION}]
[CONSTRAINT 约束名] CHECK(检查表达式)
[CONSTRAINT 约束名] DEFAULT 默认值
```

语法说明如下。

（1）数据库名称用来指定新建表所属的数据库名称，当省略数据库名称时，则新表创建到当前数据库中。可以在使用 CREATE TABLE 语句之前，使用 USE 语句设置目标数据库。

（2）框架名称用来指定新建表所属的架构名称，当省略架构名称时，新表将被放置到用户所连接数据库的默认架构中。

（3）数据库表名为要创建数据表的标识符。表名不可省略，但数据库名称与框架名称可以部分省略或全部省略。

（4）列定义中的 NULL 关键字用来限定字段列可以取空值，NOT NULL 列则相反，默认为 NULL。

（5）列定义中的 SPARSE 关键字用来指定字段列为稀疏列，稀疏列会对列中的 NULL 值进行存储优化，且不允许指定为 NOT NULL。

（6）列定义中的 IDENTITY 关键字用来定义字段列为标识列，用于对字段进行自动编号；初始值为表首记录的标识列所拥有的初值，默认为 1；步长值为两条相邻记录在标识列上的差值，默认为 1。每个表最多只能有一个标识列，该列的数据类型只能为数值型的，且不允许为标识列指定默认值或 DEFAULT 约束。

（7）ROWGUIDCOL 关键字用来为字段列设置全局唯一标识符（GUID）属性。GUID 属性列能够使用$ROWGUID 进行数据的引用，关键字的拼写反映了这种特性。ROWGUIDCOL 关键字并不强制要求其修饰的属性列的值具有唯一性，也不会为新插入的记录在该属性列上自动生成新的值。只有数据类型为 uniqueidentifier 的字段列才能被设置为 ROWGUIDCOL 属性，并且一个表中只能有一个 GUID 属性列。

（8）在列约束中使用 CONSTRAINT 关键字可以对约束进行命名，若省略该关键字，约束名使用默认名称；PRIMARY KEY 子句用来设置主键；UNIQUE 子句用来设置唯一性约束；FOREIGN KEY 子句用来设置外键约束；CHECK 子句用来设置检查约束；DEFAULT 子句用来设置默认值约束。

（9）计算列是一类构造出来的特殊列，其特殊性在于这类列通常是虚拟的，并不是实际存储于数据表中的字段，除非将该列标记为 PERSISTED 属性。PERSISTED 关键字用来指示 SQL Server 系统将计算列真正存储在数据表中。

【任务 4.6】 用 T-SQL 语句创建简单结构数据表。

编写 T-SQL 脚本代码，在 Manage 市场销售管理数据库中创建客户信息表（Buyers1），其逻辑结构如表 4.2 所示。

微课：使用语句创建客户信息表

操作步骤如下。

（1）在 SSMS 中单击【工具】菜单中的【新建查询】按钮打开查询编辑器。

（2）在查询编辑器的文本输入窗口中输入如下的 T-SQL 脚本代码。

```
USE Manage
GO
CREATE TABLE Buyers1
( BuyerID int PRIMARY KEY,
  BuyerName varchar(20) NOT NULL,
  BuyerSex char(2) NOT NULL,
  Address varchar(50),
  PhoneCode varchar(20),
  Birthday date
)
```

（3）按 F5 键执行输入的结果，如图 4.12 所示。

（4）在 SSMS 中刷新 Manage 市场销售管理数据库的表节点，可以看到 Buyers1 表已经创建成功，使用【设计】快捷菜单命令打开 Buyers1 表的结构即可查看和再次修改。

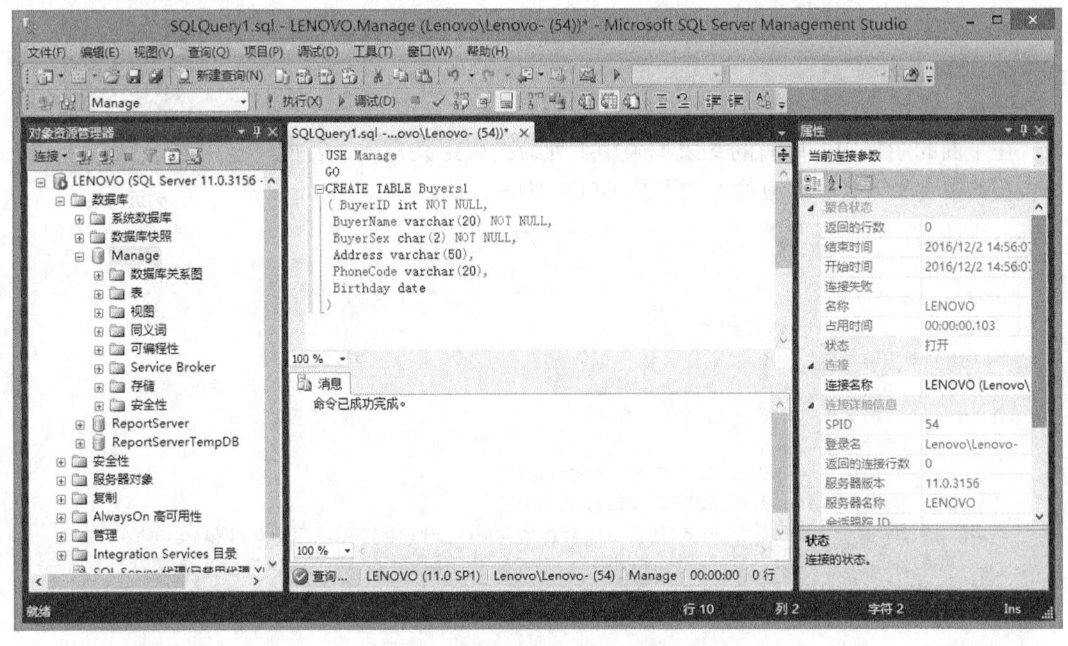

图 4.12 通过 SQL 命令创建表 Buyers1

【任务 4.7】 用 T-SQL 语句创建复杂结构数据表。

在 Manage 市场销售管理数据库中创建名为订货信息表（Sales1）的数据表，该表逻辑结构如表 4.4 所示。与简单表 Buyers1 不同的是在 Sales1 表中包含主键、外键、默认值、检查约束、默认值以及标识列等属性定义。

微课：使用语句创建订货信息表

操作步骤如下。

（1）在 SSMS 中单击【工具】菜单中的【新建查询】按钮打开查询编辑器。

（2）在查询编辑器的文本输入窗口中输入如下的 T-SQL 脚本代码。

```
USE Manage
GO
CREATE TABLE Sales1
( SaleID int identity(1,1) PRIMARY KEY,
 WareName varchar(20) FOREIGN KEY(WareName) REFERENCES Wares(WareName),
 BuyerID int REFERENCES Buyers( BuyerID),
 Quantity int CONSTRAINT ck_Sales1 CHECK(Quantity>0),
 Amount int NULL,
 SaleTime datetime NULL DEFAULT getdate()
)
```

（3）按 F5 键执行输入的结果。

（4）在 SSMS 中刷新 Manage 市场销售管理数据库的表节点，可以看到 Sales1 表已经创建成功。

注意：约束具有两种定义方式，分别为列级约束和表级约束。

- 列约束内嵌在列的声明中定义，作为列定义的一部分只作用于此列本身，放在列名和数据类型之后的位置，即逗号之前。
- 表级约束作为表定义的一部分，可以作用于多个列，且必须将多列约束定义为单独的表元素，作为独立的由逗号分隔的语句。

微课：表级约束和列级约束

- 数据库服务器以同样的方式处理列级和表级约束，涉及多列的约束必须作为表级约束处理。

注意：默认值约束只能作为列级约束来进行定义。

在上面的示例中，所有的约束均采用了列级约束定义方式，若换作表级约束定义方式，则应输入如下的 T-SQL 脚本代码。

```
USE Manage
GO
CREATE TABLE Sales1
( SaleID int identity(1,1),
  WareName varchar(20),
  BuyerID int,
  Quantity int,
  Amount int NULL,
  SaleTime datetime NULL DEFAULT getdate(),
  CONSTRAINT pk_Sales1 PRIMARY KEY(SaleID),
  CONSTRAINT fk_Sales1_G FOREIGN KEY(WareName) REFERENCES Wares(WareName),
  CONSTRAINT fk_Sales1_C FOREIGN KEY(BuyerID) REFERENCES Buyers(BuyerID),
  CONSTRAINT ck_Sales1 CHECK(Quantity>0)
)
```

4.3.2 修改数据表

ALTER TABLE 语句提供了更改、增加与删除列与约束的功能，以及通过启用或禁用约束与触发器来改变表的行为与特性的功能。

ALTER TABLE 语句的基本语法格式如下。

```
ALTER TABLE 表名
      ADD 列名  数据类型[(长度)][NULL|NOT NULL][, …n]
    | ALTER COLUMN 列名 { 数据类型[(长度)] [COLLATE 列排序规则] [NULL|NOT NULL]
| { ADD | DROP} { ROWGUIDCOL | SPARSE | PERSISTED}}
    | DROP COLUMN 字段名[, …n]
    | ADD CONSTRAINT 约束定义[, …n]
    | DROP CONSTRAINT 约束名[, …n]
    | NOCHECK CONSTRAINT 约束名[, …n]
    | CHECK CONSTRAINT 约束名[, …n]
    | ENABLE TRIGGER 触发器名称[, …n]
    | DISABLE TRIGGER 触发器名称[, …n]
```

语法说明如下。

（1）ADD 子句用来向表中添加一个或多个字段列、计算列或表约束的定义。各个定义项的具体语法请参照创建表语句中的说明。

注意：若向已存在记录的表中添加列，新添列可以设置为允许为空，若新添列设置为不允许为空时，则必须给该列指定默认值。这样 SQL Server 就将默认值送给已存在记录的新添列，否则新添列操作将失败。

（2）ALTER COLUMN 子句可以修改列的数据类型、长度、是否允许为空等属性。但并非所有列都能使用 ALTER COLUMN 子句进行修改，表中的计算列、ROWGUIDCOL 列及数据类型为 timestamp 的列就不能修改。COLLATE 关键字用来为修改后的列指定新的排序规则。ADD 或 DROP 关键字用来在指定列中添加或删除几类属性。其中 ROWGUIDCOL 指定列为 GUID 属性列；SPARSE 指定列为稀疏列；PERSISTED 只能为计算列所拥有，指定为 PERSISTED 的计算列，数据库系统将以物理方式在表中存储计算列的值。

注意：在默认状态下，列可以被设置为空值，将一个原来允许为空值的列改为不允许为空值时，必须满足列中没有存放空值的记录以及在列上没有创建索引。

（3）DROP COLUMN 子句可以从表中删除一个或多个字段。

注意：在删除列时，必须先删除基于该列的索引和约束后，才能删除该列。

（4）ADD CONSTRAINT 子句可以在表中增加一个或多个约束。

（5）DROP CONSTRAINT 子句可以从表中删除一个或多个约束。

（6）NOCHECK CONSTRAINT 子句可以使表上的约束无效，使用 CHECK CONSTRAINT 子句可以使表上的约束重新生效。

注意：这两个子句只对外键约束和检查约束起作用。

（7）ENABLE TRIGGER 子句和 DISABLE TRIGGER 子句分别用来启用和禁用一个或多个触发器。

【任务 4.8】 用 T-SQL 语句对表结构进行修改。

微课：使用语句修改客户信息表

对 Manage 市场销售管理数据库中的 Buyers1 表结构进行变更。Buyers1 表结构变更的内容如下。

（1）添加电子邮件（EMail）字段，数据类型为 varchar（30），不允许为空（假设表中已存在部分数据信息），内容必须包含@符号。

（2）BuyerID 字段设置为主键。

（3）BuyerSex 字段默认值为“男”，且只允许输入“男”或“女”。

（4）PhoneCode 字段长度修改为变长字符型，长度为 30，不允许重复值。

本示例涉及对表结构的多项操作，而 ALTER TABLE 命令每执行一次只能完成对表的一项修改任务，因此脚本中需要用到多条 ALTER TABLE 语句。

操作步骤如下。

（1）打开查询编辑器。

（2）在查询编辑器中输入如下的 T-SQL 脚本代码。

```
USE Manage
GO
ALTER TABLE Buyers1
ADD EMail varchar(30) NOT NULL DEFAULT ' ' CHECK(EMail LIKE '%@%')
GO
ALTER TABLE Buyers1
ADD CONSTRAINT pk_Buyers1_BuyerID PRIMARY KEY(BuyerID),
CONSTRAINT df_Buyers1_BuyerSex DEFAULT '男' FOR BuyerSex,
CONSTRAINT ck_Buyers1_BuyerSex CHECK(BuyerSex in('男', '女'))
GO
ALTER TABLE Buyers1
ALTER COLUMN PhoneCode varchar(30)
Go
ALTER TABLE Buyers1
ADD CONSTRAINT un_Buyers1_PhoneCode UNIQUE(PhoneCode)
GO
```

注意：添加的约束信息可以采用更为简单的语法实现，即不人为命名，由系统来自动定义约束名，如 ALTER TABLE Buyers1 ADD UNIQUE（PhoneCode）。

（3）按 F5 键执行输入的代码。

（4）在 SSMS 中刷新 Manage 市场销售管理数据库的表节点，使用【设计】快捷菜单命令，打开 Buyers1 表结构，可以看到修改后的内容。

【任务 4.9】 用 T-SQL 语句对表结构进行修改。

对 Manage 市场销售管理数据库中的 Buyers1 表结构进行变更。Buyers1 表结构变更的内容如下。

微课：使用语句修改客户信息表

（1）删除 BuyerSex 字段的默认值。

（2）使 BuyerSex 字段输入值的限制条件无效。

本示例对上一示例内容进行了进一步修改操作。操作步骤如下。

（1）打开查询编辑器。

（2）在查询编辑器中输入如下的 T-SQL 脚本代码。

```
USE Manage
GO
ALTER TABLE Buyers1
DROP CONSTRAINT df_Buyers1_BuyerSex
GO
ALTER TABLE Buyers1
NOCHECK CONSTRAINT ck_Buyers1_BuyerSex
GO
```

（3）按 F5 键执行输入的代码。

（4）在 SSMS 中刷新 Manage 市场销售管理数据库的表节点，使用【设计】快捷菜单命令，打开 Buyers1 表结构，可以看到修改后的内容。

4.3.3 查看数据表的信息

在一个表创建好之后，用户可以查看表的一些相关信息。例如，表由哪些列组成，列的数据类型如何进行定义，表上设置了哪些约束信息，表与表之间的依赖关系等。通过 SSMS 环境查看这些内容，操作过程与修改表的方法相似，不再赘述。在此仅向大家介绍使用系统存储过程来查看表中的相应信息。

使用 SP_HELP 存储过程查看表结构和约束的语法格式如下。

```
[EXECUTE] SP_HELP [表名]
```

在此语法中，若省略表名，则显示表中所有数据对象的信息。若该语句处在批处理中第一行时，则可省略 EXEC 关键字。

【任务 4.10】 用系统存储过程查看表的定义信息。

使用系统存储过程查看 Manage 市场销售管理数据库中 Sales 表的定义信息。

操作步骤如下。

（1）打开查询编辑器。

（2）在查询编辑器中输入如下的 T-SQL 脚本代码。

```
USE Manage
GO
SP_HELP Sales
GO
```

（3）按 F5 键执行输入的代码，执行结果如图 4.13 所示。

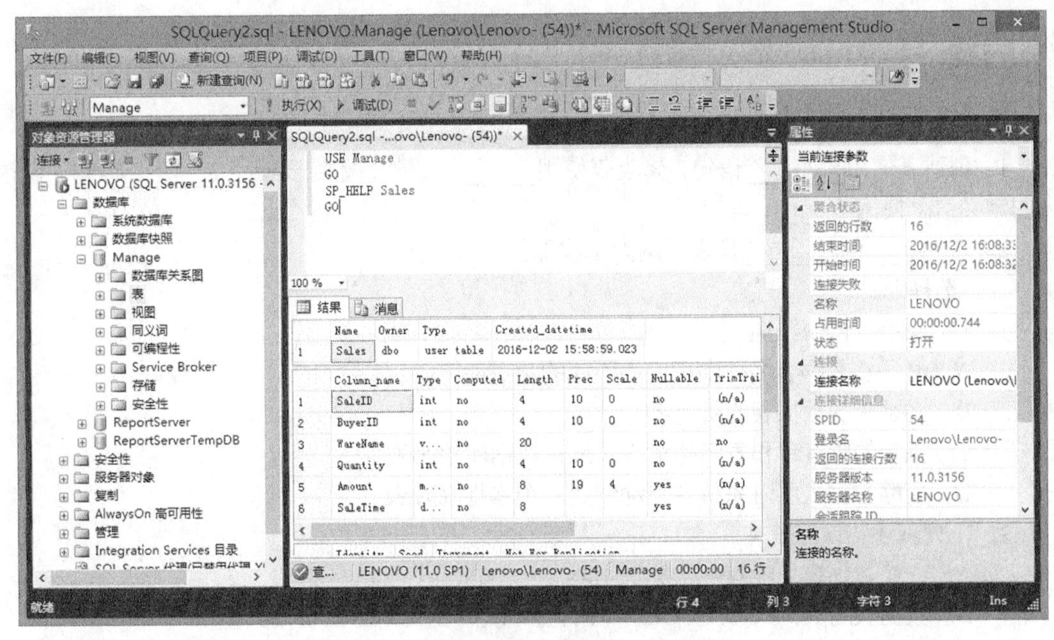

图 4.13 使用系统存储过程查看表定义信息

4.3.4 删除数据表

删除数据表也是一个需要谨慎对待的操作，一旦操作不当，同样会引起无法弥补的损失。当一个表被删除后，表的结构、记录、约束定义、索引、触发器等对象也将随着消失，并且再也无法恢复。因此，对于要删除的表，一定要确保它们不再有存在的价值。

DROP TABLE 语句用来从当前数据库中删除一个或多个数据表。该语句的基本语法格式如下。

```
DROP TABLE [数据库名称.[框架名称.] | [框架名称.]]表名[,…n]
```

【任务 4.11】 用 T-SQL 语句删除数据库表。

使用 DROP TABLE 语句删除 Manage 市场销售管理数据库中的 Sales 表。

操作步骤如下。

（1）打开查询编辑器。

（2）在查询编辑器中输入如下的 T-SQL 脚本代码。

```
USE Manage
GO
DROP TABLE Sales
GO
```

（3）按 F5 键执行输入的代码。

（4）通过 SSMS 检查 Manage 市场销售管理数据库，可以看到 Sales 表已经被删除了。

本章小结

本章主要介绍数据表的重要概念和数据表的各类操作。数据表简称表，是 SQL Server 2012 最基本的操作对象。数据表的创建、查看、修改、删除是 SQL Server 最基本的操作，是进行数据库管理与开发的基础。本章的重点是学习如何使用 SSMS 工具和 T-SQL 命令来创建、修改、删除数据表。

课后练习

一、填空题

1. 创建表使用________语句，修改表使用________语句，删除表使用________语句，查看表的定义信息使用________语句。

2. ________和________是表的两大组成部分。

二、选择题

1. 使用表的创建语句时（　　）。
   A. 必须在数据表名称中指定表所属的数据库
   B. 必须指明数据表的所有者
   C. 指定的所有者和表名称组合起来在数据库中必须唯一
   D. 省略数据表名时系统会自动创建一个本地临时表

2. 下列叙述错误的是（　　）。
   A. 一个数据表只能有一个标识字段
   B. 数据表的 ROWGUIDCOL 字段的值可以由 SQL Server 自动产生
   C. 约束名称在数据库中必须是唯一的
   D. 可在 CREATE TABLE 语句中使用 COLLATE 参数修改 int 类型数据的默认排序规则

3. 下列叙述错误的是（　　）。
   A. ALTER TABLE 语句可以添加字段
   B. ALTER TABLE 语句可以删除字段
   C. ALTER TABLE 语句可以修改字段名称
   D. ALTER TABLE 语句可以修改字段数据类型

4. 在 CREATE TABLE 语句中可以（　　）。
   A. 创建计算字段
   B. 指定存储数据表的文件组
   C. 单独为 text、ntext 和 image 类型字段指定不同的文件组
   D. 创建新的文件组

5. ALTER TABLE 语句不可以（　　）。
   A. 同时修改字段数据类型和长度　　B. 修改计算列
   C. 在添加字段时创建该字段的约束　　D. 同时删除字段和字段约束

综合实训

实训名称

创建并管理学生信息管理数据库（Students）的所有表结构。

实训任务

（1）使用 SSMS 对学生信息管理数据库（Students）的 3 个表进行创建、修改与删除等操作。

（2）使用 T-SQL 命令对学生信息管理数据库（Students）的 3 个表进行创建、修改与删除等操作。

实训目的

（1）掌握 SSMS 创建与管理表结构的基本操作方法。

（2）掌握创建与管理表结构的 T-SQL 命令的格式与用法。

实训环境

Windows Server 平台及 SQL Server 2012 系统。

实训内容

（1）设计学生信息管理数据库（Students）的表结构。

序号	表名	功能说明
表 A	StudInfo	学生基本信息表
表 B	CourseInfo	课程信息表
表 C	ScoreInfo	成绩信息表

表名	StudInfo（学生基本信息表）		
列名	数据类型（精度范围）	空/非空	约束条件
学号（StudNo）	char（12）		主键
姓名（Name）	char（8）		
性别（Sex）	bit		0：男（默认）1：女
身份证号码（IdNo）	char（18）		
手机号码（Mobile）	char（11）	可空	唯一
考试科目数（CourseNum）	int		默认为 0
所在班级（Class）	char（10）		

表名	CourseInfo（课程信息表）		
列名	数据类型（精度范围）	空/非空	约束条件
课程编号（CourseNo）	char（6）		主键
课程名称（CourseName）	varchar（20）		
学分（CourseXF）	int		
课时数（CourseKS）	int		

表名	ScoreInfo（成绩信息表）		
列名	数据类型（精度范围）	空/非空	约束条件
学号（StudNumber）	char（12）		学号、课程号、考试次数为组合主键，考试次数默认 1
课程号（CourseNumber）	char（6）		
考试次数（Times）	int		
考试时间（KSTime）	datetime		
考试成绩（Score）	decimal（5，2）		成绩在 0～100 之间

（2）在 SSMS 中完成 3 个表结构的定义、修改与表的删除等基本操作。

（3）使用 T-SQL 语句完成 3 个表结构的定义、修改与表的删除等基本操作。

实训步骤

操作具体步骤略，请参考相应案例。

实训结果

在本次实训操作结果的基础上，分析总结并撰写实训报告。

Chapter 5 第 5 章 数据更新

任务目标：数据更新，即管理表的数据内容。通过本章学习，要求掌握使用 SSMS 工具和 T-SQL 命令两种手段来完成添加记录、修改记录、删除记录以及清空表等基本操作的方法与步骤。

5.1 使用 SSMS 操作数据记录

数据表分类存储了不同的实体信息，这些实体信息共同组成了表的数据内容。表中的每一行数据称为一条记录，每条记录都描述了一个特定实体的完整信息。表中的所有记录共同组成了表的数据内容。

数据表创建之初并不包含任何记录，建表的目的就是存储数据与管理数据。数据的管理主要包括插入记录、修改记录、删除记录以及清空表等操作。

SQL Server 2012 提供了 SQL Server Management Studio 工具和查询编辑器，使用户能够利用图形化的集成环境与 T-SQL 命令两种方式来操作表的数据内容。

5.1.1 数据添加

在“表的管理”一章中，在 Manage 数据库中创建了客户信息表（Buyers），更新后的结构如表 5.1 所示。通过下面的案例讲解如何向该表输入数据并进行管理。

表 5.1　　客户信息表（Buyers）的逻辑结构

字段名	字段描述	数据类型	长度	是否允许空值	说明
BuyerID	客户编号	int			主键
BuyerName	客户姓名	varchar	20		
BuyerSex	性别	char	2		默认值为男，值只限为男或女
Address	通信地址	varchar	50	是	
PhoneCode	电话号码	varchar	20	是	不允许重复
Birthday	客户生日	date		是	
EMail	电子邮件	varchar	30	是	内容包含@符号

【任务 5.1】 使用 SSMS 工具插入表记录。

将表 5.2 所示的记录插入 Buyers 表中。

微课：使用 SSMS 添加数据

表 5.2　　插入到表 Buyers 中的记录

BuyerID	BuyerName	BuyerSex	Address	PhoneCode	Birthday	EMail
7	刘鹏	男	天津电器五厂	13509872518	1988-02-19	lp@163.com
8	张思涵	女	青岛四方区 95 号	053247869577	1990-09-30	zsh@163.com
9	周晓娅	女	济南历城区旅游路 3 号	13784756132	1973-05-23	zxy@163.com
10	李红	女	烟台芝罘区 2431 号	05357583729	1987-08-14	lh@126.com
11	孙玉卿	女	北京 2361 信箱	13395847284	1968-12-09	syq@126.com
12	王兰	女	济南市电机二厂	053193846352	1985-11-23	wl@qq.com
13	王硕	男	山东商业职业技术学院	053186332281	1988-05-19	ws@126.com
14	陈晓东	男	临沂北方电子信息公司	13593726173	1979-07-29	cxd@163.com
15	刘晓	男	广州新世界批发公司	02073621837	1971-04-05	lx@163.com
16	李梅	女	北京东方计算机公司	01064758372	1988-03-11	limei@163.com
……						

操作步骤如下。

（1）在 SSMS 对象资源管理器中选中 Manage 数据库的 Buyers 表，右击，在弹出的菜单中选择【编辑前 200 行】命令，打开 Buyers 表的【数据编辑】窗口，如图 5.1 所示。

DESKTOP-90KHBE...ge - dbo.Buyers

BuyerID	BuyerName	BuyerSex	Address	PhoneCode	Birthday	EMail
1	李红	男	重庆电子学院	98653621	1968-04-06	NULL
2	孙玉强	男	北京市南京路1...	010-21546321	1973-05-06	NULL
3	王硕	男	郑州市花园路1...	0371-6325632	1975-07-06	NULL
4	陈晓东	男	上海市北方公司	96525421	1963-02-03	NULL
5	何海红	男	广州市白云机场	020-9586585	1965-09-09	NULL
6	赵虹	男	深圳市罗湖区	25854255	1975-05-21	NULL
NULL	NULL	NULL	NULL	NULL	NULL	NULL

1 / 6

图 5.1　打开 Buyers 表的【数据编辑】窗口

（2）在【数据编辑】窗口的表格中，逐个输入每一条记录的各个字段值。其中：标识列值系统可自动进行填充，若记录取默认值时也不需要输入信息，系统自动填充默认值。

注意：对于未完成输入的记录，每个列的数据都被系统设置为带有红色的信息图标，代表该列值尚未被提交给数据库，系统会等到当前记录输入完毕并开始下一条记录编辑时，才自动取消当前行所有列的信息图标的显示。

（3）记录输入完毕后，选择【文件】中的【关闭】命令，或单击【数据编辑】窗口右上角的【关闭】按钮，关闭 Buyers 表的【数据编辑】窗口，系统将自动保存表的记录内容。

5.1.2 数据修改

当数据添加到表中后，如果某些数据发生了变化，就需要对表中的数据进行修改。

微课：使用 SSMS 修改数据

【任务 5.2】 使用 SSMS 工具修改表记录。

将 Buyers 表中 BuyerID 为 4 的 PhoneCode 信息加上区号“021-”，将“李红”“何海红”“赵虹”性别改为“女”。

操作步骤如下。

（1）在 SSMS 对象资源管理器中选中 Manage 数据库的 Buyers 表，右击，在弹出的菜单中选择【编辑前 200 行】命令，打开 Buyers 表的【数据编辑】窗口。

（2）定位到 BuyerID 为 4 的 PhoneCode 值处，直接输入正确信息，如图 5.2 所示。

DESKTOP-90KHBE...ge - dbo.Buyers ×

	BuyerID	BuyerName	BuyerSex	Address	PhoneCode	Birthday	EMail
	1	李红	男	重庆电子学院	98653621	1968-04-06	NULL
	2	孙玉强	男	北京市南京路1...	010-21546321	1973-05-06	NULL
	3	王硕	男	郑州市花园路1...	0371-6325632	1975-07-06	NULL
✎	4	陈晓东	男	上海市北方公司	021-96525421	1963-02-03	NULL
	5	何海红	男	广州市白云机场	020-9586585	1965-09-09	NULL
	6	赵虹	男	深圳市罗湖区	25854255	1975-05-21	NULL
*	NULL	NULL	NULL	NULL	NULL	NULL	NULL

4 /6 单元格已修改。

图 5.2 通过【数据编辑】窗口进行记录的修改

（3）记录更新完成，关闭 Buyers 表的【数据编辑】窗口，系统会自动保存修改结果。

5.1.3 数据删除

随着使用和对数据的修改，表中可能存在着一些无用的数据，这些无用的数据不仅占用空间，还会影响修改和查询的速度，所以应及时将它们删除。

微课：使用 SSMS 删除数据

【任务 5.3】 使用 SSMS 工具删除表记录。

删除 20 世纪 60 年代出生的人员信息。

操作步骤如下。

（1）在 SSMS 对象资源管理器中选中 Manage 数据库的 Buyers 表，右击，在弹出的菜单中选择【编辑前 200 行】命令，打开 Buyers 表的【数据编辑】窗口。

（2）选中 20 世纪 60 年代出生的三条记录，即 BuyerID 值为 1、4、5 的三条记录。使用 Ctrl 键可实现多选，被选中的行信息将被灰色光条覆盖，如图 5.3 所示。

	BuyerID	BuyerName	BuyerSex	Address	PhoneCode	Birthday	EMail
	1	李红	女	重庆电子学院	98653621	1968-04-06	NULL
	2	孙玉强	男	北京市南京路1...	010-21546321	1973-05-06	NULL
	3	王硕	男	郑州市花园路1...	0371-6325632	1975-07-06	NULL
	4	陈晓东	男	上海市北方公司	021-96525421	1963-02-03	NULL
▸	5	何海红	女	广州市白云机场	020-9586585	1965-09-09	NULL
	6	赵虹	女	深圳市罗湖区	25854255	1975-05-21	NULL
*	NULL	NULL	NULL	NULL	NULL	NULL	NULL

图 5.3 同时选中多条记录信息

（3）右击选中区域的任意地方，在弹出的快捷菜单中选择【删除】命令。

（4）系统将弹出图 5.4 所示的确认删除的提示信息框。如果确实要删除选中的记录，选择【是】按钮，所选记录将被永久删除；选择【否】按钮，则取消删除操作。

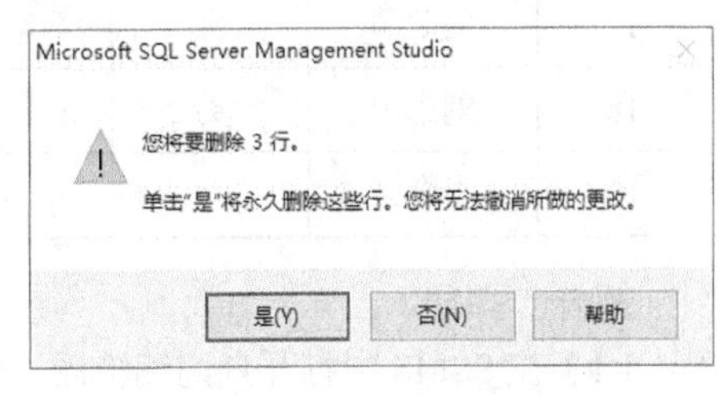

图 5.4 确认删除信息框

5.2 使用 T-SQL 语句操作数据记录

5.2.1 用 INSERT 语句插入记录

T-SQL 使用 INSERT 语句，用于向表或视图中添加一行或多行记录。使用 INSERT 语句向表中添加数据有两种方式。

- INSERT…VALUES，直接给各列赋值，一次只能添加一条记录。
- INSERT…SELECT，从其他类型的数据库表中导入，将 SELECT 子句产生的结果集添加到表中，一次可添加多条记录。

INSERT…VALUES 语句的基本语法格式如下。

```
INSERT [INTO]表名[(字段列表)] VALUES({DEFAULT | NULL | 列值}[, …n])
```

语法说明如下。

（1）INSERT INTO 子句指定要插入数据的表或视图。

（2）字段列表用来定义要插入数据的一个或多个字段名称的列表，列表必须用圆括号括起来，各相邻列之间用逗号分隔。向表中所有字段赋值时，字段列表可省略。

（3）VALUES 关键字用来指定各字段的值，该列表中元素个数、数据类型以及排列顺序上必须与字段列表中各列一一对应，字段值之间用逗号分隔。

（4）DEFAULT 关键字用于指定使用默认值来填充字段值。NULL 关键字表示字段值为未知，但条件是该字段允许为空。

注意：

- 在向表中添加数据时不能违反完整性约束。
- 字符型和日期时间型数据的值需要用单引号引起来，单引号、逗号、小括号等符号都必须在半角方式下输入。

- 不能对计算列进行赋值。

【任务 5.4】 使用 T-SQL 语句添加表记录。

编写 T-SQL 脚本代码，将表 5.3 所示的记录信息插入到表 Buyers 中。

微课：使用 Insert... values 语句添加数据

表 5.3　　待插入到表 **Buyers** 中的记录

BuyerID	BuyerName	BuyerSex	Address	PhoneCode	Birthday	EMail
17	姜萌萌	女	济南天桥区 31 号	18936456456	1988-02-11	jmm@163.com
18	刘志山	男	北京 23451 信箱		1980-07-23	lzs@163.com
19	张含之	女				

操作步骤如下。

（1）在 SSMS 中打开查询编辑器，输入如下 T-SQL 脚本语句。

```
USE Manage
GO
INSERT INTO Buyers
(BuyerID, BuyerName, BuyerSex, Address, PhoneCode, Birthday, EMail)
VALUES(17, '姜萌萌', '女', '济南天桥区31号', '18936456456', '1988-02-11', 'jmm@163.com')
GO
```

（2）按 F5 键执行输入的代码。

（3）在查询编辑器中继续输入如下代码。

```
INSERT INTO Buyers
VALUES(18, '刘志山', DEFAULT, '北京23451信箱', NULL, '1980-07-23', 'lzs@163.com')
GO
```

（4）使用鼠标选定刚刚输入的代码，按 F5 键执行。

（5）在查询编辑器中继续输入如下代码。

```
INSERT INTO Buyers (BuyerID, BuyerName, BuyerSex) VALUES(19, '张含之', '女')
GO
```

（6）使用鼠标选定刚刚输入的代码，按 F5 键执行。

（7）在 SSMS 对象资源管理器中右击 Buyers 表节点，选择【编辑前 200 行】命令即可看到刚刚插入的记录信息。

微课：使用 Insert... values 语句给具有标识列的表添加数据

由 IDENTITY 关键字定义的标识列，其值由 SQL Server 2012 系统自动生成，不需用户输入，因此标识列的值通常不允许用 INSERT 语句显示插入。若确实要用 INSERT 语句插入标识列值，则必须先将表的 IDENTITY_INSERT 开关功能选项开启（设置为 ON 状态），即需在执行插入语句之前先执行如下语句。

```
SET IDENTITY_INSERT 表名 ON
```

然后再执行 INSERT 语句，就可以插入标识列值了。INSERT 语句完成后，最好关闭表的 IDENTITY_INSERT 选项（设置为 OFF 状态），恢复系统的默认设置，即在执行完 INSERT 语句后，再执行下面的一条语句。

```
SET IDENTITY_INSERT 表名 OFF
```

5.2.2 用UPDATE语句修改记录

UPDATE语句用于更新一行或多行记录内容。基本语法格式如下。

```
UPDATE  目标表名
SET {{列名=列值表达式 | DEFAULT | NULL} | @变量名=变量值表达式}[,…n]
[FROM另一表名]
[WHERE条件表达式]
```

语法说明如下。

（1）SET子句用来指定要更新的列或变量列表。

（2）所更新的列不能为标识列，列值可以为常量或表达式，还可以嵌入SELECT语句。

（3）DEFAULT关键字用来为更新列定义默认值，NULL关键字指示更改列的值为空。

（4）@变量名为已定义好的变量，可通过此语句为其赋予新值。

（5）若修改的数据来自于另一个表，则需要由FROM子句指定另一个表的表名。

（6）WHERE子句用来为更新的数据指定所需满足的搜索条件，若省略WHERE子句，则会对表中所有的记录行进行更新。

微课：使用update语句修改表记录

【任务5.5】 使用T-SQL语句修改表记录。

编写T-SQL脚本代码，修改Buyers表中编号为17的记录信息，性别改为默认值，电话号码改为“053186635512”。

操作步骤如下。

（1）打开查询编辑器，输入如下的T-SQL脚本代码。

```
USE Manage
GO
UPDATE Buyers
SET BuyerSex=DEFAULT, PhoneCode='053186635512'
WHERE BuyerID=17
```

（2）按F5键执行代码。

（3）刷新Buyers表，然后打开该表数据，检查修改后的表记录数据。

5.2.3 用DELETE语句删除记录

可以使用 DELETE 语句从表中删除满足指定条件的若干行记录，也可使用 TRUNCATE TABLE语句从表中快速删除所有记录。

DELETE语句用于从表或视图中删除满足指定条件的若干行记录。基本语法格式如下。

```
DELETE 表名[FROM另一表名] [WHERE条件表达式]
```

语法说明如下。

（1）FROM子句用来指定条件表达式中包含的表，此表不同于删除数据的当前表。

（2）WHERE子句用来指定要删除的行信息所需满足的条件。若使用WHERE子句，则只删除符合条件的记录信息；若不使用WHERE子句，则将删除表中的所有记录信息。

【任务5.6】 使用T-SQL语句删除表记录。

编写T-SQL脚本代码，删除Buyers表中所有北京的客户信息。

微课：使用delete语句删除表记录

注意：

- 要删除的记录必须满足如下条件。Address字段值中必须包含“北京”信息。要实现类似这种一次匹配多条相关记录的功能，需要使用关键字LIKE及通配符来构造模糊查询条件。通配符%（百分号）代表零个或任意多个任意字符，_（下画线）代表单一字符。可以根据条件要求来进行选择。

- 在具有主从关系的表中删除记录时，主表中被从表引用的记录信息不允许被删除。

操作步骤如下。

（1）打开查询编辑器，输入如下的 T-SQL 脚本代码。

```
USE Manage
GO
DELETE Buyers WHERE Address LIKE'%北京%'
GO
```

（2）按 F5 键执行代码。执行成功后，【消息】窗格显示出类似“3 行受影响”这样的提示，说明有 3 条符合条件的记录被删除了。

（3）刷新 Buyers 表，然后打开该表数据，检查删除记录后的表数据。

5.2.4 用 TRUNCATE TABLE 语句清空表

使用 TRUNCATE TABLE 语句从表中快速删除所有记录。语句的基本语法格式如下。

```
TRUNCATE TABLE 表名
```

使用 TRUNCATE TABLE 语句删除数据也被称为快速删除方法，DELETE 语句在删除每一行时都要记录日志；TRUNCATE TABLE 则通过释放表数据页面的方法来删除表中数据，只记录数据页面的释放操作，并且删除的数据是不可恢复的，而 DELETE 还可以通过事务回滚来恢复删除的数据。

此语句用于删除表中的所有记录，但并不会改变表的结构，也不会改变表的约束与索引定义。如果要删除表的定义及所有数据，应使用 DROP TABLE 语句。

微课：使用 TRUNCATE TABLE 清空表

【任务 5.7】 使用 T-SQL 语句清空表记录。

编写 T-SQL 脚本代码，清空 Buyers 表中所有信息。

操作步骤如下。

（1）打开查询编辑器，输入如下的 T-SQL 脚本代码。

```
USE Manage
GO
TRUNCATE TABLE Buyers
GO
```

（2）按 F5 键执行代码。

（3）刷新 Buyers 表，然后打开该表数据，可以看到表中已无任何记录，但仍保留着表的结构及各种约束定义。

本章小结

数据表分类存储了不同的实体信息，每一行数据都完整地描述了一个实体的特征，这些行数据称为记录。本章的重点是学习如何使用 SSMS 工具和 T-SQL 命令来增加、修改、删除表中的记录，以及如何清空一个表。

课后练习

一、填空题

1. 数据管理主要包括数据的插入、________和________以及清空表等操作。

2. 向表或视图中插入信息使用________语句，修改表中的数据记录使用________语句，删除表中的部分记录信息使用________语句，快速清除表中所有信息使用________语句。

3. 由________关键字定义的列为标识列，其值由系统自动生成，因此标识列的值不允许用________语句显示插入。但是将表的________开关功能选项开启后可进行显示插入操作，插入信息完成后要将该功能的值设置为________进行关闭。

4. 插入记录时，________类型和________类型的数据需要用英文单引号引起来。

5. 在通过 T-SQL 语句向表中插入记录时，将默认值插入到字段时可使用________关键字，在不确定或不知道时可使用________关键字向字段插入值。

二、操作题

1. 将表 5.4 所示的信息插入 Wares 表。

表 5.4　　待插入到表 Wares 中的记录

WareName	Stock	Supplier	Status	UnitPrice
pen	10000	义乌小商品批发城	0	1
pencil	15000	义乌小商品批发城	0	0.1
desk	2000	济南光明家具经销公司	0	150
chair	5000	济南光明家具经销公司	0	80
book	3500	济南光明家具经销公司	0	29
projector	200	济南电子商品科技市场	0	2580
ballpen	20000	义乌小商品批发城	1	0.5
camera	1000	济南电子商品科技市场	0	260
earphone	2000	济南电子商品科技市场	1	35
speakerbox	800	济南电子商品科技市场	0	130
……				

2. 将表 5.5 所示的信息插入 Sales 表。

表 5.5　　待插入到表 Sales 中的记录

SaleID	WareName	BuyerID	Quantity	Amount	SaleTime
1	pen	1	100	100	2011-03-15
2	pencil	2	2000	200	2011-03-23
3	pen	4	1500	1500	2011-04-09
4	projector	1	1	2580	2011-04-21
5	chair	5	100	8000	2011-05-12
6	book	2	100	2900	2011-06-27
7	pencil	1	1000	100	2011-07-02
8	speakerbox	3	2	260	2011-07-09
9	pen	8	500	500	2011-07-11
10	chair	7	10	800	2011-07-28
……					

3. 将 Wares 表中的货品库存量大于 100 的货品降价 10%。

4. 把 Sales 表中的订货金额用该货品在 Wares 表中的货品单价与在 Sales 表中的订货数量的乘积代替，并显示修改后的记录。

5. 删除 Wares 表中的未知定价的记录。

6. 删除 Wares 表中的所有记录。

7. 删除 Sales 表中地址为北京的客户订货记录。

8. 删除 Sales 表中的所有订单。

综合实训

实训名称

输入并编辑学生信息管理数据库（Students）的表数据内容。

实训任务

（1）使用 SSMS 对学生信息管理数据库（Students）表的记录进行输入、修改与删除等基本操作。

（2）使用 T-SQL 命令对学生信息管理数据库（Students）表的记录进行输入、修改与删除等基本操作。

实训目的

（1）掌握 SSMS 输入与管理表数据的基本操作方法。

（2）掌握输入与管理表数据的 T-SQL 命令的格式与用法。

实训环境

Windows Server 平台及 SQL Server 2012 系统。

实训内容

（1）在学生信息管理数据库（Students）中，根据 StudInfo 表、CourseInfo 表和 ScoreInfo 表的结构，规划它们的数据内容。三个表中输入的示范记录如表 5.6、表 5.7、表 5.8 所示。

表 5.6　　添加到 StudInfo 表中的数据

StudNo	Name	Sex	IdNo	Mobile	CourseNum	Class
201010010401	王雪	1	370101199005012423	18922946312	3	应用 1001
201010010402	刘灿灿	0	250105839383829492	13285839205	3	应用 1001
201010020403	张薇	1	370502199008258524	13375849281	0	应用 1002
……						

表 5.7　　添加到 CourseInfo 表中的数据

CourseNo	CourseName	CourseXF	CourseXS
080025	程序设计基础	6	96
080103	网络基础	4	64
090101	大学英语	8	128
……			

表 5.8　　　　添加到 ScoreInfo 表中的数据

StudNumber	CourseNumber	Times	KSTime	Score
201010010401	080025	1	2011-12-26 9:00	89
201010010401	080103	1	2011-12-26 14:00	92
201010010401	090101	1	2011-12-24 9:00	83
……				

（2）在 SSMS 中完成 3 个表结构的定义、修改与表的删除等基本操作。

（3）使用 T-SQL 语句完成 3 个表结构的定义、修改与表的删除等基本操作。

实训步骤

操作具体步骤略，请参考相应案例。

实训结果

在本次实训操作结果的基础上，分析总结并撰写实训报告。

Chapter 6 第 6 章 简单查询

任务目标：如果要从数据库中查询满足条件的数据，可以通过 SELECT 语句来实现。本章讲述如何通过执行 T-SQL 语句来实现数据库的单表简单查询。

6.1 SELECT 语句的基本语法格式

查询（Query）又称为检索，是数据库最核心、最基本的操作之一。查询操作用来从数据表或视图中提取所需要的数据信息，查询得到的数据称为查询结果数据集。

查询通过 SELECT 语句来实现，SELECT 语句的基本语法格式如下。

```
SELECT 列名 1，列名 2，… ，列名 n
[INTO 新表名]
[FROM 表名 1，表名 2，… ，表名 n]
[WHERE 条件表达式]
[GROUP BY 列名 1，列名 2，… ，列名 n]
[HAVING 条件表达式]
[ORDER BY 列名 1 [ASC | DESC]，…，列名 n [ASC | DESC]]
[COMPUTE 统计函数[，…n] [BY 分类表达式]]
```

语法说明如下。

（1）SELECT 子句用于指定输出字段，此子句不能省略。若只使用 SELECT 子句来查询不在表中的数据，称为无源查询。

（2）INTO 子句用于将查询到的结果集形成一个新表。

（3）FROM 子句用于指定显示的列来源于哪些表或视图。

（4）WHERE 子句用于指定对记录的过滤条件，只会输出符合表达式条件的记录，省略该子句将输出表中的所有记录。

（5）GROUP BY 子句用于按照一列或多列进行分组查询，将列值相等的记录分在同一组中进行统计。HAVING 子句用于对分组统计的结果进行筛选。

（6）ORDER BY 子句用于将查询到的结果集按指定列排序。

（7）COMPUTE 子句用于在查询结果数据集的末尾生成一个汇总的数据记录。该子句常使用聚合函数计算聚合值。COMPUTE 子句在使用 BY 短语时，会按照 BY 所指定的字段进行分组后统计汇总。在 SQL Server 2012 版本中，已不支持 COMPUTE 子句。

注意：除 SELECT 子句，其他子句均可省略，但所选用的子句其先后顺序必须严格按照基本语法格式的顺序。

6.2 单表的简单查询

SELECT 语句从一个表中检索信息，并输出一个或多个列的值，这是最基本的命令之一。通常用的是 SELECT 子句和 FROM 子句，还可以包含 INTO、WHERE、ORDER BY 等子句，以实现更为复杂的查询。

6.2.1 使用 SELECT 选取字段

在设计查询时，需要在 SELECT 子句中给出一个字段列表，列出要在查询结果中输出的字段。字段列表中的列可以是表中所定义的列，也可以是派生列。所谓派生列就是由多个列运算后产生的列，或者是利用算数函数（如求和、计数等）计算后产生的列。

下面分 5 种情况对 SELECT 子句的使用进行讨论。

微课：输出表中所有列

1．输出表中的所有列

若要从某表中选取全部字段作为 SELECT 查询的输出字段，则不必逐一指定列名，只需要在 SELECT 子句中使用 "*"（星号）即可，此时将输出由 FROM 子句所指定的表中的所有列值。

【任务 6.1】 使用 T-SQL 语句进行简单查询。

编写 T-SQL 脚本代码，查询 Buyers 表中所有列。

操作步骤如下。

（1）打开查询编辑器，输入如下的 T-SQL 脚本代码。

```
USE Manage
GO
SELECT * FROM Buyers
GO
```

（2）按 F5 键执行代码，即可显示图 6.1 所示的结果。

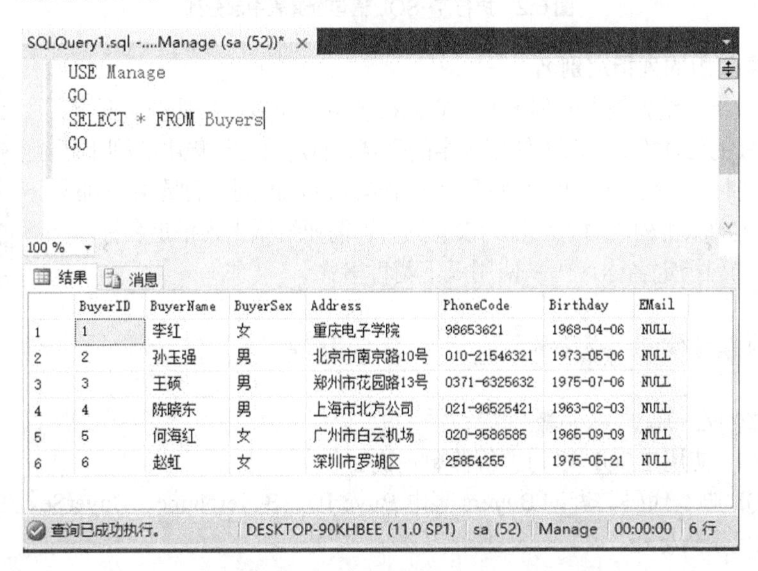

	BuyerID	BuyerName	BuyerSex	Address	PhoneCode	Birthday	EMail
1	1	李红	女	重庆电子学院	98653621	1968-04-06	NULL
2	2	孙玉强	男	北京市南京路10号	010-21546321	1973-05-06	NULL
3	3	王硕	男	郑州市花园路13号	0371-6325632	1975-07-06	NULL
4	4	陈晓东	男	上海市北方公司	021-96525421	1963-02-03	NULL
5	5	何海红	女	广州市白云机场	020-9586585	1965-09-09	NULL
6	6	赵虹	女	深圳市罗湖区	25854255	1975-05-21	NULL

图 6.1 执行 T-SQL 语句查询表中所有列

2．输出表中的部分列

若要从一个表中选择部分列作为 SELECT 查询的输出字段，可以在 SELECT 子句中给出包含所选取字段的列表，各个字段之间用逗号分隔，字段顺序可以根据需要任意指定。

微课：输出表中部分列

【任务 6.2】 使用 T-SQL 语句进行简单查询。

编写 T-SQL 脚本代码，查询 Buyers 表中 BuyerID，BuyerName，BuyerSex 三个列的信息。

操作步骤如下。

（1）打开查询编辑器，输入如下的 T-SQL 脚本代码。

```
USE Manage
GO
SELECT BuyerID,BuyerName,BuyerSex FROM Buyers
GO
```

（2）按 F5 键执行代码，即可显示图 6.2 所示的结果。

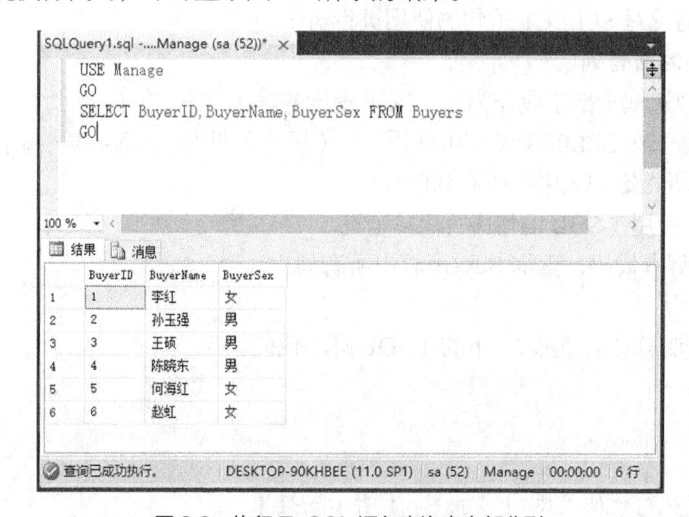

图 6.2　执行 T-SQL 语句查询表中部分列

3．为结果集内的列指定别名

在默认情况下，结果集中的列名使用它们在表中的列名。在某些情况下，为了增加结果集的可读性，可以不使用表中的列名，而是给结果集中的列重新指定名称。有些时候，结果集中的某些列并不是表中现成的列，而是由一列或多列运算后产生的派生列，由于派生列没有列名，需要给派生列指定名称。

微课：为结果集内的列指定别名

为结果集的列指定名称，可以使用以下两种格式。

格式一：

```
SELECT 列别名=列原名 FROM 数据源
```

格式二：

```
SELECT 列原名[AS]列别名 FROM 数据源
```

【任务 6.3】 使用 T-SQL 语句进行简单查询。

编写 T-SQL 脚本代码，查询 Buyers 表中 BuyerID，BuyerName，BuyerSex 三个列的信息，并使用中文来显示列标题。

操作步骤如下。

（1）打开查询编辑器，输入如下的 T-SQL 脚本代码。

```
USE Manage
GO
```

```
SELECT 客户编号=BuyerID,BuyerName AS 客户姓名,BuyerSex 性别
FROM Buyers
GO
```

（2）按F5键执行代码，即可显示图6.3所示的结果。

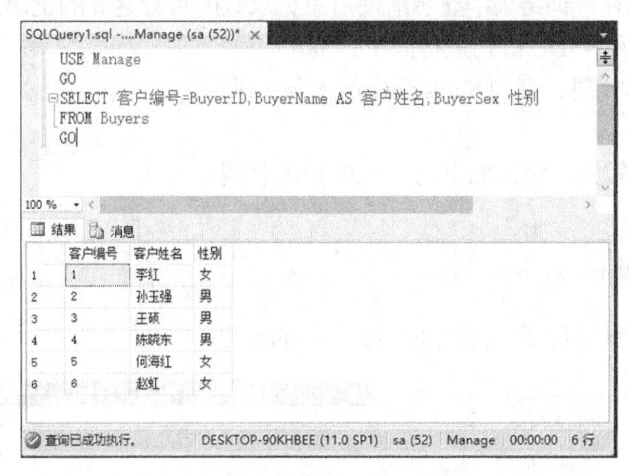

图6.3 执行T-SQL语句显示字段别名

4．过滤结果集内的重复行

当从一个数据库中选取部分字段作为查询的输出字段时，有可能在查询结果中出现重复记录。如果要删除查询结果中的重复记录，可以在字段列表前面加上DISTINCT关键字来去除这些重复记录。

【任务6.4】 使用T-SQL语句进行简单查询。

编写T-SQL脚本代码，查询Sales表中所订购的各种货品名称，即检索WareName列信息，需删除重复记录。

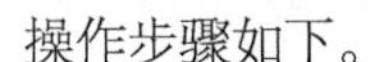

操作步骤如下。

（1）打开查询编辑器，输入如下的T-SQL脚本代码。

```
USE Manage
GO
SELECT DISTINCT WareName FROM Sales
GO
```

（2）按F5键执行代码，即可显示图6.4所示的结果。

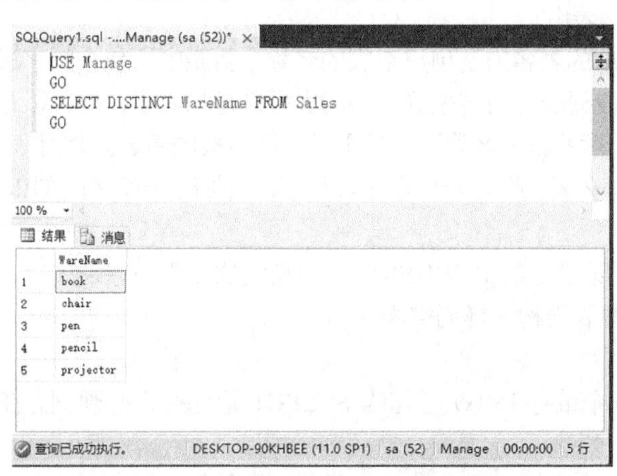

图6.4 过滤查询结果中的重复值

5．限制返回行数

微课：限制返回行数

用 SELECT 子句选取输出字段时，如果在字段列表前面使用 TOP n 子句，则在查询结果中只输出表中前面 n 条记录；如果在字段列表前面使用 TOP n PERCENT，则在查询结果中显示前面占总记录数的百分之 n 的记录。

【任务 6.5】 使用 T-SQL 语句进行简单查询。

编写 T-SQL 脚本代码，查询 Sales 表中前 5 条记录信息。

操作步骤如下。

（1）打开查询编辑器，输入如下的 T-SQL 脚本代码。

```
USE Manage
GO
SELECT TOP 5 * FROM Sales
GO
```

（2）按 F5 键执行代码，即可显示图 6.5 所示的结果。

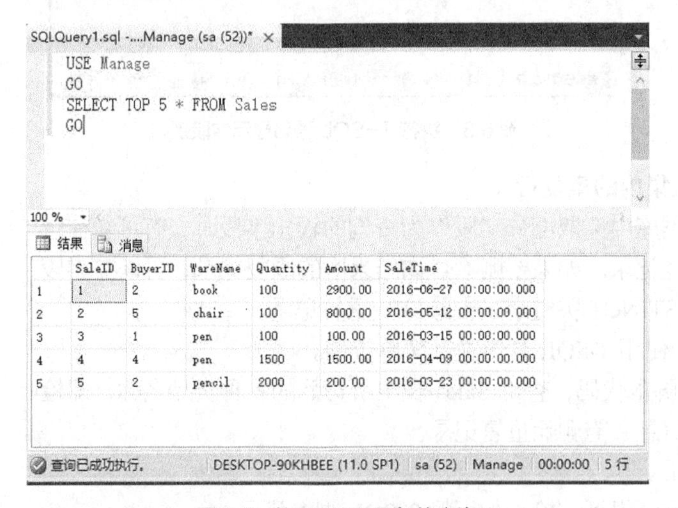

图 6.5　使用 TOP 子句的查询

6.2.2　使用 INTO 子句

微课：使用 INTO 子句

通过在 SELECT 语句中使用 INTO 子句，可以创建一个新表并将查询结果中的记录添加到该表中。

- INTO 关键字后的表名为要创建新表的名称，新表中所包含的字段由 SELECT 子句中字段列表的内容来确定。新表可以是临时表，也可以是永久表。若 INTO 子句后的新表名称以“#”开头，则生成的新表为临时表。若不带“#”，则生成永久表。临时表与永久表相似，但临时表存储在 TEMPDB 中，当不再被使用时会自动删除。
- 新表中包含的记录行数由 WHERE 子句指定的搜索条件来决定。若子句中的表达式恒为假，则形成一个和原表结构一样的空表。

注意：

- 用户在执行一个带有 INTO 子句的 SELECT 语句时，必须拥有在目标数据库上创建表的权限。
- SELECT…INTO 不能与 COMPUTE 子句一起使用。

【任务 6.6】 使用 T-SQL 语句通过查询语句创建新表。

编写 T-SQL 脚本代码，创建一个与 Buyers 表结构相同的空表 newtable。

操作步骤如下。

（1）打开查询编辑器，输入如下的 T-SQL 脚本代码。

```
USE Manage
GO
SELECT * INTO newtable FROM Buyers WHERE 1=2
GO
SELECT * FROM newtable
GO
```

（2）按 F5 键执行代码，即可创建一个与 Buyers 表结构完全相同的表 newtable，但表中无数据记录。

6.2.3 使用 WHERE 子句

在实际工作中，大多数查询都不希望得到表中所有的记录，特别是当表中记录很多时。查询满足特定条件的记录，就需要用到 WHERE 子句。在 WHERE 子句中组成条件表达式的运算符如表 6.1 所示。

表 6.1　　WHERE 子句所使用的表达式

运算符分类	运算符	意义
比较运算符	>、>=、=、<、<=、<>、!=、!>、!<	比较大小
范围运算符	BETWEEN…AND	判断列值是否在指定范围内
	NOT BETWEEN…AND	
列表运算符	IN	判断列值是否为列表中的指定值
	NOT IN	
模式匹配符	LIKE	判断列值是否与指定的字符通配格式相符
	NOT LIKE	
空值判断符	IS NULL	判断列值是否为空
	NOT IS NULL	
逻辑运算符	AND	用于多条件的逻辑连接
	OR	
	NOT	

下面对各类运算符在 WHERE 子句中的使用方法加以说明。

1．比较运算符

比较运算符用来比较大小。

微课：比较运算符

【任务 6.7】 使用 T-SQL 语句中的比较运算符进行信息查询。

编写 T-SQL 脚本代码，查询 Sales 表中 Quantity 大于 20 的订货信息。

操作步骤如下。

（1）打开查询编辑器，输入如下的 T-SQL 脚本代码。

```
USE Manage
GO
SELECT * FROM Sales WHERE Quantity>20
GO
```

（2）按 F5 键执行代码，即可显示图 6.6 所示的结果。

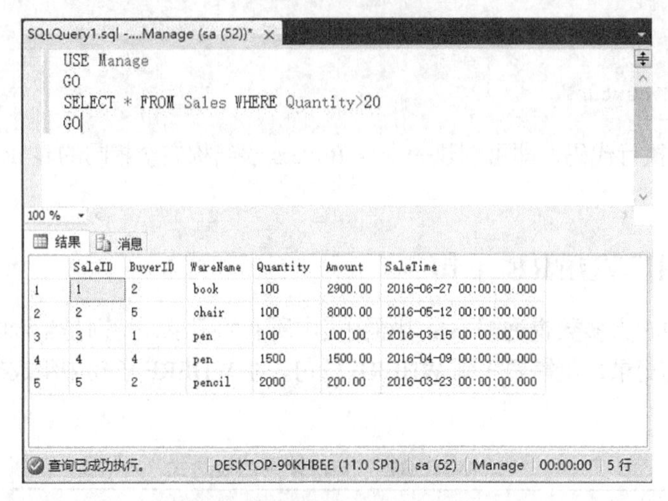

图 6.6　使用比较运算符进行查询

2．范围运算符

范围运算符用来判断列值是否在指定范围内。该运算符的基本语法格式如下。

```
测试表达式[NOT] BETWEEN 起始值 AND 终止值
```

其中，测试表达式必须与起始值和终止值的数据类型相同，并由起始值和终止值指定一个范围，BETWEEN…AND 用于搜索指定范围内的数据。如果测试表达式的值介于起始值与终止值之间，则运算结果为 TRUE。NOT BETWEEN…AND 与 BETWEEN…AND 相反，用于搜索不在指定范围内的数据。

微课：范围运算符

【任务 6.8】 使用 T-SQL 语句中的范围运算符进行信息查询。

编写 T-SQL 脚本代码，查询 Sales 表中 Quantity 在 10 到 100 之间的订货信息。

操作步骤如下。

（1）打开查询编辑器，输入如下的 T-SQL 脚本代码。

```
USE Manage
GO
SELECT * FROM Sales WHERE Quantity BETWEEN 10 AND 100
GO
```

（2）按 F5 键执行代码，即可显示图 6.7 所示的结果。

3．列表运算符

列表运算符用来判断列值是否在所给定的集合中。该运算符的基本语法格式如下。

```
测试表达式[NOT] IN(列值 1, …, 列值 n)
```

如果测试表达式的值等于列值列表中的某个值，则运算结果为 TRUE，否则为 FALSE。

【任务 6.9】 使用 T-SQL 语句中的列表运算符进行信息查询。

编写 T-SQL 脚本代码，查询 Wares 表中“pen”、“desk”、“book”的货品信息。

图 6.7 使用范围运算符进行查询

操作步骤如下。

（1）打开查询编辑器，输入如下的 T-SQL 脚本代码。

```
USE Manage
GO
SELECT * FROM Wares WHERE WareName IN('pen', 'desk', 'book')
GO
```

（2）按 F5 键执行代码，即可显示图 6.8 所示的结果。

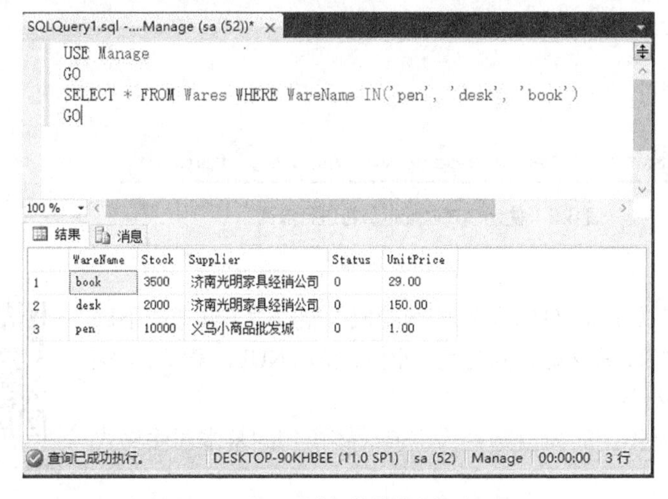

图 6.8 使用列表运算符进行查询

4. 模式匹配运算符

模式匹配运算符用来判断字符型数据的值是否与指定的字符通配格式相符。模式匹配语句的基本语法格式如下。

```
测试表达式[NOT] LIKE'通配符'
```

LIKE 表示所给定的值与字符通配格式相符，NOT LIKE 表示所给定的值与字符通配格式不相符，其中通配符包括下列 4 种。

- %（百分号），表示 0 个或多个任意字符，如“%重庆%”表示含“重庆”的字符信息。
- _（下画线），表示单个字符，如“张_九”表示该字符串只有三个字符，第一个字符是

“张”，第二个字符任意，第三个字符是“九”。

- []，表示指定范围内的单个字符，[]中可以是单个字符，也可以是字符范围，如“137[1234]0927362”和“137[1-4]0927362”均表示第四位为1、2、3、4中的任意一个。
- [^]，表示不在指定范围内的单个字符。

【任务 6.10】 使用T-SQL语句中的模式匹配运算符进行信息查询。

编写T-SQL脚本代码，查询Wares表中货品名称第二个字符为e的货品信息。

操作步骤如下。

（1）打开查询编辑器，输入如下的T-SQL脚本代码。

```
USE Manage
GO
SELECT * FROM Wares WHERE WareName LIKE '_e%'
GO
```

（2）按F5键执行代码，即可显示图6.9所示的结果。

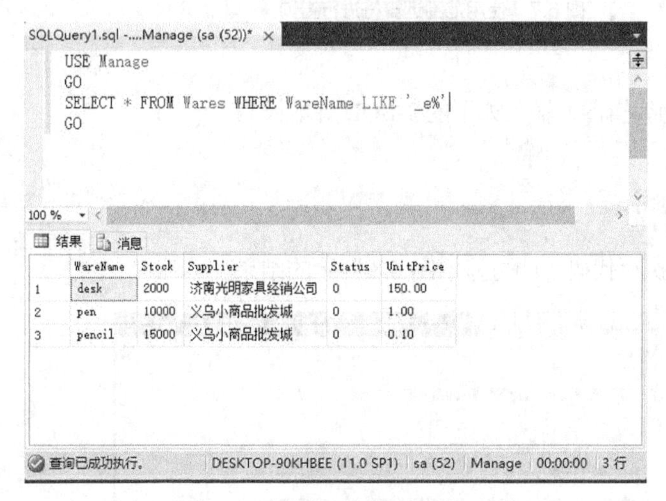

图 6.9 使用模式匹配运算符进行查询

5．空值运算符

数据库中的数据一般都是有意义的，但有些列的值可能暂时不知道或不确定，这时可以不输入该列的值，那么称该列的值为空值，使用NULL来表示。空值与值0或空字符串是不一样的。

微课：空值运算符

空值运算符用来判断所指定的列值是否为空值。该语句的基本语法格式如下。

```
测试表达式 IS [NOT] NULL
```

【任务 6.11】 使用T-SQL语句中的空值运算符进行信息查询。

编写T-SQL脚本代码，查询Wares表中有确切Supplier的货品信息。

操作步骤如下。

（1）打开查询编辑器，输入如下的T-SQL脚本代码。

```
USE Manage
GO
SELECT * FROM Wares WHERE Supplier IS NOT NULL
GO
```

（2）按F5键执行代码，即可显示图6.10所示的结果。

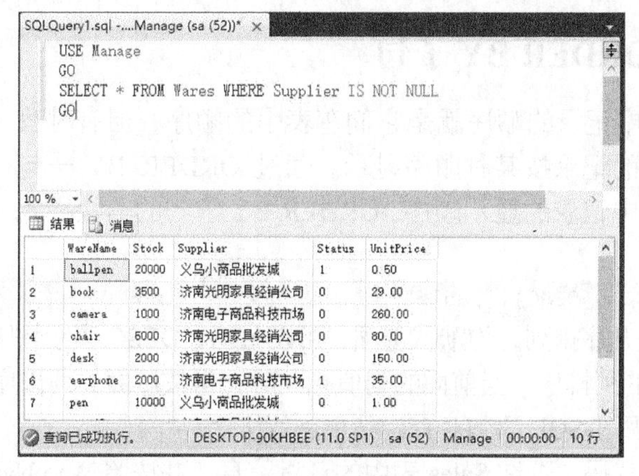

图 6.10　使用空值运算符进行查询

6．逻辑运算符

逻辑运算符用来连接多个条件，以构成一个复杂的查询条件。逻辑运算符包括 AND、OR 以及 NOT。

微课：逻辑运算符

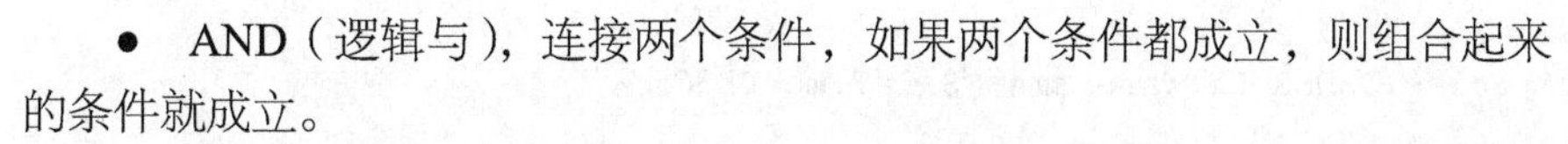

- AND（逻辑与），连接两个条件，如果两个条件都成立，则组合起来的条件就成立。
- OR（逻辑或），连接两个条件，如果两个条件中有任何一个条件成立，则组合起来的条件成立。
- NOT（逻辑非），对给定条件的结果取反。

语法格式如下。

```
①逻辑表达式 1 AND | OR 逻辑表达式 2    ②NOT 逻辑表达式
```

【任务 6.12】 使用 T-SQL 语句中的逻辑运算符进行信息查询。

编写 T-SQL 脚本代码，查询 Buyers 表中重庆的女客户的客户信息。

操作步骤如下。

（1）打开查询编辑器，输入如下的 T-SQL 脚本代码。

```
USE Manage
GO
SELECT * FROM Buyers WHERE BuyerSex='女' AND Address LIKE '%重庆%'
GO
```

（2）按 F5 键执行代码，即可显示图 6.11 所示的结果。

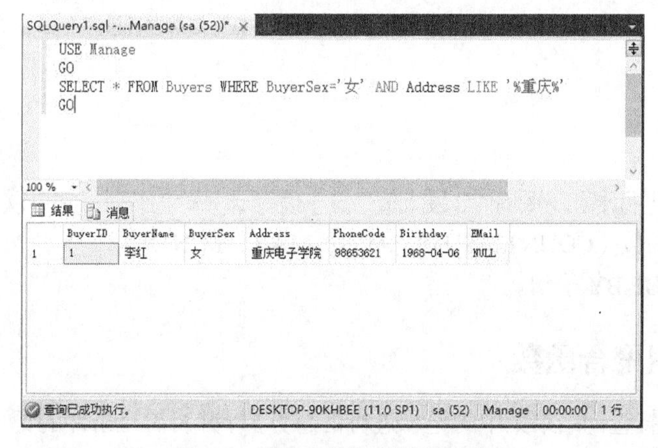

图 6.11　使用逻辑运算符进行查询

6.2.4 使用 ORDER BY 子句

微课：使用 ORDER BY 子句排序

通常查询结果集中记录的顺序就是它们在表中的顺序，但有时我们希望查询结果集中的记录按某种顺序显示。通过 ORDER BY 子句可以改变查询结果集中记录的显示顺序。ORDER BY 子句的语法格式如下。

```
ORDER BY {列名[ASC | DESC]}[,…n]
```

其中 ASC 表示按升序排列，为默认选项，可以省略，DESC 表示按降序排列。在按多列排序时，先按写在前面的列排序，当前面的列值相同时，再按后面的列排序。

【任务 6.13】 使用 T-SQL 语句对查询结果进行排序。

编写 T-SQL 脚本代码，查询 Sales 表中的订货信息，并按照 WareName 排序，同一货品按照订货时间降序排列。

操作步骤如下。

（1）打开查询编辑器，输入如下的 T-SQL 脚本代码。

```
USE Manage
GO
SELECT * FROM Sales ORDER BY WareName, SaleTime DESC
GO
```

（2）按 F5 键执行代码，即可显示图 6.12 所示的结果。

SQLQuery1.sql -....Manage (sa (52))*

```
USE Manage
GO
SELECT * FROM Sales ORDER BY WareName, SaleTime DESC
GO
```

100 %

结果 消息

	SaleID	BuyerID	WareName	Quantity	Amount	SaleTime
1	1	2	book	100	2900.00	2016-06-27 00:00:00.000
2	2	5	chair	100	8000.00	2016-05-12 00:00:00.000
3	4	4	pen	1500	1500.00	2016-04-09 00:00:00.000
4	3	1	pen	100	100.00	2016-03-15 00:00:00.000
5	5	2	pencil	2000	200.00	2016-03-23 00:00:00.000
6	6	1	projector	1	2580.00	2016-04-21 00:00:00.000

查询已成功执行。 DESKTOP-90KHBEE (11.0 SP1) sa (52) Manage 00:00:00 6 行

图 6.12 使用 ORDER BY 子句对查询结果进行排序

6.3 统计

对查询结果集进行求和、平均值、最大值、最小值等计算称为统计，它可以使用以下方法实现。

- 使用聚合函数（COUNT、SUM、AVG、MAX、MIN 等）。
- 使用 GROUP BY 子句。

6.3.1 使用聚合函数

微课：使用聚合函数进行统计

聚合函数用来将查询结果集中的记录进行汇总计算，并将满足条件的记录汇总生成一条新记录。SQL SERVER 提供以下聚合函数，如表 6.2 所示。

表 6.2 聚合函数列表

函数名	函数功能	基本语法格式
COUNT	计算并返回记录个数	COUNT（*）
	计算并返回指定列或表达式中值项的个数	COUNT（[ALL | DISTINCT]列名）
SUM	计算并返回指定列或表达式中值项的总和	SUM（[ALL | DISTINCT]列名）
AVG	计算并返回指定列或表达式中值项的平均值	AVG（[ALL | DISTINCT]列名）
MAX	计算并返回指定列或表达式中值项的最大值	MAX（[ALL | DISTINCT]列名）
MIN	计算并返回指定列或表达式中值项的最小值	MIN（[ALL | DISTINCT]列名）
VAR	计算并返回指定列或表达式值的统计方差	VAR（[ALL | DISTINCT]列名）
STDEV	计算并返回指定列或表达式值的统计标准偏差	STDEV（[ALL | DISTINCT]列名）

注意：除 COUNT（*）外，其他格式的聚合函数在进行计算时均自动忽略 NULL 值。

【任务 6.14】 使用 T-SQL 语句中的聚合函数。

编写 T-SQL 脚本代码，查询 Sales 表中的销售信息，计算订购记录数、订货总数量、平均订货金额、最早订货时间和最晚订货时间。

操作步骤如下。

（1）打开查询编辑器，输入如下的 T-SQL 脚本代码。

```
USE Manage
GO
SELECT COUNT(*) 订购记录数, SUM(Quantity) 订货总数量, AVG(Amount) 平均订货金额,
Min(SaleTime) 最早订货时间, Max(SaleTime) 最晚订货时间 FROM Sales
GO
```

（2）按 F5 键执行代码，即可显示图 6.13 所示的结果。

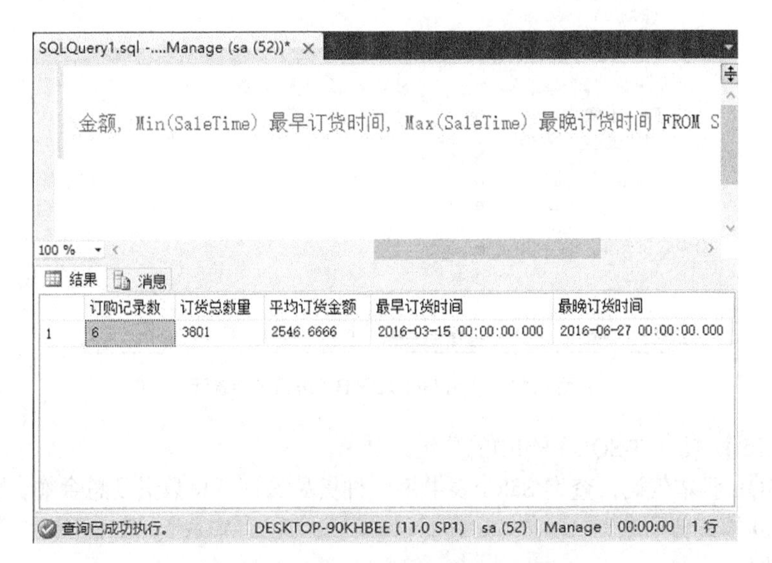

图 6.13 使用聚合函数进行统计运算

6.3.2　使用 GROUP BY 子句

GROUP BY 子句用于对结果集进行分组并对每一组数据进行汇总计算。基本语法格式如下。

```
GROUP BY 列名[HAVING 条件表达式]
```

GROUP BY 按指定“列名”的值进行分组，将该列列值相同的记录组成一组，对每一组进行汇总计算。每一组生成一条记录。若有 HAVING 选项，则表示对生成的组进行筛选。

微课：使用 GROUP BY 子句分组统计

注意：

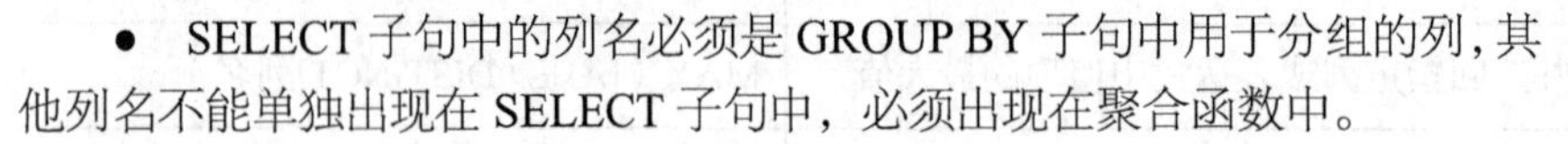

- SELECT 子句中的列名必须是 GROUP BY 子句中用于分组的列，其他列名不能单独出现在 SELECT 子句中，必须出现在聚合函数中。
- WHERE 子句是先对表中的记录进行筛选，而 HAVING 子句是对组进行筛选，所以 HAVING 子句中可以有聚合函数，而 WHERE 子句中不能有聚合函数。二者在某些条件下可以相互转换。

【任务 6.15】 使用 T-SQL 语句中的分组统计。

编写 T-SQL 脚本代码，查询 Sales 表中每一种货品的订货总数量及总金额。

操作步骤如下。

（1）打开查询编辑器，输入如下的 T-SQL 脚本代码。

```
USE Manage
GO
SELECT WareName, SUM(Quantity) 订货总数量, SUM(Amount) 订货总金额
FROM Sales
GROUP BY WareName
GO
```

（2）按 F5 键执行代码，即可显示图 6.14 所示的结果。

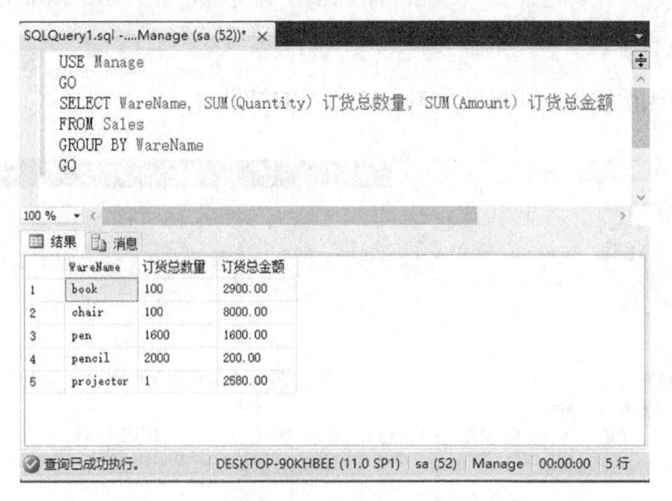

图 6.14　使用 GROUP BY 进行分组统计

【任务 6.16】 使用 T-SQL 语句中的分组统计。

编写 T-SQL 脚本代码，查询 Sales 表中每一种货品的订货总数量及总金额，要求显示订货总数量大于 50 的统计信息。

操作步骤如下。

（1）打开查询编辑器，输入如下的 T-SQL 脚本代码。

```
USE Manage
GO
SELECT WareName, SUM(Quantity) 订货总数量, SUM(Amount) 订货总金额
FROM Sales
GROUP BY WareName HAVING SUM(Quantity)>50
GO
```

（2）按 F5 键执行代码，即可显示图 6.15 所示的结果。

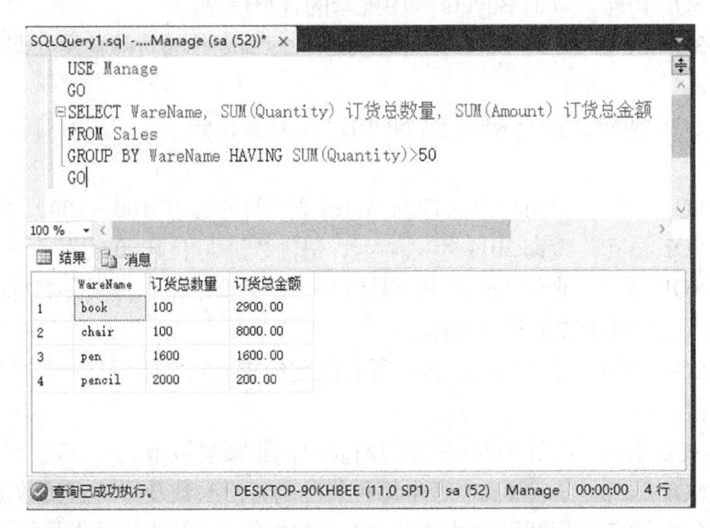

图 6.15 使用 GROUP BY 进行分组统计并对统计结果进行筛选

本章小结

SQL 查询是 SQL Server 2012 的核心知识，本章与后面一章共同讲述了查询操作的语句。本章主要介绍了单表的简单查询，内容包括如何使用 SELECT 语句的基本语句和统计汇总。

课后练习

一、操作题

1. 使用 T-SQL 语句，查询 Buyers 表中的所有信息。
2. 使用 T-SQL 语句，检索 Wares 表中的货品名称和库存量信息。
3. 使用 T-SQL 语句，从 Buyers 表中选取姓名和电话号码两个字段作为查询输出字段。
4. 使用 T-SQL 语句，检索 Wares 表中状态为 1 的货品记录。
5. 使用 T-SQL 语句，从 Wares 表中检索出名称为 pen、book、desk 的货品的货品名称、货品库存量、货品供应商信息。
6. 使用 T-SQL 语句，从 Wares 表中选取货品名称和总价格两个字段作为查询的输出字段，其中总价格=库存量×价格计算确定。
7. 使用 T-SQL 语句，从 Sales 表中选取货品名称字段并删除重复记录。
8. 使用 T-SQL 语句，查询 Buyers 表前 3 条记录的信息。
9. 使用 T-SQL 语句，查询 Wares 表中库存量大于等于 100 的货品记录。
10. 使用 T-SQL 语句，查询 Wares 表中库存量不在 100～500 之间的货品记录。

11. 使用 T-SQL 语句，从 Wares 表中检索出所有库存量大于等于 1000 且小于等于 2000 的货品名称、货品库存量、货品单价信息，列标题分别为货品的名称、货品的库存量、货品的单价。

12. 使用 T-SQL 语句，查询 Buyers 表中姓名是“王兰”“李红”的客户信息。

13. 使用 T-SQL 语句，显示 Wares 表中所有货品的货品名称、价格和折价 10%后的价格，使用别名“九折后的价格”标识被计算的列。

14. 使用 T-SQL 语句，查询 Buyers 表中姓李的客户信息。

15. 使用 T-SQL 语句，查询 Wares 表中不知道供应商名称的货品信息，即货品供货商列为空值或空字符串。

16. 使用 T-SQL 语句，基于未知值（NULL）选择查询结果，选出所有尚未定价的货品的信息。

17. 使用 T-SQL 语句，用两种方法查询 Wares 表中库存量在 100 ~ 1000 之间的货品记录。

18. 使用 T-SQL 语句，查询 2011 年上半年、销售数量大于 1000 的订单信息。

19. 使用 T-SQL 语句，查询 Sales 中所有信息，在查询结果中按货品名称降序显示，货品名称相同的情况下，按订货数量升序显示。

20. 使用 T-SQL 语句，计算 Wares 表中所有已定价货品的平均价格、总价格、最高价、最低价及记录的个数。

21. 使用 T-SQL 语句，统计 Sales 表中每种货品的订货总数量。

22. 使用 T-SQL 语句，统计 Sales 表中每种货品的订货次数及平均订货数量。

23. 使用 T-SQL 语句，用两种方法统计 Sales 表中除 pen 以外各种货品的订货总数量。

24. 使用 T-SQL 语句，创建一个与 Buyers 表结构完全相同的空表 newtab。

25. 使用 T-SQL 语句，创建一个与 Buyers 表结构一样的表 cq，使该表中仅有重庆客户的信息。

26. 使用 T-SQL 语句，计算查询到的结果的数目，查询订购了“pen”的订单的个数。

二、填空题

1. T-SQL 语句中数据的检索是通过________语句及与其他一系列子句配合完成的。
2. 在 SELECT 语句中，使用________子句可将查询的结果放到一个新的临时表中。
3. 在 SELECT 命令中，________子句可根据不同字段值分组统计查询。
4. 将查询结果以某字段或运算值数据进行排列的子句是________。

综合实训

实训名称

对学生信息管理数据库（Students）实施单表的简单查询操作。

实训任务

（1）对某个表实施无条件查询操作的方法与步骤。

（2）对某个表实施模糊查询操作的方法与步骤。

（3）在查询操作中使用列别名的方法与步骤。

（4）在查询操作中控制行、列的筛选的方法与步骤。

（5）在查询命令 WHERE 子句中使用各类函数及比较、范围、集合等运算符的方法与步骤。

（6）通过 NOT、AND 和 OR 逻辑运算符，对数据库的某个表实施复合条件查询操作的方法与步骤。

（7）掌握 ORDER BY 子句的格式与用法。

（8）掌握 GROUP BY 子句的格式与用法。

（9）掌握 HAVING 条件子句的格式与用法。

（10）掌握 INTO 子句的格式与用法。

实训目的

（1）对学生信息管理数据库（Students）的某个表实施无条件查询操作。

（2）对学生信息管理数据库（Students）的某个表实施模糊条件查询操作。

（3）对学生信息管理数据库（Students）的某个表实施复合条件查询操作。

（4）对学生信息管理数据库（Students）的某个表的统计查询操作。

实训环境

Windows Server 平台及 SQL Server 2012 系统。

实训内容

使用 T-SQL 语句完成如下查询要求。

（1）查询 StudInfo 表中所有学生信息。

（2）查询 CourseInfo 表中所有课程信息。

（3）查询 ScoreInfo 表中所有的成绩信息，并用中文来显示列标题信息。

（4）查询 StudInfo 表中所有男同学的基本信息。

（5）查询 ScoreInfo 表中所有的第一次考试的学号、课程号、考试时间和考试成绩信息。

（6）查询 StudInfo 表中“应用 1001”班女同学的基本信息。

（7）查询 ScoreInfo 表中已有学生参加过考试的课程的课程号。

（8）查询 StudInfo 表中存在哪些班级的学生信息。

（9）查询 CourseInfo 表中前 10 门课程的信息记录。

（10）创建一个与 StudInfo 表结构完全相同的新表 YYInfo，表中只包含“应用”专业的同学信息。

（11）创建一个包含学号、课程号、考试时间、考试成绩 4 个字段的新表 NewScore，表中不包含第一次考试的考试成绩。

（12）查询 ScoreInfo 表中第一次考试成绩在 90 分以上的成绩信息。

（13）查询 CourseInfo 表中课时数在 50～60 之间的课程信息。

（14）查询 CourseInfo 表中学分为 2 分、4 分和 6 分的课程信息。

（15）查询 StudInfo 表中所有没有手机号码的同学信息。

（16）查询 ScoreInfo 表中的信息，结果按照考试时间排列，同一时间的按照科目排列，同一课程按照分数由高到低排列。

（17）查询统计每门课程的考试人数、最高分、最低分及平均分。

（18）统计每个同学第一次考试的总成绩，并显示总成绩低于 300 分的统计结果。

（19）统计课程号为“080025”的课程每次考试的平均分数。

实训步骤

操作具体步骤略，请参考相应案例。

实训结果

在本次实训操作结果的基础上，分析总结并撰写实训报告。

Chapter 7 第7章 多表复杂查询

任务目标：在很多情况下，查询条件比较复杂，仅使用 SELECT 语句基本语法是无法完成要求的。本章讲述多表连接查询、子查询、合并结果集等方法与技巧，以综合运用复杂查询技术来解决问题。

7.1 指定数据源

用 FROM 子句指定选择查询的数据来源。使用 SELECT 语句时，FROM 子句一般是不可缺少的，除非 SELECT 子句中仅仅包含常量、变量和算术表达式，而没有指定任何字段名。指定查询的来源时，最简单的情况是 FROM 子句中仅指定一个表名。在实际应用中，一个查询往往需要从多个表中查询数据，这就需要使用连接查询。连接分为交叉连接、内连接、外连接和自连接 4 种。

7.1.1 使用交叉连接

微课：使用交叉连接查询

交叉连接又称为非限制连接，它将两个表不加任何约束地组合在一起，也就是将第一个表的所有记录分别与第二个表的每条记录组成新记录，连接后结果集的行数就是两个表的行数的乘积，结果集的列数就是两个表的列数之和，如图 7.1 所示。

t1	t2
t11	t21
t12	t22
t13	t23

s1	s2	s3
s11	s21	s31
s12	s22	s32

交叉连接 ⇨

t1	t2	s1	s2	s3
t11	t21	s11	s21	s31
t11	t21	s12	s22	s32
t12	t22	s11	s21	s31
t12	t22	s12	s22	s32
t13	t23	s11	s21	s31
t13	t23	s12	s22	s32

图 7.1 交叉连接示意图

由图 7.1 可以看出，左边两个表进行交叉连接的结果集合中，行数是两表行数的乘积，列数是两表列数之和。

交叉连接有两种语法格式。

格式一：

```
SELECT 列名列表 FROM 表名1 CROSS JOIN 表名2
```

格式二：

```
SELECT 列名列表 FROM 表名 1, 表名 2
```

在实际应用中，使用交叉连接产生的结果集一般没有什么意义，但在数据库的数学模式上有重要的作用。

7.1.2 使用内连接

微课：使用内连接查询

内连接也称为自然连接。它将两个表中满足连接条件的记录组合在一起。内连接就是将交叉连接产生的结果集经过连接条件过滤后得到的。

内连接有两种语法格式。

格式一：

```
SELECT 列名列表 FROM 表名 1 [INNER] JOIN 表名 2 ON 连接条件表达式
```

比如：

SELECT 列名列表 FROM 表名 1 [INNER] JOIN 表名 2 ON 表名 1.列名=表名 2.列名

格式二：

```
SELECT 列名列表 FROM 表名 1, 表名 2 WHERE 连接条件表达式
```

注意：

- 若在 SELECT 子句中有同名列，则必须用“表名.列名”的形式来表示。
- 若表名太长，则可以在 FROM 子句中给表名定义一个简短的别名，格式为“表名[AS]别名”。若给表起了别名，则在整个句子中对表的引用都必须使用别名，而不能再使用其原名。

【任务 7.1】 使用 T-SQL 语句进行内连接查询。

编写 T-SQL 脚本代码，查询订购了商品的客户姓名、电话号码、商品名称、订货数量、订货金额等信息。

操作步骤如下。

（1）打开查询编辑器，输入如下的 T-SQL 脚本代码。

```
USE Manage
GO
SELECT BuyerName, PhoneCode, WareName, Quantity, Amount
FROM Buyers INNER JOIN Sales
ON Buyers.BuyerID=Sales.BuyerID
GO
```

或：

```
USE Manage
GO
SELECT BuyerName, PhoneCode, WareName, Quantity, Amount
FROM Buyers AS B, Sales AS S
WHERE B.BuyerID=S. BuyerID
GO
```

（2）按 F5 键执行代码，即可显示图 7.2 所示的结果。

7.1.3 使用外连接

微课：使用外连接查询

外连接又分为左外连接、右外连接、全外连接 3 种。外连接除产生内连接生成的结果集外，还可以使一个表（左外连接、右外连接）或两个表（全外连接）中的不满足连接条件的记录也存在于结果集合中。

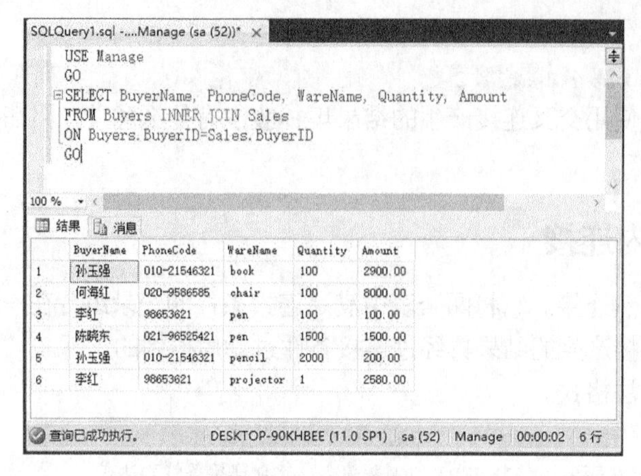

图 7.2　内连接查询

1．左外连接

左外连接就是将左表的所有记录分别与右表的每一条记录进行连接组合，结果集中除返回内连接的记录外，还包括左表中不符合条件的记录并在来自于右表的相应列中填充 NULL 值。

左外连接的语法格式如下。

```
SELECT 列名列表 FROM 表名 1 LEFT [OUTER] JOIN 表名 2
ON 连接条件表达式
```

【任务 7.2】 使用 T-SQL 语句进行左外连接查询。

编写 T-SQL 脚本代码，查询所有客户的姓名、电话，订购商品的客户要同时显示其所订购的商名称、订货数量、订货金额等信息。

操作步骤如下。

（1）打开查询编辑器，输入如下的 T-SQL 脚本代码。

```
USE Manage
GO
SELECT BuyerName, PhoneCode, WareName, Quantity, Amount
FROM Buyers LEFT OUTER JOIN Sales
ON Buyers.BuyerID=Sales.BuyerID
GO
```

（2）按 F5 键执行代码，即可显示图 7.3 所示的结果。

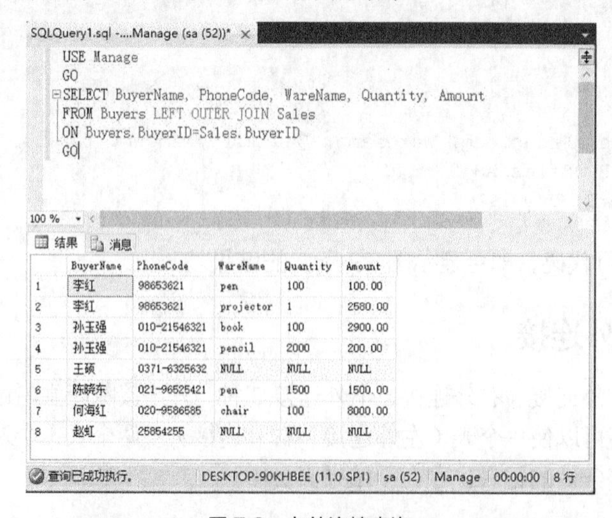

图 7.3　左外连接查询

2．**右外连接**

右外连接就是将右表中的所有记录分别与左表中的每一条记录进行连接组合，结果集中除返回内连接的记录外，还在查询结果中显示出右表中不符合条件的记录并在来自于左表的相应列中填充 NULL 值。

右外连接的语法格式如下。

```
SELECT 列名列表 FROM 表名 1 RIGHT [OUTER] JOIN 表名 2
ON 连接条件表达式
```

【任务 7.3】 使用 T-SQL 语句进行右外连接查询。

编写 T-SQL 脚本代码，查询所有客户的姓名、电话，订购商品的客户要同时显示其所订购的商品名称、订货数量、订货金额等信息。

操作步骤如下。

（1）打开查询编辑器，输入如下的 T-SQL 脚本代码。

```
USE Manage
GO
SELECT BuyerName, PhoneCode, WareName, Quantity, Amount
FROM Sales RIGHT OUTER JOIN Buyers
ON Buyers.BuyerID=Sales.BuyerID
GO
```

（2）按 F5 键执行代码，即可显示图 7.4 所示的结果。

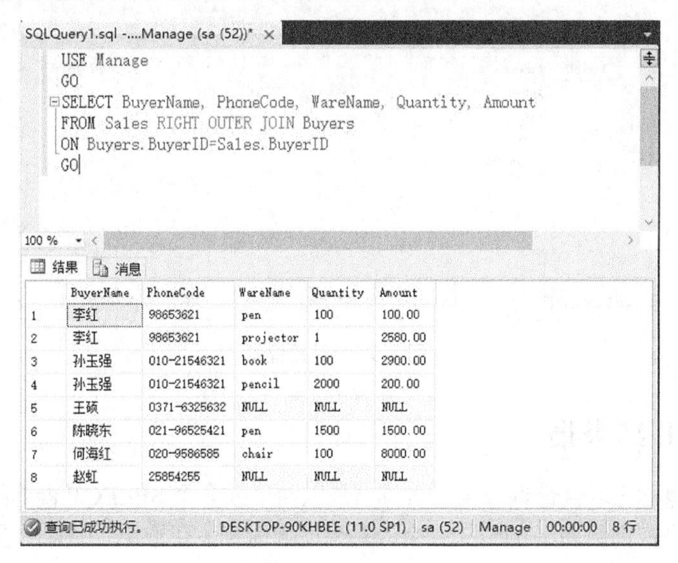

图 7.4 右外连接查询

3．**全外连接**

全外连接就是将左表的所有记录分别与右表的每一条记录进行组合连接，结果集中除返回内连接的记录外，还包括两个表中不符合条件的全部记录，在出自另一表中的相应列上填充 NULL 值。

全外连接的语法格式如下。

```
SELECT 列名列表 FROM 表名 1 FULL [OUTER] JOIN 表名 2
ON 连接条件表达式
```

7.1.4 使用自连接

自连接就是一个表的两个副本之间的内连接，使用它可以将同一个表的不同行连接起来。

使用自连接时，必须为表指定两个不同的别名，使其在逻辑上成为两个表。

微课：使用自连接查询

【任务 7.4】使用 T-SQL 语句进行自连接查询。

编写 T-SQL 脚本代码，查询 Sales 表中订购了至少两种不同商品的客户编号和所订购的商品名称。

操作步骤如下。

（1）打开查询编辑器，输入如下的 T-SQL 脚本代码。

```
USE Manage
GO
SELECT DISTINCT S1.BuyerID, S1.WareName
FROM Sales S1, Sales S2
WHERE S1.BuyerID=S2.BuyerID AND S1.WareName<>S2.WareName
GO
```

（2）按 F5 键执行代码，即可显示图 7.5 所示的结果。

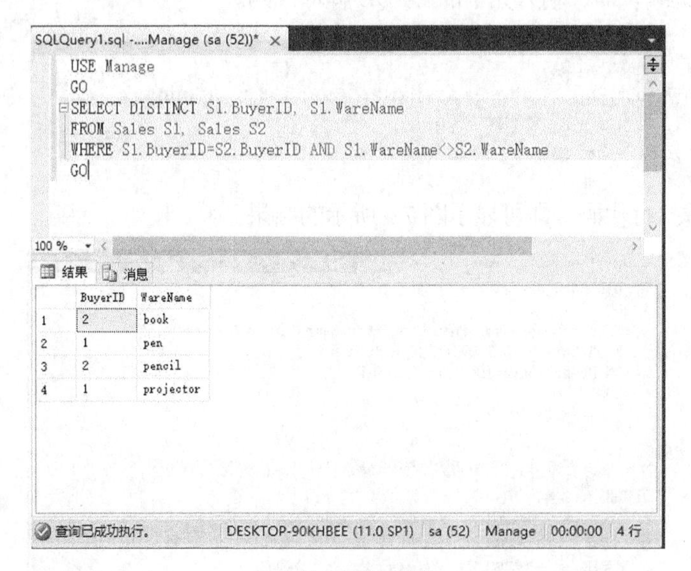

图 7.5　自连接查询

7.1.5　合并结果集

合并结果集也称为联合查询或集合查询，是以两个或多个 SELECT 查询结果数据集为操作对象，通过对这些查询结果集实施并、交、差等集合运算，获取更加复杂、更加综合的数据结果的一种查询方法。

联合查询的运算包括以下 3 种。

- 并（UNION）。
- 交（INTERSECT）。
- 差（EXCEPT）。

实现联合查询的语法格式如下。

```
SELECT 语句 1 {[UNION [ALL] | INTERSECT | EXCEPT] SELECT 语句 2} [,…n]
```

语法说明如下。

- 联合查询合并的所有查询语句必须在其目标项列表中具有相同数目与相容数据类型的表达式。

微课：求并联合查询

- INTO 子句可包含在第一个查询语句中，不允许出现在右边的查询语句中。
- 联合查询可用于 INSERT 语句中。

UNION（并）操作能够将两个或两个以上的查询数据集顺序连接，合并为一个结果数据集并显示输出。需要说明的如下。

- UNION 运算操作的各个查询数据集必须具有相同的结构，即列数相同，各对应字段列的数据类型也必须相同或兼容。兼容意味着系统将对兼容列的数据类型进行自动转换，对于数值类型，系统将把低精度的数据类型自动转换为高精度的数据类型。
- UNION 运算查询的结果数据集的字段列名与第一条 SELECT 语句列名一致。
- 默认情况下，UNION 运算操作将从联合查询结果数据集中删除重复的记录行。使用关键字 ALL 可使结果集合中包含重复的记录行数据。
- 若对联合查询的结果数据集进行排序，必须在最后一条 SELECT 语句中带有 ORDER BY 子句，该子句对整个 UNION 操作结果集起作用，排序所依据的列只能为第一条 SELECT 语句中的字段列名、列别名或者列序号。除最后一条查询语句外，其他各个查询语句不能包含 ORDER BY 子句，也不能包含 COMPUTE 子句。
- 在包括多个查询的 UNION 语句中，其执行顺序是自左至右，使用括号可以改变这一执行顺序。

【任务 7.5】 使用 T-SQL 语句进行求并联合查询。

编写 T-SQL 脚本代码，分别查询北京和重庆的客户信息，并将结果合并输出。

操作步骤如下。

（1）打开查询编辑器，输入如下的 T-SQL 脚本代码。

```
USE Manage
GO
SELECT * FROM Buyers WHERE Address LIKE '%北京%'
UNION
SELECT * FROM Buyers WHERE Address LIKE '%重庆%'
GO
```

（2）按 F5 键执行代码，即可显示图 7.6 所示的结果。

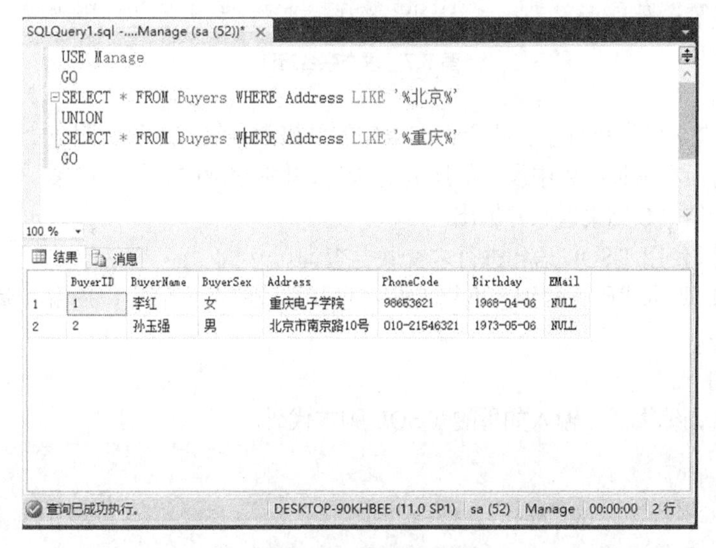

图 7.6　求并联合查询

INTERSECT（交）操作将两个或多个查询结果数据集的交集作为联合查询的结果数据集返回并输出。

微课：求交联合查询

【任务 7.6】 使用 T-SQL 语句进行求交联合查询。

编写 T-SQL 脚本代码，分别查询男客户信息和重庆的客户信息，并输出结果的交集。

操作步骤如下。

（1）打开查询编辑器，输入如下的 T-SQL 脚本代码。

```
USE Manage
GO
SELECT * FROM Buyers WHERE BuyerSex='男'
INTERSECT
SELECT * FROM Buyers WHERE Address LIKE '%北京%'
GO
```

（2）按 F5 键执行代码，即可显示图 7.7 所示的结果。

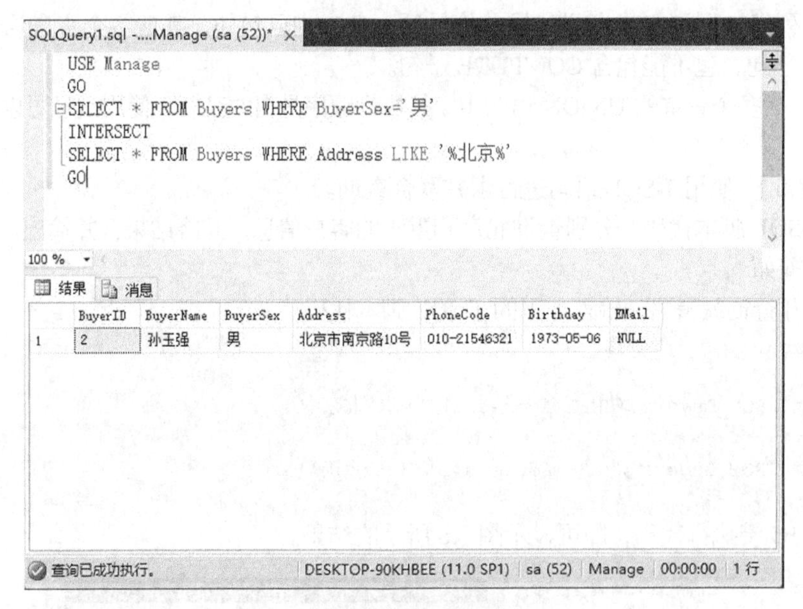

图 7.7 求交联合查询

EXCEPT（差）操作将对左右两个查询语句的结果数据集求差集，即在左查询结果中有而右查询结果中没有的所有记录行，并将求取的结果数据集作为联合查询的结果数据集返回并输出。

微课：求差联合查询

【任务 7.7】 使用 T-SQL 语句进行求交联合查询。

编写 T-SQL 脚本代码，分别查询男客户信息和重庆的客户信息，并输出结果集合的差。

操作步骤如下。

（1）打开查询编辑器，输入如下的 T-SQL 脚本代码。

```
USE Manage
GO
SELECT * FROM Buyers WHERE BuyerSex='男'
EXCEPT
```

```
SELECT * FROM Buyers WHERE Address LIKE '%北京%'
GO
```

（2）按 F5 键执行代码，即可显示图 7.8 所示的结果。

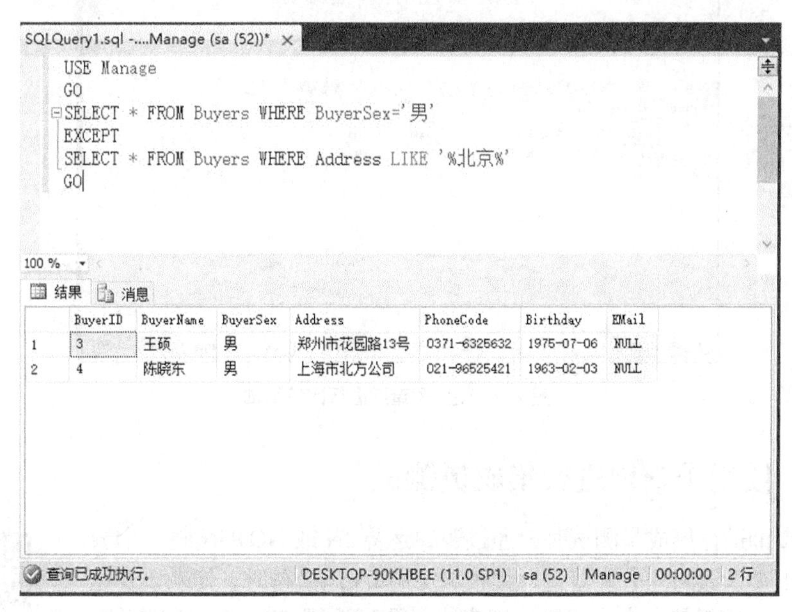

图 7.8　求差联合查询

7.2　子查询

如果一条 SELECT 语句能够返回一个单值或一列值并嵌套在一条 SELECT、INSERT、UPDATE 或 DELETE 语句中，则称之为子查询或内层查询，而包含子查询的语句则称为主查询或外层查询。一个子查询也可以嵌套在另外一个子查询中。子查询需要用圆括号括起来。

一个子查询可以用在允许使用表达式的任何地方。常把子查询用在外层查询的 WHERE 子句或 HAVING 子句中，与比较运算符或逻辑运算符一起构成查询条件，从而完成有关测试。

7.2.1　使用子查询进行比较测试

使用子查询进行比较测试是通过比较运算符将一个表达式的值与子查询返回的单个值进行比较。如果比较运算的结果为 TRUE，则比较测试结果也为 TRUE。

微课：使用子查询进行比较测试

【任务 7.8】 使用 T-SQL 语句子查询进行比较测试。

编写 T-SQL 脚本代码，查询 Wares 表中价格高于平均价格的商品信息。

操作步骤如下。

（1）打开查询编辑器，输入如下的 T-SQL 脚本代码。

```
USE Manage
GO
SELECT * FROM Wares WHERE UnitPrice>(SELECT AVG(UnitPrice) FROM Wares)
GO
```

（2）按 F5 键执行代码，即可显示图 7.9 所示的结果。

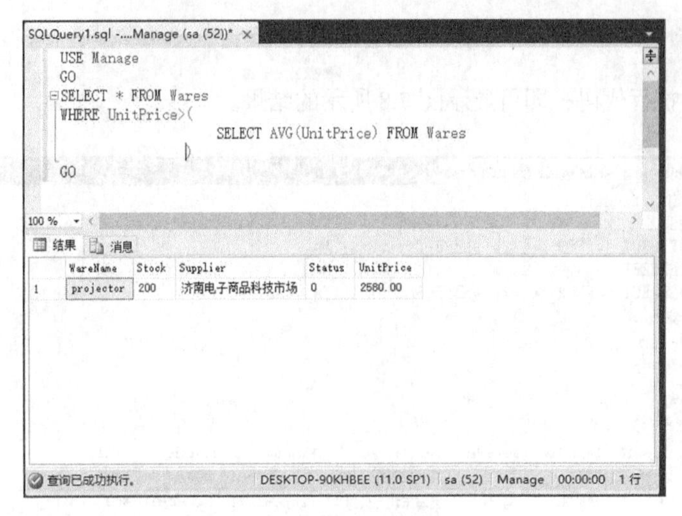

图 7.9　使用子查询进行比较测试

7.2.2　使用子查询进行集成员测试

使用子查询进行集成员测试时，通过逻辑运算 IN 或 NOT IN 将一个表达式的值与子查询返回的一列值进行比较。使用 IN 运算符时，如果该表达式的值与此列中的任何一个值相等，则集成员测试返回 TRUE，否则返回 FALSE。使用 NOT IN 时，对集成员测试的结果取反。

微课：使用子查询进行集成员测试

【任务 7.9】 使用 T-SQL 语句子查询进行集成员测试。

编写 T-SQL 脚本代码，查询所有没有订货的客户信息。

操作步骤如下。

（1）打开查询编辑器，输入如下的 T-SQL 脚本代码。

```
USE Manage
GO
SELECT * FROM Buyers WHERE BuyerID NOT IN(SELECT BuyerID FROM Sales)
GO
```

（2）按 F5 键执行代码，即可显示图 7.10 所示的结果。

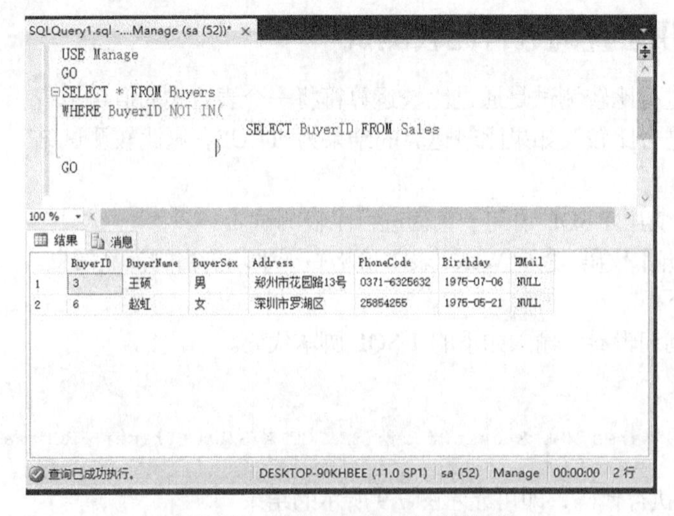

图 7.10　使用子查询进行集成员测试

7.2.3 使用子查询进行存在性测试

微课：使用子查询进行存在性测试

使用子查询进行存在性测试时，通过逻辑运算符 EXISTS 或 NOT EXISTS，检查子查询所返回的结果集是否包含有记录。使用逻辑运算符 EXISTS 时，如果在子查询的结果集中包含有一条或多条记录，则存在性测试返回 TRUE，否则返回 FALSE。NOT EXISTS 将对存在性测试结果取反。

【任务 7.10】 使用 T-SQL 语句子查询进行存在性测试。

编写 T-SQL 脚本代码，查询所有没有订货的客户信息。

操作步骤如下。

（1）打开查询编辑器，输入如下的 T-SQL 脚本代码。

```
USE Manage
GO
SELECT * FROM Buyers WHERE NOT EXISTS(
SELECT * FROM Sales WHERE Buyers. BuyerID=Sales.BuyerID)
GO
```

（2）按 F5 键执行代码，即可显示图 7.11 所示的结果。

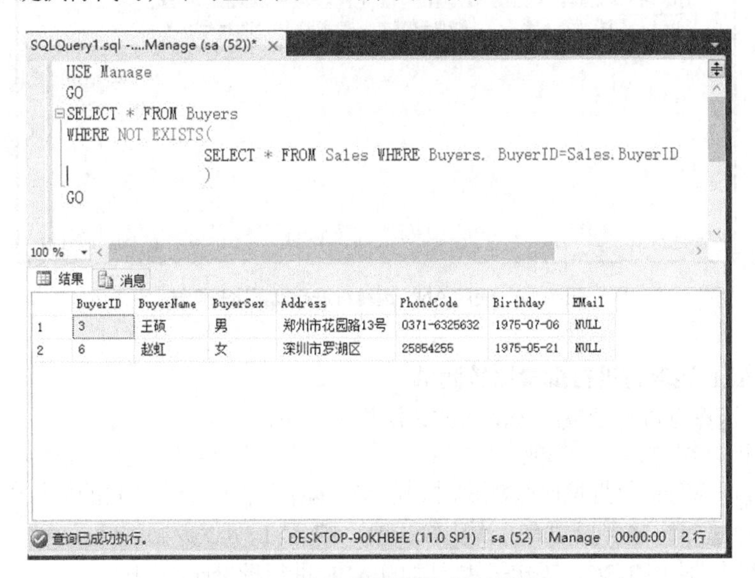

图 7.11 使用子查询进行存在性测试

7.2.4 使用子查询进行批量比较测试

微课：使用子查询进行批量比较测试

使用子查询进行批量比较测试时，除了使用各种比较运算符以外，还需要用到两个逻辑运算符，即 ANY 和 ALL。

1．使用 ANY 运算符进行批量比较测试

使用 ANY 运算符进行批量比较测试的语法格式如下。

```
测试表达式 比较运算符 ANY （子查询）
```

使用 ANY 运算符进行批量比较测试时，用比较运算符将一个表达式的值与子查询返回的一列值中的每一个进行比较。只要有一次比较成功，则 ANY 测试返回的结果就是 TRUE。

【任务 7.11】 使用 T-SQL 语句子查询中的 ANY 进行批量比较测试。

编写 T-SQL 脚本代码，查询存在某次订货总金额低于 500 元的客户信息。

操作步骤如下。

（1）打开查询编辑器，输入如下的 T-SQL 脚本代码。

```
USE Manage
GO
SELECT * FROM Buyers WHERE 500>ANY(
SELECT Amount FROM Sales WHERE Buyers. BuyerID=Sales.BuyerID)
GO
```

（2）按 F5 键执行代码，即可显示图 7.12 所示的结果。

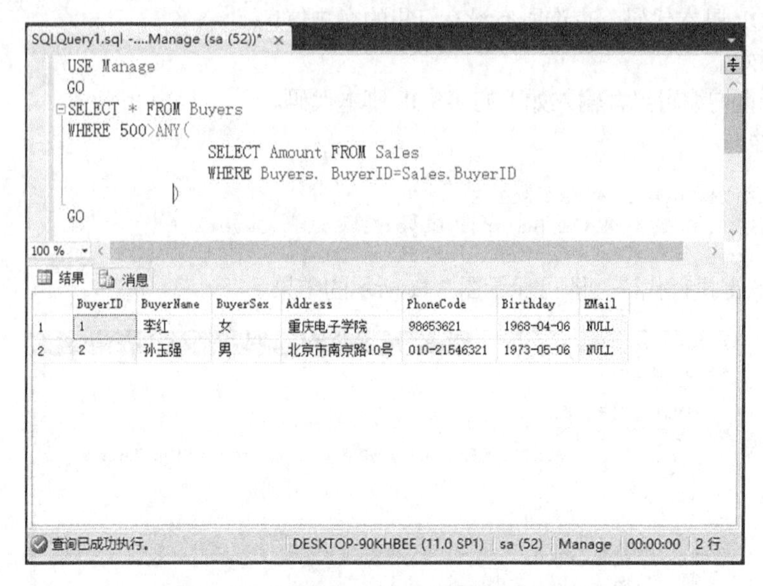

图 7.12　使用 ANY 运算符进行批量比较测试

2．使用 ALL 运算符进行批量比较测试

使用 ALL 运算符进行批量比较测试的语法格式如下。

```
测试表达式 比较运算符 ALL (子查询)
```

使用 ALL 运算符进行批量比较测试时，用比较运算符将一个表达式的值与子查询返回的一列值中的每一个进行比较。只要有一次比较失败，则 ALL 测试返回的结果就是 FALSE。

【任务 7.12】 使用 T-SQL 语句子查询中的 ALL 进行批量比较测试。

编写 T-SQL 脚本代码，查询最高价格的货品信息。

操作步骤如下。

（1）打开查询编辑器，输入如下的 T-SQL 脚本代码。

```
USE Manage
GO
SELECT * FROM Wares WHERE UnitPrice >= ALL(SELECT UnitPrice FROM Wares)
GO
```

或：

```
USE Manage
GO
SELECT * FROM Wares WHERE UnitPrice >= (SELECT MAX(UnitPrice) FROM Wares)
GO
```

（2）按 F5 键执行代码，即可显示图 7.13 所示的结果。

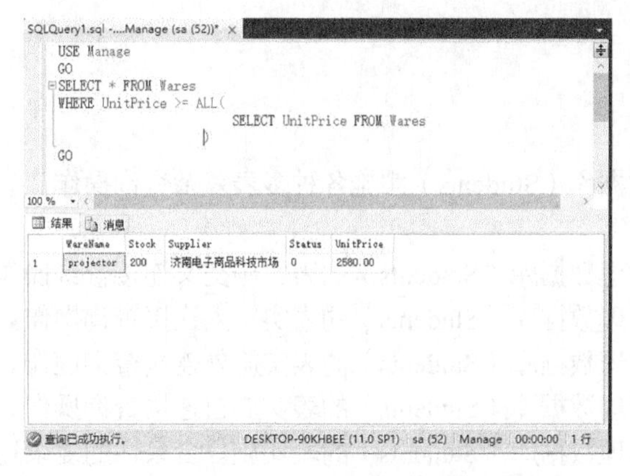

图 7.13　使用 ALL 运算符进行批量比较测试

本章小结

本章内容是前一章简单查询的延续和提升，主要介绍了多表联合查询、子查询以及联合查询等高级查询技巧的运用。

课后练习

一、操作题

1. 将 Buyers 表和 Sales 表进行交叉连接，观察结果。
2. 实现内连接，查询出有订单的重庆客户的姓名、电话号码并显示他们的订单信息。
3. 查询每个客户姓名及其订货货品名称。
4. 实现外连接，查询出重庆客户的姓名、电话号码并显示他们的订单信息。
5. 使用左外连接查询 Wares 表和 Sales 表，获取存在订货的货品名称、订货时间和订货数量。
6. 从表 Buyers 中检索出地址为上海的客户输出到表 shangh，地址为北京的客户输出到 beij，然后将两表合并为一个结果集。
7. 从 Wares 表中检索数据，列出高于平均价格的货品信息。
8. 从 Sales 表中检索数据，以查询有订单的客户信息。
9. 用 IN 子句完成上题的操作。
10. 从 Buyers 表中检索数据，以查询一次订货数量大于等于 20 的客户编号和姓名。
11. 从 Wares 表中检索数据，以查询在所有的货品中，价格最高的货品信息。
12. 相关子查询，查找订货数量大于该货品的平均订货数量的订单信息。
13. 实现自连接，查询 Buyers 表中通信地址相同的客户的姓名、通信地址。
14. 查询 Sales 表中订购了两种或两种以上货品的客户编号和他所订购的货品名称。

二、填空题

1. 通过________操作可以把两个或两个以上的查询结果合并到一个结果集中。
2. 在 UNION 操作中，如果不使用________关键字，结果中将删除重复行。
3. 多表连接查询分为交叉连接、________、________和________4 种。
4. 外连接分为________、________和________3 种。
5. 联合查询分为________、________和________3 种。

综合实训

实训名称

对学生信息管理数据库（Students）实施各种多表复杂查询操作。

实训任务

（1）对学生信息管理数据库（Students）的表实施交叉连接查询操作。

（2）对学生信息管理数据库（Students）的表实施内连接查询操作。

（3）对学生信息管理数据库（Students）的表实施外连接查询操作。

（4）对学生信息管理数据库（Students）的表实施自连接查询操作。

（5）对学生信息管理数据库（Students）的表实施复合条件的复杂连接查询操作。

（6）使用[NOT] IN 谓词，对学生信息管理数据库（Students）的实施以两级嵌套为主的嵌套查询操作。

（7）使用[NOT] ANY 谓词，对学生信息管理数据库（Students）的实施以两级嵌套为主的嵌套查询操作。

（8）使用[NOT] EXISTS 谓词，对学生信息管理数据库（Students）的实施以两级嵌套为主的嵌套查询操作。

（9）对学生信息管理数据库（Students）数据库表实施联合查询操作。

实训目的

（1）掌握连接查询的方法与步骤。

（2）掌握嵌套查询的方法与步骤。

（3）掌握使用各种谓词进行嵌套查询的方法与步骤。

（4）掌握联合查询的方法与步骤。

实训环境

Windows Server 平台及 SQL Server 2012 系统。

实训内容

使用 T-SQL 语句完成如下查询要求。

（1）查询每个同学的各门课程第一次的考试成绩，结果要显示出学号、姓名、所在班级、课程号、考试成绩等字段信息。

（2）查询参加补考的学生的学号、姓名、班级、课程号、考试次数、考试成绩信息。

（3）查询所有学生的学号、姓名，参加过课程号为“080025”课程考试的同学同时显示此课程的考试成绩。

（4）使用自连接，查询考试成绩的最高分。

（5）使用自连接，查询每个班参加考试科目最多的同学信息。

（6）查询 ScoreInfo 表中至少参加过两门课程考试的同学的成绩信息。

（7）分别查询“应用 1001”班和“应用 1002”班的学生信息，结果合并输出。

（8）分别查询“应用 1001”和男同学的学生信息，输出重复的结果记录。

（9）分别查询“应用 1001”和男同学的学生信息，输出差集的结果记录。

（10）查询同一时间考同一门课程分数相同的不同考试信息。

实训步骤

操作具体步骤略，请参考相应案例。

实训结果

在本次实训操作结果的基础上，分析总结并撰写实训报告。

Chapter 8 第8章 视图

任务目标：视图是数据库中的一种虚拟表，与真实的表一样，视图包含一系列带有名称的行和列数据。行和列数据用来自定义视图的查询所引用的表，并且在引用视图时动态生成。视图不仅可以简化用户的操作，还可以使用户能以多种角度看待同一数据，所以视图非常重要。通过本章的学习学生可以学习到创建、修改和删除的视图方法，能够运用SSMS和T-SQL语句实现视图的管理。

8.1 视图的基本概念

视图是数据库中一个重要的对象，通过项目的学习，要求了解什么是视图，了解使用视图的优点，比如简化操作提高数据安全性，掌握如何创建管理视图。

在项目中，主要介绍视图的重要概念和视图的各类操作。通过学习，要求掌握视图是一个虚拟表，其内容由查询定义。同真实的表一样，视图包含一系列带有名称的列和行数据。视图在数据库中并不是以数据值存储集形式存在的。行和列数据来自由定义视图的查询所引用的表，并且在引用视图时动态生成。视图具有集中数据、屏蔽数据复杂性、简化权限管理、提高安全性等优点。

8.1.1 理解视图

我们经常使用的SELECT语句，尤其是比较复杂的查询语句，每次使用都要重复的输入代码是很麻烦的。将该语句保存为一个对象，每次使用时不需要输入代码，只给出对象的名字就能方便地使用，简化查询操作，这个对象就称为视图。

例如，要想查询来自“上海”的客户所订购货品记录以及客户信息，需要使用INNER JOIN运算符连接Customers、Goods、Orders这三个表，所用查询语句如下。

```
USE Manage
SELECT a.BuyerID,a.BuyerName,a.Address,b.WareName,c.Stock,b.SaleID,c.Price
FROM Buyer a INNER JOIN Sales b ON a.BuyeID=b. BuyeID
INNER JOIN Wares c ON b.WaresName=c.WaresName
WHERE a.Address LIKE '上海%'
```

上述查询语句引用了3个表，语句本身非常长，如果经常查询这样的信息，就要重复输入上述语句，这显然是比较麻烦的。比较合理的办法是在上述查询语句的基础上建立视图，来简化数据检索的操作。

在SSMS中创建一个视图如下。

```
USE Market
```

```
CREATE VIEW 客户订货信息视图
AS
SELECT a.BuyerID,a.BuyerName,a.Address,b.WareName,c.Stock,b.SaleID,c.UnitPrice
FROM Buyers a INNER JOIN Sales b ON a.BuyerID=b.BuyerID
INNER JOIN Ware c ON b.WaresName=c.WaresName
WHERE a.Address LIKE '上海%'
```

所建视图名称为“客户订货信息视图”，可以直接对其使用 SELECT 语句，实现与上述查询语句相同的查询。

```
USE Manage
SELECT * FROM 客户订货信息视图
```

在 SSMS 中执行查询结果如下。

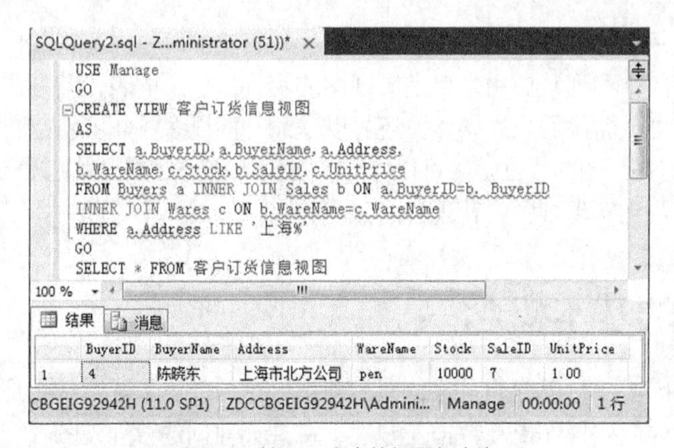

图 8.1 基于 3 个表的视图与查询

由上观之，视图实际上就是给查询语句指定一个名字，将查询语句定义为一个独立的对象保存。

既然视图是由 SELECT 查询语句构成的，那么使用视图就可以直接得到 SELECT 语句的查询结果集，所以我们就可以这样为视图下一个定义。

视图就是基于一个或多个数据表的动态数据集合，是一个逻辑上的虚拟数据表。

另一方面，视图又具有更强的功能。使用 SELECT 语句只能在结果集——动态逻辑虚拟表中查看数据，使用视图不但可以查看数据，而且可以作为 SQL 语句的数据源，并且可以直接在视图中对数据进行编辑修改删除——更新数据表中的数据。这就是视图的优点所在。

SELECT、INSERT、UPDATE 语句都可以直接对视图进行操作。

注意：

- 数据表是数据库中真正存储数据的实体对象，是物理的数据源表，也称为基表。
- 视图是源于一个或多个数据表的动态逻辑虚拟表，在引用视图时动态生成。其数据仍然存放在数据表中。
- 视图对象在数据库中只存放视图的定义语句，而不存储其操作使用的数据，对视图中数据的操作，实际上是对基表中数据的操作。

我们可以把前面所创建的临时表创建为视图，直接把视图作为数据源使用，可以节省存放临时表数据所占用的内存空间。

我们也可以将前面介绍的那些比较复杂又经常使用的查询语句也创建为视图对象，使用时只要给出视图的名字就可以直接调用，而不必重复书写复杂的 SELECT 语句。

8.1.2 使用视图的优点

1．为用户集中数据、简化查询和处理

当用户需要的数据分散在多个表中时，定义视图可将它们集中在一起，作为一个整体进行查询和处理。

2．屏蔽数据库的复杂性

数据库的规范化设计便于数据库的管理，减少了数据冗余，但是把一些存在着关系、本来可以属于一个整体的数据分成了若干个独立的数据表，再通过表之间的关联组织数据，即不符合人们的日常习惯，没有一定数据库知识的人难以使用数据库。

视图的创建就可以向最终用户隐藏复杂的表连接，按人们习惯的方式把数据逻辑组织在一起交给用户使用，简化了用户的 SQL 程序设计，用户不必了解数据表的表结构和数据表之间复杂的关联，管理人员对数据表的更改也不会影响用户对数据库的使用，他们在不需要太多数据库知识的情况下可以按自己的习惯简单方便地输入、查看和修改删除数据。

3．简化用户权限的管理

数据表是某些相关数据的整体，如果不想让某些用户查看修改其中的一部分数据，则可以为不同用户创建不同的视图，只授予其使用视图的权限，而不允许访问表，这样就不必在数据表中针对某些用户对某些字段设置不同权限了，而且增加了安全性。

4．实现真正意义上的数据共享

不同的职能部门、不同的用户所关心的数据内容是不同的，即使同样的数据也有不同的操作要求。根据不同需求定义不同的视图，脱离了数据库所要求的物理数据结构，就像单独为他们定义了一个数据表一样，各个用户可以重复任意使用不同数据库的数据，而且视图只存储定义信息，不增加数据的存储空间，全部数据只需存储一次，实现了真正意义上的数据共享，大大提高了数据库的使用功能。

5．重新组织数据

使用视图可以重新组织数据以便将其输出到其他应用程序中，可以将多个物理数据库抽象为一个逻辑数据库。

8.1.3 视图的限制

视图在数据库中是作为一个对象来存储的。创建视图前，要保证已被数据库所有者授权允许创建视图，并且有权操作视图所引用的表或其他视图。

在 SQL Server 2012 中可以使用 SSMS 工具创建视图，也可以使用 T-SQL 语句创建视图。

在创建或使用视图时应该注意到以下情况。

1. 尽管可以引用其他数据库的表和视图，所创建的视图也可以被其他数据库引用，但创建视图只能在当前数据库中进行，创建视图不能引用临时表。

2. 视图的命名必须遵循标识符命名规则，在一个数据库中对每个用户所定义的视图名必须是唯一的，也不能与表同名，

3. 一个视图最多只能引用 1024 个字段。

4. 可以引用其他视图或被其他视图引用，但视图嵌套引用不能超过 32 层。

5. 不能把规则、默认值或触发器绑定在视图上。

6. 不能在视图上建立任何索引。

7. 在默认情况下，视图中的列名继承所引用基表或视图中的列名，如果引用的计算列没有指定别名，或者需要同时引用多表或多视图中的同名列，则必须指定列名。

8. 定义视图的 SELECT 查询语句不能包含 INTO（创建表）、ORDER BY（排序）、COMPUTE [BY]（带详细信息的分组统计）子句。

9. 使用视图时，如果它引用的基本表添加了新字段，则必须重新创建或修改视图才能查询使用新字段。

10. 如果与视图相关联的表或视图被删除，则该视图将不能再使用。

8.2 T-SQL 管理视图

8.2.1 使用 CREATE VIEW 语句创建视图

创建视图的语法格式如下。

```
CREATE VIEW [数据库名.][框架名称.]视图名[ (列名1, 列名2 [ , …n ] ) ]
[ WITH ENCRYPTION ]
AS
  SELECT 查询语句
  [WITH CHECK OPTION]
```

语法说明如下。

（1）列名：视图显示时使用的标题，若直接使用 SELECT 指定的列名且其中没有相同的也没有未指定别名的计算列，则可以省略，只要有一个需要指定列标题，则要全部写出。最多可引用 1024 个列。

微课：使用 CREATE VIEW 语句创建视图

（2）ENCRYPTION：要求系统存储时对该 CREATE VIEW 语句进行加密，不允许别人查看和修改定义语句。

（3）CHECK OPTION：与定义视图中 SELECT 语句的 WHERE 子句配合使用，指定对视图中数据的修改必须遵守 WHERE 子句设置的条件，不满足条件的数据不允许修改，保证修改后的数据能通过视图查看。省略时可以在不违反约束前提下对数据任意修改，但修改后不满足条件的记录不再出现在视图中。

（4）SELECT 查询语句：指定视图中使用数据的范围，可用多个基表或视图作数据源，但不能用临时表或表变量，不能使用 INTO、COMPUTE、ORDER BY 子句。

【任务 8.1】 使用 CREATE VIEW 语句创建视图，创建价格大于 50 元的货品信息的视图，视图名为 View1。

使用 T_SQL 语句创建视图的操作步骤如下。

（1）在 SSMS 中单击【工具】菜单中的【新建查询】按钮打开查询编辑器。

（2）在查询编辑器的文本输入窗口中输入如下的 T-SQL 脚本代码。

```
USE Manage
GO
CREATE VIEW View1
AS
SELECT * FROM Wares WHERE UnitPrice>50
GO
```

（3）按 F5 键执行输入的结果。

（4）在 SSMS 中刷新 Manage 数据库的视图节点，可以看到 View1 视图已经创建成功。

注意：

- 该视图省略了列名，则全部默认使用 SELECT 中指定的字段名称。
- SELECT 是视图对象的数据来源，查询结果集不显示在屏幕上，而是提供给视图对象。
- 查询语句中的 WHERE 子句与定义视图时的 WHERE 子句是没有关系的，定义视图的 WHERE 子句限制视图结果集的记录，使用视图查询的 WHERE 子句是在视图结果集中再挑选满足条件的记录。

视图创建完成后，可以随时通过 SSMS 工具，在数据库“视图”对象列表中右键单击“选择前 1000 行”查看，也可以像查询数据表那样使用 SELECT 语句查询该视图。

```
SELECT * FROM View1;
```

查询结果如图 8.2 所示。

【**任务 8.2**】 用 SQL 语句创建视图，查询在 2011 年中每个客户的购买货物情况，并禁止用户查看视图的定义语句。

```
USE Manage
GO
CREATE VIEW View2
WITH ENCRYPTION
AS
SELECT b.BuyerName,a.*
FROM Sales a,Buyers b
WHERE a.BuyerID=b.BuyerID AND SaleTime BETWEEN '2011-01-01' AND '2011-12-31'
GO
SELECT * FROM View2
```

执行后结果如图 8.3 所示。

图 8.2　创建并查询视图 View1

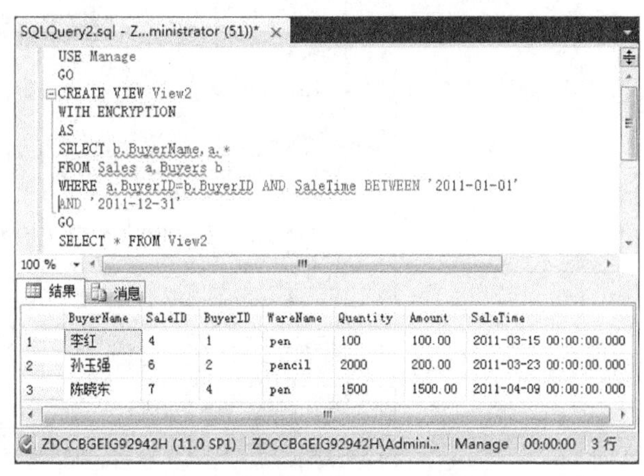

图 8.3　查询 2011 年销售情况的视图

在【对象资源管理器】中，选中视图 View1 和 View2，如图 8.4 所示，对比可以看到，View1 上【设计】菜单项是可以用的，而 View2 上【设计】菜单项为灰色，不可查看视图的定义信息，这是因为 View2 使用了“WITH ENCRYPTION”选项，对视图的定义信息进行了加密，因而不可查看。

创建视图后，所有销售信息和进货信息的查询都可以把这两个视图作为一个完整的数据源，使用 SELECT 语句对这两个视图随意设置字段，指定任意条件筛选记录，以进行任何查询，而不必再考虑哪些数据在哪个表中以及这些表是怎样连接的了。

限于篇幅，我们在这两个视图中还省略了一些字段，读者可以将有关字段补齐。

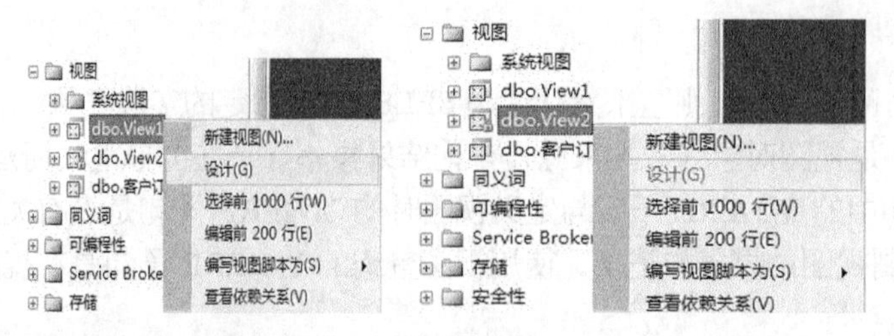

图 8.4　是否使用“WITH ENCRYPTION”选项的对比

8.2.2　查看视图（包括基本信息、定义信息、依赖关系）

建立视图后，SQL Server 提供了 3 个系统存储过程，用来查看视图的基本信息、定义信息和依赖关系等，下面分别介绍。

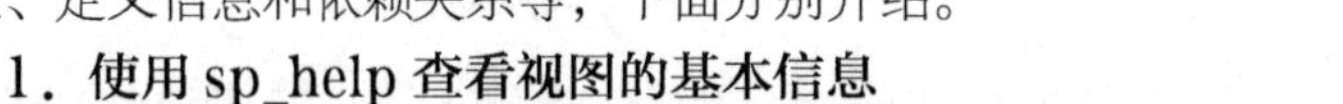

1．使用 sp_help 查看视图的基本信息

使用 sp_help 查看视图基本信息的语法格式如下。

```
[EXECUTE] sp_help 视图名
```

其中，视图名为要查看信息的视图名称。

【任务 8.3】 查看所创建视图 View1 的基本信息。

（1）查看视图 View1 的基本信息，使用代码如下。

```
USE Manage
GO
sp_help View1
```

（2）运行上述代码，结果如图 8.5 所示。

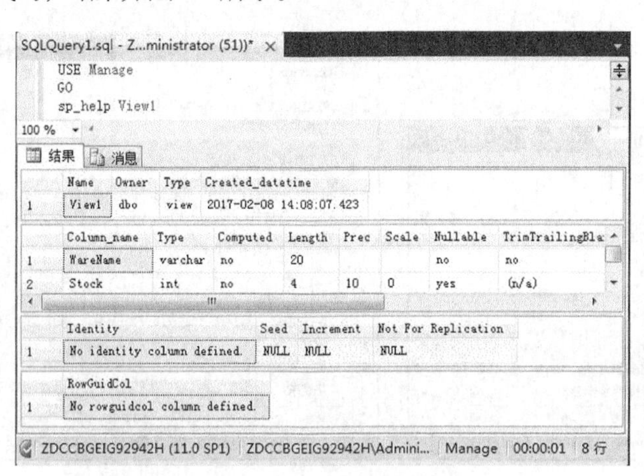

图 8.5　使用 sp_help 查看视图的基本信息

2．查看视图的定义信息

在创建视图时，如果定义语句中带有 WITH ENCRYPTION 字句，则表示对视图的定义信息进行了加密，不能查看其定义信息。若定义视图时省略了该子句，则可以使用 sp_helptext 查看视图定义信息，其语法格式如下。

```
[EXECUTE] sp_helptext 视图名
```

其中，视图名为要查看信息的视图名称。

【任务 8.4】 使用存储过程查看视图。（1）查看视图 View1 的定义信息。（2）查看视图 View2 的定义信息。

（1）查看视图 View1 的定义信息，使用代码如下。

```
USE Manage
GO
sp_helptext  View1
```

运行上述代码，结果如图 8.6 左图所示。

如果使用该方法查看加密的视图定义信息，则会显示对象已加密，无法查看。

（2）查看视图 View2 的定义信息，使用代码如下。

```
USE Manage
GO
sp_helptext  View2
```

运行上述代码，结果如图 8.6 右图所示。

3．查看视图与其他数据库对象间的依赖关系

如果我们想知道视图中的数据来源于哪些数据对象，哪些数据对象引用了视图中的数据，则可以使用 sp_depends 查看视图与其他数据对象之间的依赖关系。

其语法格式如下。

```
[EXECUTE] sp_depends 视图名
```

其中，视图名为要查看信息的视图名称。

【任务 8.5】 查看视图 View2 与其他数据库对象的关系。

（1）查看视图 View2 与其他数据库对象关系，使用代码如下。

```
USE Manage
GO
sp_depends View2
```

（2）运行上述代码，结果如图 8.7 所示。

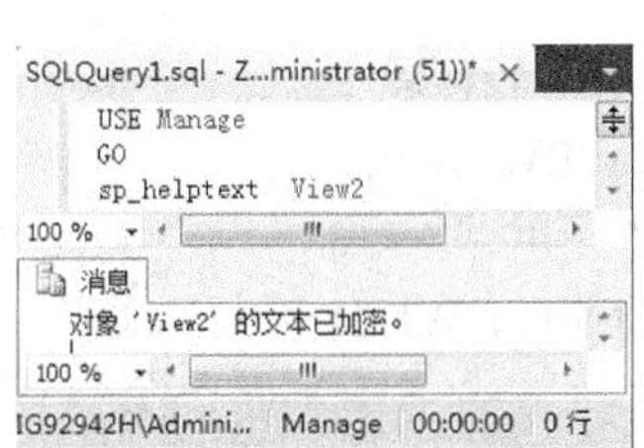

图 8.6 使用 sp_helptext 查看加密和不加密视图定义信息

SQLQuery1.sql - Z...ministrator (51))*

```
USE Manage
GO
sp_depends View2
```

	name	type	updated	selected	column
1	dbo.Buyers	user table	no	yes	BuyerID
2	dbo.Buyers	user table	no	yes	Buye...
3	dbo.Sales	user table	no	yes	SaleID
4	dbo.Sales	user table	no	yes	BuyerID
5	dbo.Sales	user table	no	yes	Ware...
6	dbo.Sales	user table	no	yes	Quan...
7	dbo.Sales	user table	no	yes	Amount
8	dbo.Sales	user table	no	yes	Sale...

ZDCCBGEIG92942H\Admini... Manage 00:00:00 8 行

图 8.7 查看视图与其他数据库对象之间的依赖关系

8.2.3 使用 ALTER VIEW 语句修改视图

微课：使用 ALTER VIEW语句修改视图

ALTER VIEW 语句提供了修改视图的功能，其基本语法格式如下。

```
ALTER  VIEW [数据库名.][框架名称.]视图名[ (列名1, 列名2 [ , …n ] ) ]
[ WITH  ENCRYPTION ]
AS
   SELECT 查询语句
   [WITH CHECK OPTION]
```

注意：修改与创建视图语法完全相同，只有在列名称不变的情况下，列上的权限才会保持不变。

【任务 8.6】 使用 ALTER VIEW 语句修改视图的实现过程。在 MANAGE 数据库中基于 Wares 表创建一个名为 View3 的视图，然后用 ALTER VIEW 语句修改这个视图，并且加上 WITH ENCRYPTION 子句和 WITH CHECK OPTION 子句。

使用 T_SQL 语句创建视图的操作步骤如下。

（1）在 SSMS 中单击【工具】菜单中的【新建查询】按钮，打开查询编辑器。

（2）在查询编辑器的文本输入窗口中输入如下的 T-SQL 脚本代码。

```
CREATE VIEW View3
AS
SELECT * FROM Wares WHERE UnitPrice<20
GO
ALTER VIEW View3 (WareName,Stock,Supplier,Status,UnitPrice)
WITH ENCRYPTION
AS
SELECT *FROM Wares WHERE UnitPrice<20
WITH CHECK OPTION
GO
```

使用 INSERT 语句向【任务 8.1】中创建的视图 View1 添加一条记录，执行以下语句向视图中插入一条数据记录。

```
USE Manage
INSERT INTO View1 VALUES('优盘',20,'爱国者',1,45)
GO
```

执行语句后，成功在 Wares 表中添加了一条记录。但是查询视图 View1，并没有新添加的记录，因为 View1 中显示的是价格大于 50 元的商品，而新添加的记录价格小于 50 元。查询视图和数据表，结果如图 8.8 所示。

图 8.8 通过视图添加记录

我们再来看一个例子。

【任务 8.7】 使用 ALTER VIEW 语句修改视图。

操作步骤如下。

（1）在 MANAGE 数据库中基于 Wares 表创建一个名为 View3 的视图，然后用 ALTER VIEW 语句修改这个视图，在修改这个视图时要求使用中文字段名，并且加上 WITH ENCRYPTION 子句和 WITH CHECK OPTION 子句。

（2）使用 INSERT 语句向上面创建的视图 View1 中添加一条记录。

（3）先用 ALTER VIEW 修改视图，再使用 INSERT 语句添加记录。

代码如下。

```
USE Manage
GO
ALTER VIEW View1
AS
SELECT *FROM Wares WHERE UnitPrice >50
WITH CHECK OPTION
GO
```

```
INSERT INTO View1 VALUES('MP3',20,'爱国者',1,45)
GO
```

修改视图 View1 添加 WITH CHECK OPTION 子句后，再次添加记录时，将对所添加记录进行检查，判断其是否满足条件，MP3 价格小于 50 元，不满足条件，因此添加失败。运行结果如图 8.9 所示。

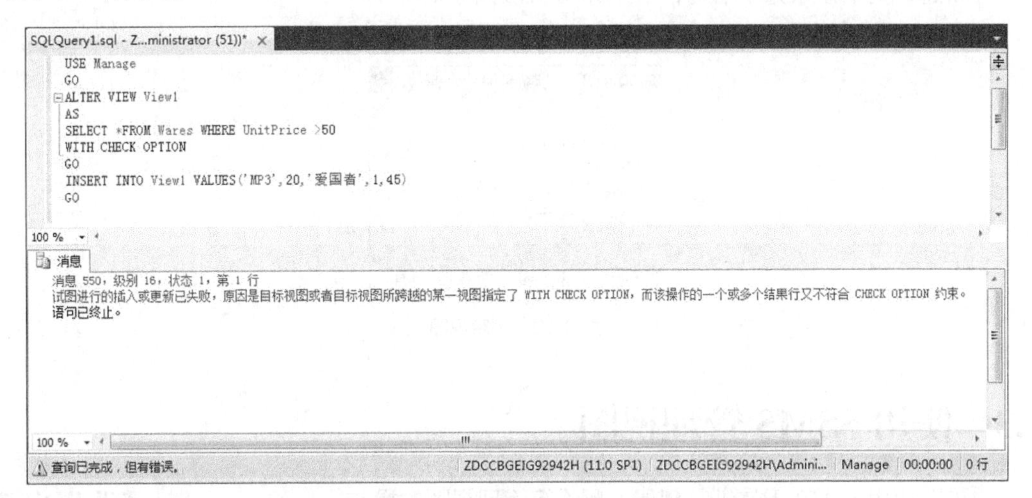

图 8.9 添加记录违反 WITH CHECK OPTION 子句条件

因此，使用视图向数据库中添加记录有各种条件限制。

（1）用户有向数据表插入数据的权限。

（2）视图只引用表中部分字段，插入数据时只能向明确指定的字段赋值。

（3）未引用的字段应具备下列条件之一：允许空值，设有默认值，是标识字段，数据类型是 timestamp 或 uniqueidentifer。

（4）视图不能包含多个字段的组合。

（5）视图不能包含使用统计函数的结果。

（6）视图不能包含 DISTINCT 或 GROUP BY 子句。

（7）定义视图使用 WITH CHECK OPTION，则插入数据应符合相应条件。

（8）若视图引用多个表，一条 INSERT 语句只能操作一个基表的数据。

同样，通过视图对数据进行更新与删除时需要如下。

（1）执行 UPDATE、DELETE 时，所删除与更新的数据必须包含在视图结果集中。

（2）如果视图引用多个表时，无法用 DELETE 命令删除数据。若使用 UPDATE，则应与 INSERT 操作一样，被更新的列必须属于同一个表。

8.2.4 操作视图数据改变基表内容

视图与表具有相似的结构，当向视图中插入或更新数据时，实际上对视图所引用的表执行数据的插入和更新。但是通过视图插入更新数据和表相比有一些限制，下面通过具体的例子来讲述通过视图插入、更新数据以及其使用的限制。

8.2.5 使用 DROP VIEW 语句删除视图

微课：使用 DROP VIEW 语句删除视图

删除视图的语法格式如下。

```
DROP VIEW [数据库名.][框架名称.]视图名[ , …n]
```

使用 DROP　VIEW 一次可删除多个视图，删除视图对基表不产生任何影响。

例如，语句 DROP　VIEW　AA，BB　可同时删除视图对象 AA 和 BB。

【任务 8.8】 删除视图 View1。

在新建查询中输入如下语句，结果如图 8.10 所示。

```
DROP VIEW View1
```

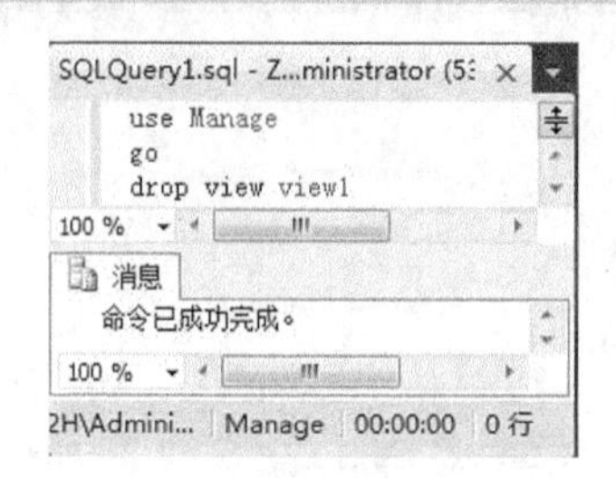

图 8.10　删除视图

8.3　使用 SSMS 管理视图

也可以使用 SSMS 工具进行创建、删除等管理视图的操作。

微课：使用 SSMS 创建视图

8.3.1　使用 SSMS 创建视图

选择【新建视图】命令。打开 SSMS，在【对象资源管理器】中，右键单击【视图】节点，在弹出的菜单中选择【新建视图】，可以创建视图。

【任务 8.9】 创建 View4 视图。

（1）选择【新建视图】命令。打开　SSMS，在【对象资源管理器】中，右键单击【视图】节点，在弹出的菜单中选择【新建视图】，如图 8.11 所示。

（2）在添加表窗口中选择基表。在出现的添加表窗口中，选中要添加表，然后单击【添加】按钮，也可以根据需要添加视图或函数，这里我们添加 Buyers 和 Sales 两个表，添加完毕后，单击【关闭】按钮关闭对话框，如图 8.12 所示。

图 8.11　选择【新建视图】命令

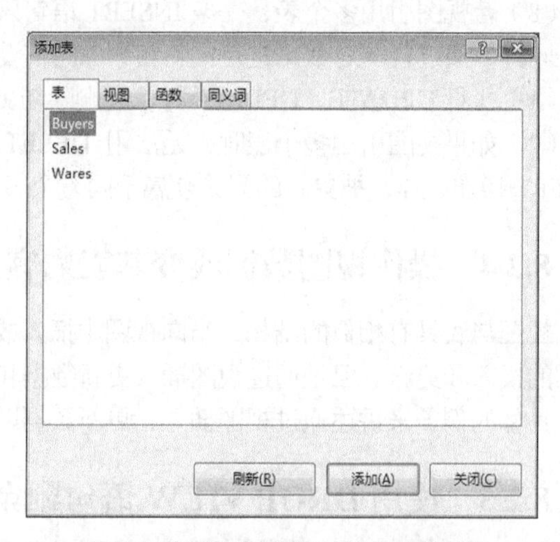

图 8.12 在添加表对话框中添加需要的表

（3）选择视图引用的列。在第一个窗口中，选中相应表的相应列左边的复选框来选择视图中引用的列，也可以通过在第二个窗格的【列】栏上选择列名。在【输出】栏上显示对号标志表示选择视图引用该列，否则不引用该列。还可以在第三个窗口中输入 SELECT 语句来选择视图引用的列。

（4）设置过滤记录的条件。在【筛选器】栏中输入过滤条件。本例在【OrderTime】行对应的【筛选器】栏中输入“between '2011-01-01' and '2011-12-31'”，如图 8.13 所示。

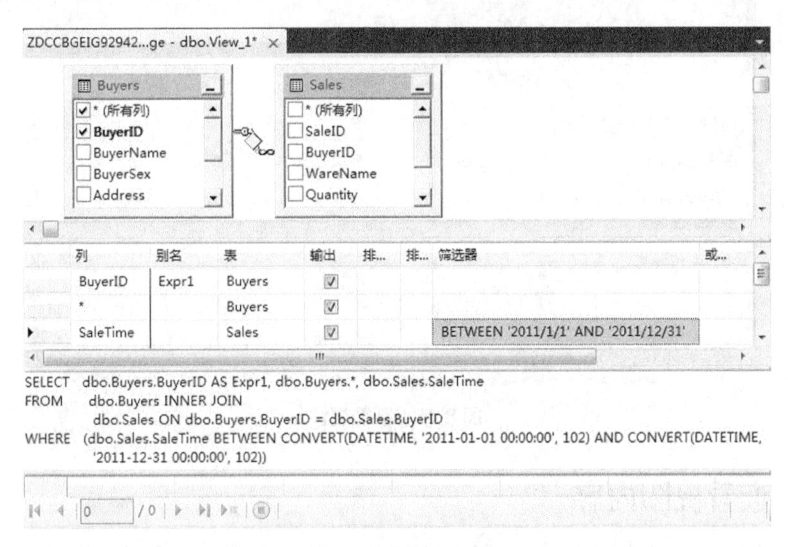

图 8.13　视图设计视图

（5）创建视图。单击按钮，输入视图名字【View4】，左侧对象资源管理器的视图节点中新增加了 View4 视图，如图 8.14 所示。

（6）设置视图的其他属性。若要设置视图其他属性，则在左侧的对象资源管理器中选中【View4】右键单击，在弹出的菜单中选中【属性】选项，如图 8.15 所示，在【视图属性】窗口中可以设置加密、权限等其他属性。

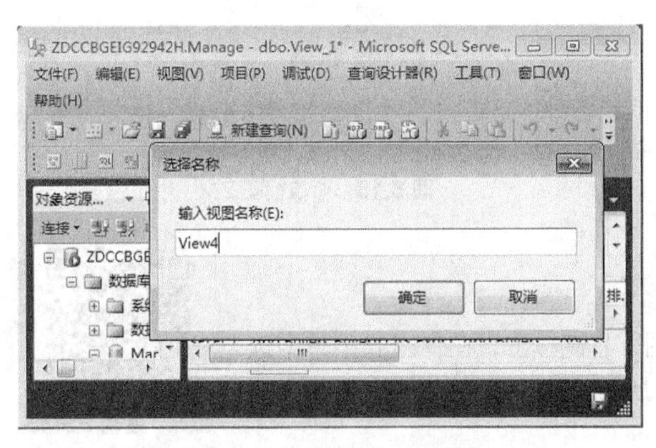

图 8.14　创建 View2 视图

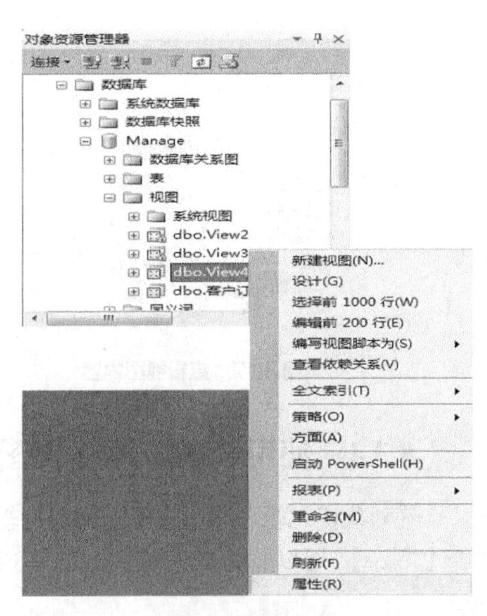

图 8.15　快捷菜单

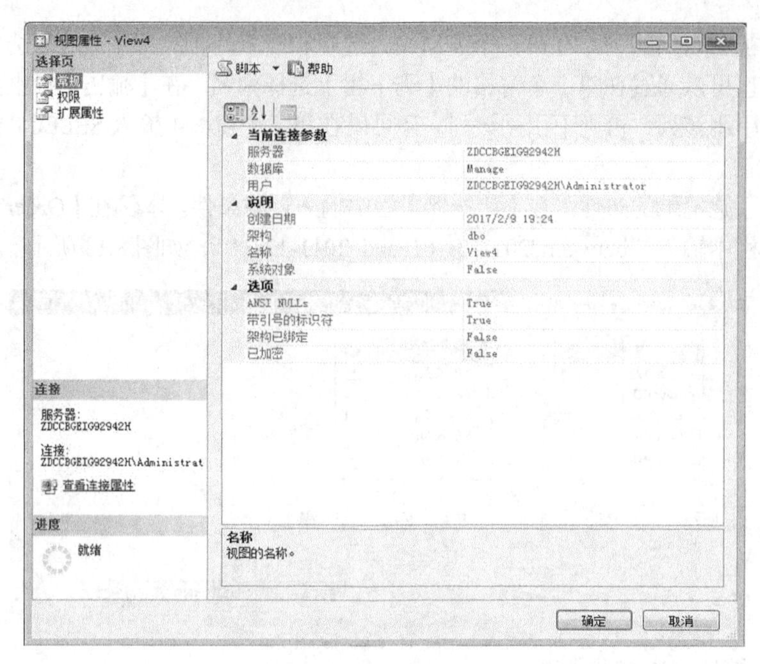

图 8.16　视图属性

8.3.2　查看视图内容

查看视图内容与查看表内容一致，在对象资源管理器中选中要查看的视图，右键单击，在弹出的菜单中选择【选择前 1000 行】，可以查看视图内容，如图 8.17 所示。

8.3.3　修改视图定义

在对象资源管理器中选中要修改的视图，右键单击，在弹出的菜单中选择【设计】，可以在编辑器中进行修改视图，如图 8.18 所示。

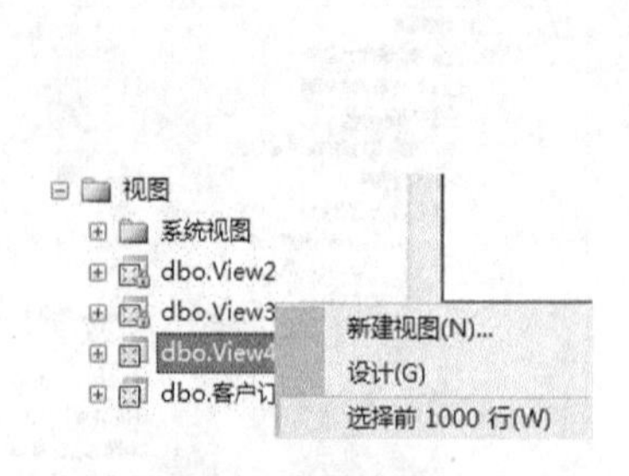

图 8.17　查看视图内容

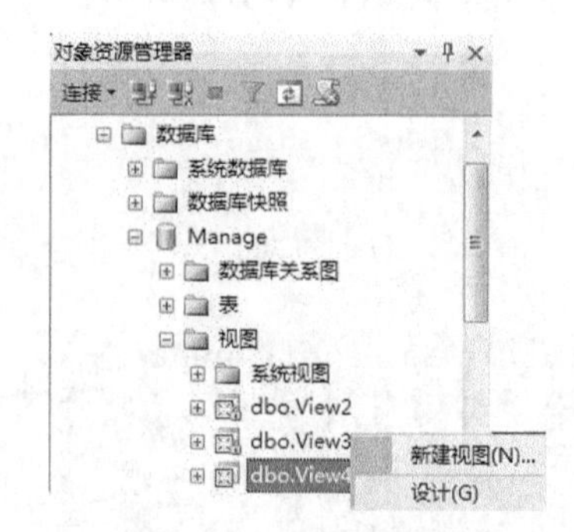

图 8.18　修改视图定义

8.3.4　使用 SSMS 删除视图

在对象资源管理器中选中要删除的视图，右键单击，在弹出的菜单中选择【删除】，可以删除对应视图，如图 8.19 所示。

微课：使用 SSMS 删除视图

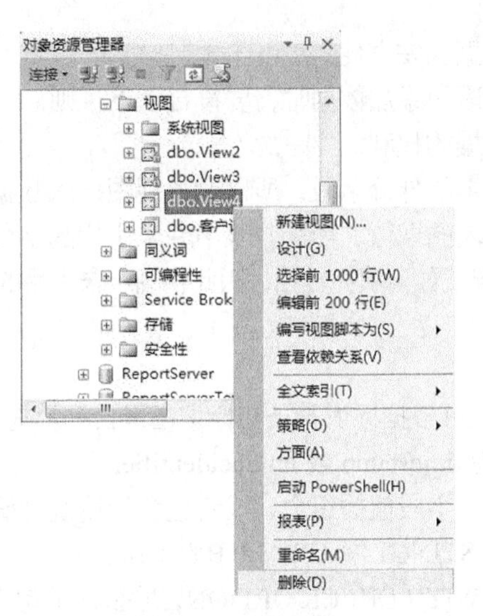

图 8.19　删除视图

8.4　操作视图数据

使用视图可以简化查询操作，视图中的数据来自一个或多个数据表，通过操作视图可以对对应的数据表进行操作。本节将就如何从视图中浏览数据、添加数据、修改数据和删除数据进行详细的讲解。

8.4.1　从视图中浏览数据

微课：从视图中浏览数据

可以使用 SELECT 语句浏览视图,与使用 SELECT 浏览数据表是相同的，打开查询分析器，选择要查询的视图所在的数据库，在代码编辑器中写入要查询的 SELECT 语句，然后在 FROM 语句中选择要查询的视图，即可以浏览视图中的信息。

【任务 8.10】 查询 View2 视图中的所有信息（见图 8.20）。

```
SELECT *
FROM View2;
```

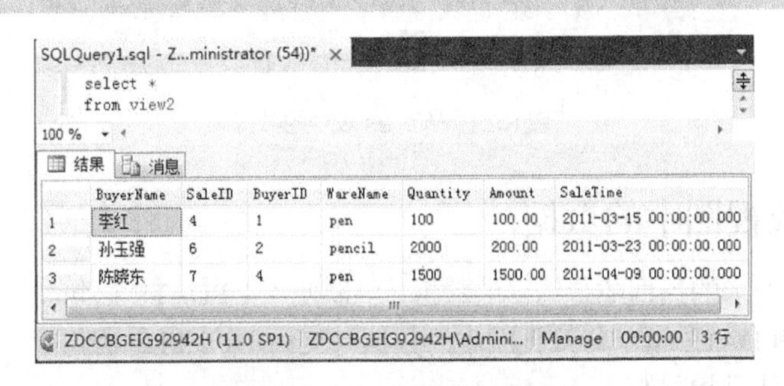

图 8.20　View2 视图中的数据

8.4.2　向视图中添加数据

视图除了可以进行查询记录外，也可以进行插入、更新、删除记录的操作，减少对基表中信息的直接操作，提高了数据的安全性。

微课：向视图中添加数据

在视图上使用 INSERT 语句添加数据时，要符合以下规则。

（1）用户必须有插入数据的权利。

（2）由于视图只引用表中的部分字段，所以通过视图插入数据时只能明确指定视图中引用的字段的取值。而那些表中并未引用的字段，必须知道在没有指定取值的情况下如何填充数据，因此视图中未引用的字段必须具备下列条件之一。

① 该字段允许空值。

② 该字段设有默认值。

③ 该字段是标识字段，可根据标识种子和标识增量自动填充数据。

④ 该字段的数据类型为 timestamp 或 uniqueidentifier。

（3）视图中不能包含多个字段值的组合，或者包含使用统计函数的结果。

（4）视图中不能包含 DISTINCT 或 GROUP BY 子句。

（5）如果视图中使用了 WITH CHECK OPTION，那么该子句将检查插入的数据是否符合视图定义中 SELECT 语句所设置的条件。如果插入的数据不符合该条件，SQL Server 会拒绝插入数据。

（6）不能在一个语句中对多个基础表使用数据修改语句。因此，如果要向一个引用了多个数据表的视图添加数据，必须使用多个 INSERT 语句进行添加。

可以使用 INSERT 语句向视图中添加新的数据。该语句可以向视图中插入一条新记录或者插入一个结果集。

【任务 8.11】 利用 INSERT 语句向视图 VIEW3 添加数据记录。

```
USE MANAGE
INSERT INTO VIEW3 VALUES('耳机',16000,'QCYQY5',0,10)
```

刷新数据表 Wares，然后再打开该数据表，向视图中添加的数据记录已经添加到与视图相关的基表 Wares 中，如图 8.21 所示。

ZDCCBGEIG92942...age - dbo.Wares ×

	WareName	Stock	Supplier	Status	UnitPrice
	book	3500	济南光明家具...	False	29.0000
	chair	5000	济南光明家具...	False	80.0000
	desk	2000	济南光明家具...	False	150.0000
	pen	10000	义乌小商品批...	False	1.0000
	pencil	15000	义乌小商品批...	False	0.1000
▸	耳机	16000	QCYQY5	False	10.0000
	优盘	20	爱国者	True	45.0000
*	NULL	NULL	NULL	NULL	NULL

图 8.21 Wares 表中的数据

8.4.3 修改视图中的数据

微课：修改视图中的数据

视图中不符合要求的数据或是错误的数据，可以使用 UPDATE 语句进行修改。使用 UPDATE 语句修改视图中的数据与使用 UPDATE 语句修改指定数据的语法是相同的。

【任务 8.12】 修改视图 View4，将“李红”的性别修改为“男”。

```
USE Manage
Update View4
SET BuyerSex='男'
WHERE BuyerName='李红'
```

刷新数据表 Buyer，然后再打开该数据表，从视图中修改的数据记录已经更新到与视图相关的基表 Buyer 中，如图 8.22 所示。

ZDCCBGEIG92942...ge - dbo.Buyers × SQLQuery2.sql - Z...ministrator (51))*

	BuyerID	BuyerName	BuyerSex	Address	PhoneCode	Birthday	EMail
▸	1	李红	男	重庆电子学院	98653621	1968-04-06	NULL
	2	孙玉强	男	北京市南京路1...	010-21546321	1973-05-06	NULL
	3	王硕	男	郑州市花园路1...	0371-6325632	1975-07-06	NULL
	4	陈晓东	男	上海市北方公司	96525421	1963-02-03	NULL
	5	何海红	女	广州市白云机场	020-9586585	1965-09-09	NULL
	6	赵红	女	深圳市罗湖区	25854255	1975-05-21	NULL
*	NULL	NULL	NULL	NULL	NULL	NULL	NULL

图 8.22　Buyer 表中的数据

8.4.4　删除视图中数据

微课：删除视图中的数据

DELETE 表示从表或视图中删除行。删除视图中行的语法与删除表中的行的语法是相同的。

【任务 8.13】 删除视图 View3 中“耳机”的数据记录。

```
USE Manage
DELETE FROM View3 WHERE WareName='耳机'
```

刷新数据表 Wares，然后再打开该数据表，从视图中修改的数据记录已经更新到与视图相关的基表 Wares 中，如图 8.23 所示。

SQLQuery2.sql - Z...ministrator (51))* ZDCCBGEIG92942...age - dbo.Wares ×

	WareName	Stock	Supplier	Status	UnitPrice
▸	book	3500	济南光明家具...	False	29.0000
	chair	5000	济南光明家具...	False	80.0000
	desk	2000	济南光明家具...	False	150.0000
	pen	10000	义乌小商品批...	False	1.0000
	pencil	15000	义乌小商品批...	False	0.1000
	优盘	20	爱国者	True	45.0000
*	NULL	NULL	NULL	NULL	NULL

图 8.23　Wares 数据表中的数据

本章小结

本章主要介绍视图的重要概念和数据表的各类操作。视图是 SQL Server 2012 最基本的操作对象。视图的创建、查看、修改、删除是 SQL Server 最基本的操作，是进行数据库管理与开发的基础。本章的重点是学习如何使用 SSMS 工具和 T-SQL 命令来创建、修改、删除视图。

课后练习

填空题

1. 视图是由________构成，而不是由________构成的虚表。视图中的数据存储在________。对视图进行更新操作时实际操作的是________中的数据。

2. 创建视图用________语句，修改视图用________语句，删除视图用________语句。查看视图中的定义数据用________语句。查看视图的基本信息用________存储过程。查看视图的定义信息用________存储过程。查看视图的依赖关系用________存储过程。

3. 创建视图时带________参数使视图的定义语句加密。带________参数对视图执行的修改操作必须遵守定义视图时 WHERE 子句指定的条件。

4. 更新视图中的数据时，应注意________，________，________。

5. 视图可以在不同数据库中的不同表上建立，一个视图最多可以引用________个字段。

6. 视图隐蔽了数据库设计的________性，这使得开发者可以在不影响用户使用数据库的情况下改变数据库内容。

7. 用户可以通过执行系统存储过程________查看视图的定义信息。

8. 视图的修改和数据库中表的修改一样，视图的修改也是由________语句来完成的。

9. 视图的删除也与表的删除类似，可以通过________语句来实现。

10. SQL Server 2012 规定，在视图中不能修改含有________结果的列，因为这些数据不是用户录入的，它的维护权不是用户。

11. 如果某视图在定义中指定了 WITH CHECK OPTION 选项，则进行数据修改时，将进行________。

综合实训

实训名称

创建并管理学生信息管理数据库（Students）中用到的视图。

实训任务

（1）使用 SSMS 对学生信息管理数据库（Students）的视图进行创建、修改与删除等操作。

（2）使用 T-SQL 命令对学生信息管理数据库（Students）的视图进行创建、修改与删除等操作。

实训目的

（1）掌握 SSMS 创建与管理视图的基本操作方法。

（2）掌握创建与管理视图的 T-SQL 命令的格式与用法。

实训环境

Windows Server 平台及 SQL Server 2012 系统。

实训内容

分别使用 SSMS 工具盒 T-SQL 语句完成以下视图的操作。

（1）基于 CourseInfo 表创建视图 v-CourseInfo，要求查询内容是学分大于 6 分的课程。

（2）向视图 v-CourseInfo 中添加一条新记录，记录信息如下：800111、数据原理与应用、4、64。

（3）基于 Students、CourseInfo、Score 表创建视图 v-学生考试信息，视图中包含以下列：学号、姓名、课程编号、课程名称、成绩。

实训步骤

操作具体步骤略，请参考相应案例。

实训结果

在本次实训操作结果的基础上，分析总结并撰写实训报告。

Chapter 9

第 9 章 索引

任务目标：用户对数据库最频繁的操作是进行数据查询。一般情况下，数据库在进行查询操作时需要对整个表进行数据搜索。当表中的数据很多时，搜索数据就需要很长的时间，这就造成了服务器的资源浪费。为了提高检索数据的能力，数据库引入了索引机制。本章将介绍索引的概念及其创建与管理。要求读者掌握：索引的概念、索引的分类、使用 SSMS 和使用 T-SQL 语句创建索引及修改索引等内容。

9.1 索引概述

9.1.1 索引的工作机制

前面我们介绍了表的概念，并了解到表是存储数据的结构。表中的数据没有特定顺序，称为堆。要从表中查找数据，就需要扫描整个堆，这项操作称为完全表格扫描。就如同没有目录的书一样，每次要在表中找一个信息，就可能要从第一页翻到最后一页，才能找到所查找的内容。

索引是一个在表或视图上创建的数据库对象，当用户查询索引字段时，它可以快速实施数据检索操作。索引就如书中的目录，书的内容类似于表的数据，书中的目录通过页号指向书的内容，同样，索引提供指针以指向存储在表中指定字段的数据值。借助索引，执行查询时不必扫描整个表就能够快速找到所需要的数据。

下面举例说明如何利用索引来提高数据检索速度，如表 9.1 所示。表 9.1 列出了“商品一览表”中的货号、货名、规格。

表 9.1　　商品一览表

货号	货名	规格
3002	CPU 处理器	SY8800
902	计算机	LX
903	计算机	FZ
901	计算机	LC
2002	显示器	17
2001	显示器	15
3001	CPU 处理器	P4
4001	内存储器	256
4002	内存储器	512

表 9.2　　货号索引表

索引编号	指针地址
901	4
902	2
903	3
2001	6
2002	5
3001	7
3002	1
4001	8
4002	9

如果想在该表中检索货号为“3001”的货物，该如何进行呢?

一种方法是从表的第一行开始，逐行读入表中的每一行记录，直到找到编号为3001的货物，这是在没有索引的情况下进行的完全表格扫描。显而易见，这种方式检索数据的效率十分低下。如果所查找的记录是表中最后一条记录，那么它前面的每条记录还要一一判断。

另一种方法是在存在索引的情况下，可以利用索引检索数据。基于该表的货号字段建立索引，服务器就会按照“货号”顺序排序并建立一个索引表（见表9.2）。根据索引表中的指针地址可以以较快的速度找到相应记录，这样就大大提高了检索效率。

此例中，是基于“货号”字段建立的索引，该字段称为索引字段，也叫索引列或索引键。索引列可以是表中的一个字段，相应的索引称为简单索引，也可以由多个字段组合而成，相应的索引叫复合索引。索引列的值可以设置为唯一的，如上例中所创建的索引，这种索引又叫唯一索引，它可以强制某字段的值唯一。同样，也可以把索引设置为允许有重复值，又称为非唯一索引。

9.1.2 索引的作用与意义

使用索引有很多优点。

（1）通过创建唯一性索引，可以保证数据库表中每一行数据的唯一性。

（2）可以大大加快数据的检索速度，这也是创建索引的最主要的原因。

（3）可以加速表和表之间的连接，特别是在实现数据的参考完整性方面特别有意义。

（4）在使用分组和排序子句进行数据检索时，同样可以显著减少查询中分组和排序的时间。

（5）通过使用索引，可以在查询的过程中使用优化隐藏器，提高系统的性能。

增加索引有如此多的优点，为什么不对表中的每一个列创建一个索引呢？这种想法固然有其合理性，然而也有其片面性。虽然索引有许多优点，但是，为表中的每一个列都增加索引是非常不明智的。这是因为增加索引也有许多不利的方面。

（1）创建索引和维护索引要耗费时间，这种时间随着数据量的增加而增加。

（2）索引需要占物理空间，除了数据表占数据空间之外，每一个索引还要占一定的物理空间，如果要建立聚集索引，那么需要的空间就会更大。

（3）当对表中的数据进行增加、删除和修改的时候，索引也要动态地维护，这样就降低了数据的维护速度。

9.1.3 建立索引的原则

基于合理的数据库设计，经过深思熟虑后为表建立索引是获得高性能数据库系统的基础。而未经合理分析便添加索引，则会降低系统的总体性能。索引虽然说提高了数据的访问速度，但同时也增加了插入、更新和删除操作的处理时间。

是否要为表增加索引，索引建立在哪些字段上，是创建索引前必须要考虑的问题。解决此问题的一个比较好的方法就是分析应用程序的业务处理、数据使用，为经常被用作查询条件或者被要求排序的字段建立索引。基于优化器对SQL语句的优化处理，在创建索引时可以遵循下面的一般性原则。

（1）为经常出现在关键字order by、group by、distinct后面的字段，建立索引。

在这些字段上建立索引，可以有效地避免排序操作。如果建立的是复合索引，索引的字段顺序要和这些关键字后面的字段顺序一致，否则索引不会被使用。

（2）在union等集合操作的结果集字段上建立索引。其建立索引的目的同上。

（3）为经常用作查询选择的字段建立索引。

（4）在经常用作表连接的属性上建立索引。

（5）考虑使用索引覆盖。对数据很少被更新的表，如果用户经常只查询其中的几个字段，可以考虑在这几个字段上建立索引，从而将表的扫描改变为索引的扫描。

除了以上原则，在创建索引时，我们还应当注意以下的限制。

（1）限制表上的索引数目。

对一个存在大量更新操作的表来说，所建索引的数目一般不要超过 3 个，最多不要超过 5 个。索引虽说提高了访问速度，但太多索引会影响数据的更新操作。

（2）不要在有大量相同取值的字段上建立索引。

在这样的字段（如：性别）上建立索引，字段作为选择条件时将返回大量满足条件的记录，优化器不会使用该索引作为访问路径。

（3）对复合索引，按照字段在查询条件中出现的频度建立索引。

在复合索引中，记录首先按照第一个字段排序。对于在第一个字段上取值相同的记录，系统再按照第二个字段的取值排序，以此类推。因此只有复合索引的第一个字段出现在查询条件中，该索引才可能被使用。

因此将应用频度高的字段放置在复合索引的前面，会使系统最大可能地使用此索引，发挥索引的作用。

（4）删除不再使用，或者很少被使用的索引。

表中的数据被大量更新，或者数据的使用方式被改变后，原有的一些索引可能不再被需要。数据库管理员应当定期找出这些索引，将它们删除，从而减少索引对更新操作的影响。

9.2 索引的分类

1．聚集索引和非聚集索引

在 SQL Server 的数据库中按存储结构的不同将索引分为两类：聚集索引（Clustered Index）和非聚集索引（Nonclustered Index）。

（1）聚集索引

聚集索引对表的物理数据页中的数据按列进行排序，然后再重新存储到磁盘上，即聚集索引与数据是混为一体的。聚集索引对表中的数据一一进行了排序，因此用聚集索引查找数据很快。但由于聚集索引将表的所有数据完全重新排列了，它所需要的空间也就特别大，大概相当于表中数据所占空间的 120%。表的数据行只能以一种排序方式存储在磁盘上，所以一个表只能有一个聚集索引。

（2）非聚集索引

非聚集索引具有与表的数据完全分离的结构，使用非聚集索引不用将物理数据页中的数据按列排序。非聚集索引中存储了组成非聚集索引的关键字的值和行定位器。行定位器的结构和存储内容取决于数据的存储方式，如果数据是以聚集索引方式存储的，则行定位器中存储的是聚集索引的索引键。如果数据不是以聚集索引方式存储的，这种方式又称为堆存储方式（Heap Structure），则行定位器存储的是指向数据行的指针。非聚集索引将行定位器按关键字的值用一定的方式排序，这个顺序与表的行在数据页中的排序是不匹配的。

非聚集索引使用索引页存储，因此它比聚集索引需要更多的存储空间，且检索效率较低。但一个表只能建一个聚集索引，当用户需要建立多个索引时，就需要使用非聚集索引了。从理论上讲，一个表最多可以建 249 个非聚集索引。

（3）聚集索引和非聚集索引的性能比较

每个表只能有一个聚集索引，因为一个表中的记录只能以一种物理顺序存放。但是，一个表可以有不止一个非聚集索引。

从建立了聚集索引的表中取出数据要比建立了非聚集索引的表快。当需要取出一定范围内的数据时，用聚集索引也比用非聚集索引好。例如，假设你用一个表来记录访问者在你网点上的活动。如果你想取出在一定时间段内的登录信息，你应该对这个表的 DATETIME 型字段建立聚集索引。

非聚集索引需要大量的硬盘空间和内存。另外，虽然非聚集索引可以提高从表中取数据的速度，它也会降低向表中插入和更新数据的速度。每当改变了一个建立了非聚集索引的表中的数据时，必须同时更新索引。因此对一个表建立非聚集索引时要慎重考虑。如果预计一个表需要频繁地更新数据，那么不要对它建立太多非聚集索引。另外，如果硬盘和内存空间有限，也应该限制使用非聚集索引的数量。

2．唯一索引和非唯一索引

可以将 SQL Server 的索引定义为唯一索引或非唯一索引。在唯一性索引（unique index）中，每个索引键的值必须是唯一的。非唯一索引（nonunique index）则允许索引键的值重复。非唯一索引的效力或效率要看索引的选择性而定。

（1）唯一索引

唯一索引的每个索引键只包含一列数据，换句话说，索引键值在数据表中不会出现两次。唯一索引效率非常高，因为它们保证要获取查询所需的数据只需一个额外的 I/O 操作。SQL Server 会强制一个或数个数据行的唯一性以建立索引键。SQL Server 不允许在数据库中插入重复的键值。当在数据表中建立一个 PRIMARY KEY 条件约束或一个 UNIQUE 条件约束时，SQL Server 便会建立唯一性索引。PRIMARY KEY 条件约束与 UNIQUE 条件约束已经在前面章节中讨论过。

当数据本身即是唯一的时，索引自然可以建立其唯一性。若数据行中所包含的数据并不是唯一的，仍然可以利用复合索引来建立唯一索引。举例来说，在 Sales 表中，WareName 数据行可能并不是唯一的，但是若与 WareName 和 SaleTime 数据行组合起来，便能在数据表上建立唯一索引。

注意：如果在数据表中插入一数据列的结果可能会使唯一索引出现重复的索引键值，这个插入动作将会失败。

（2）非唯一索引

非唯一索引的运作方式与唯一索引并没有什么不一样。只要符合 SELECT 陈述式中指定的基准，所有重复的值都可以查询到。

非唯一索引并不如唯一索引般那么有效率，因为它需要额外的程序（额外的 I/O 操作）来检索出查询所需的数据。不过有些应用程序需要用到重复的键值，它有可能无法建立唯一索引。在这类情况下，非唯一索引至少比没有索引要来得好些。

9.3 使用 SSMS 管理索引

9.3.1 系统自动建立索引

在 SQL Server 2012 中建立或修改表时，如果添加了一个主键约束或唯一约束，系统会在表中自动生成一个索引，这个索引是唯一性的索引，它可以是聚集索引，也可以是非聚集索引，视建立或修改表时所使用的方法而定。

将表中的某个字段设置为主键，则系统自动生成一个唯一性索引，其名称为“PK_字段名”的形式。若将某个字段设置为唯一约束，则自动生成的唯一性索引为“UQ_字段名”的形式。若表中已有聚集索引，自动生成非聚集索引，若没有，可根据需要，自行设置聚集类型。

例如，我们在 Manage 数据库的 Buyers 表和 Wares 表中，将字段 BuyerID、WareName 分别设为主键，PhoneCode 字段上添加了唯一约束，所以系统自动生成了 3 个唯一性索引，分别是 PK_ BuyerID、PK_WareName、UQ_PhoneCode，如图 9.1 所示。

图 9.1 系统自动建立索引

9.3.2 使用 SSMS 创建索引

如果希望建立多个索引，并对索引选项进行更多设置，可以使用 SSMS 工具。下面举例说明。

【任务 9.1】 使用 SSMS 工具创建非聚集索引。

微课：使用 SSMS 创建索引

使用 SSMS 工具为 Buyers 表基于“BuyerName”字段创建一个唯一性的非聚集索引。

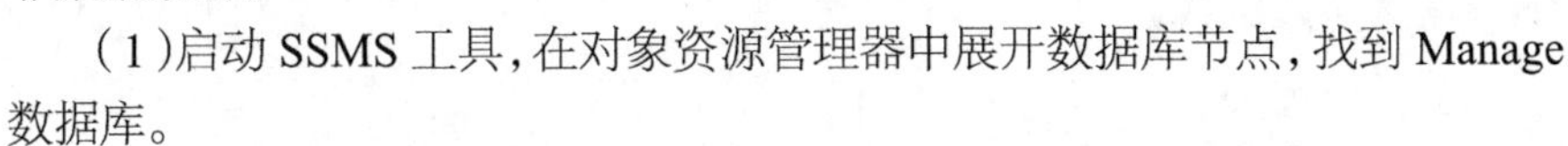

（1）启动 SSMS 工具，在对象资源管理器中展开数据库节点，找到 Manage 数据库。

（2）展开 Manage 数据库节点，展开 Buyers 表节点，右击【索引】节点，在弹出菜单中选择【新建索引】的【非聚集索引】命令，打开【新建索引】窗口，如图 9.2 所示。

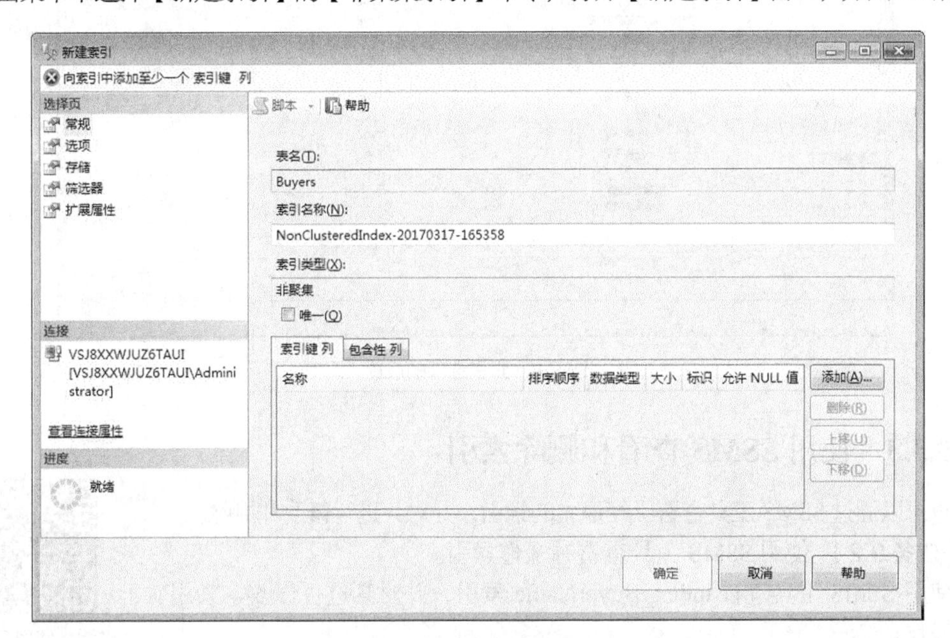

图 9.2 打开的【新建索引】窗口

（3）在【索引名称】一栏中输入索引名称 index_BuyerName，选中【唯一】复选框。单击【添加】按钮，弹出【选择列】窗口，在字段列表中单击字段名左边的复选框，以选择包含在索引中的字段，可以是一个字段，也可以是由多个字段构成的组合。这里我们选择 BuyerName 列作为索引列，确定后返回，如图 9.3 所示。

图 9.3　选择要添加到索引键的字段

（4）索引选项的设置。在【新建索引】窗口的左侧【选项】栏中，如图 9.4 所示，我们设置填充因子为 1，并将【填充索引】和【忽略重复的值】对应选项设为 true。单击确定建立索引。

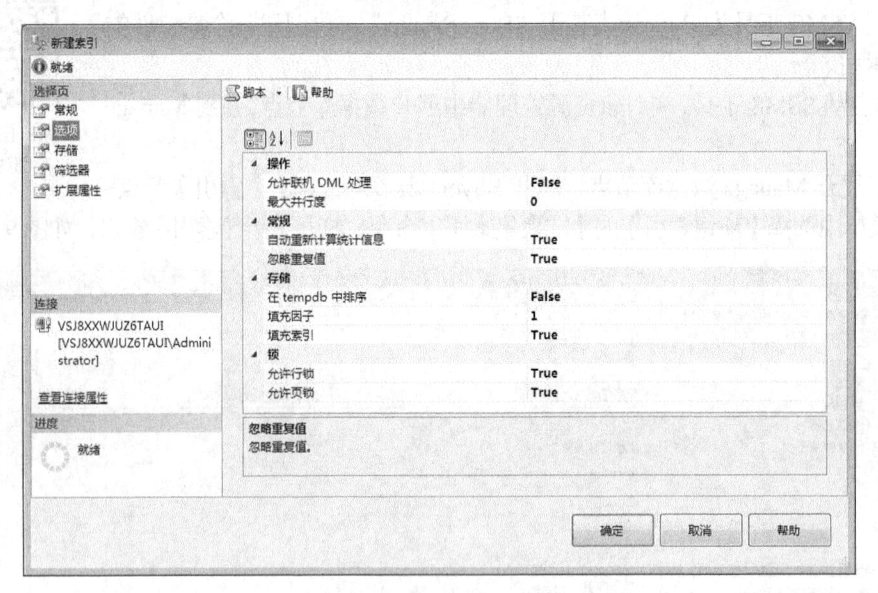

图 9.4　索引选项的设置

9.3.3　使用 SSMS 查看和删除索引

也可以通过 SSMS 工具查看已经建立的索引，并对其进行修改和删除。

【任务 9.2】 使用 SSMS 工具查看并操作索引。

使用 SSMS 工具查看 index_BuyerName 索引，并对其进行修改、禁用、删除操作。

微课：使用 SSMS 操作索引

（1）在 SSMS 的对象资源管理器中，找到 index_BuyerName 索引，右键单击，在弹出的菜单中有禁用、删除、属性等命令，如图 9.5 所示，下面分别演示。

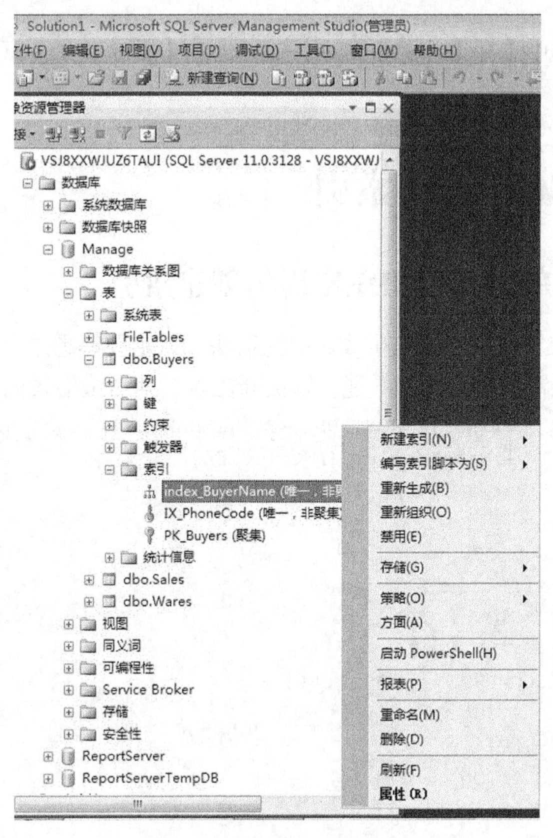

图 9.5 禁用、查看、删除索引

（2）在弹出的菜单中选择【属性】命令，出现【索引】属性窗口，可以查看索引的信息，并可以对索引选项进行修改，修改方式与创建索引相同，如图 9.6 所示。

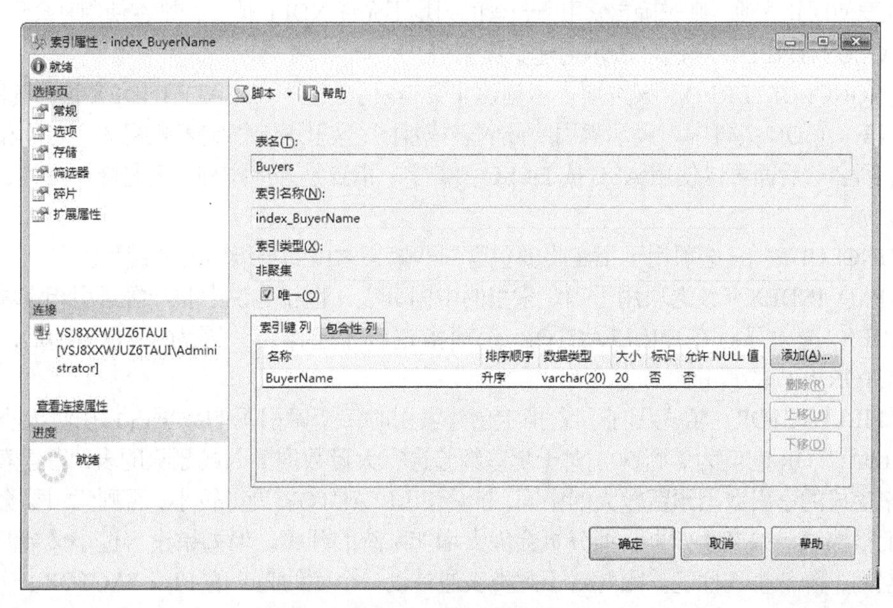

图 9.6 查看和修改索引

（3）在弹出的菜单中选择【禁用】命令，在弹出的【禁用索引】窗口中，单击确定即可禁用索引。

（4）在弹出的菜单中选择【删除】命令，在弹出的【删除对象】窗口中，单击确定即可删除索引。

9.4 使用 T-SQL 管理索引

9.4.1 使用 CREATE INDEX 语句创建索引

本节介绍 CREATE INDEX 语句生成索引的语法。一定要熟悉这个语法，因为索引是容易变动的数据库对象，经常会被删除和重建，以提高性能。其语法格式如下。

```
CREATE [UNIQUE] [CLUSTERED] [NONCLUSTERED] INDEX index_BuyerName
ON table_or_view_BuyerName (colum [ASC | DESC] [,…n])
[INCLUDE (column_BuyerName[,…n])]
[WITH
(   PAD_INDEX = {ON | OFF}
 |  FILLFACTOR = fillfactor
 |  SORT_IN_TEMPDB = {ON | OFF}
 |  IGNORE_DUP_KEY = {ON | OFF}
 |  STATISTICS_NORECOMPUTE = {ON | OFF}
 |  DROP_EXISTING = {ON | OFF}
 |  ONLINE = {ON | OFF}
 |  ALLOW_ROW_LOCKS = {ON | OFF}
 |  ALLOW_PAGE_LOCKS = {ON | OFF}
 |  MAXDOP = max_degree_of_parallelism)[,…n]]
ON {partition_schema_BuyerName(column_BuyerName) | filegroup_BuyerName | default}
```

各参数说明如下。

- UNIQUE　创建一个唯一索引，即索引的键值不重复。在列包含重复值时，不能建唯一索引。如要使用此选项，则应确定索引所包含的列均不允许 NULL 值，否则在使用时会经常出错。
- CLUSTERED　该选项表示创建聚集索引。
- NONCLUSTERED　该选项表示创建非聚集索引。这是 CREATE INDEX 语句的默认值。
- 第一个 ON 关键字　表示索引所属的表或视图，这里用于指定表或视图的名称和相应的列名称。列名称后面可以使用 ASC 或 DESC 关键字，指定是升序排列，还是降序排列，默认值是 ASC。
- INCLUDE　该选项用于指定将要包含到非聚集索引的页级中的非键列。
- PAD_INDEX　该选项用于指定索引的中间页级，也就是说为非叶级索引指定填充度。PAD_INDEX 选项只有在 FILLFACTOR 选项指定后才起作用，因为 PAD_INDEX 使用与 FILLFACTOR 相同的百分比。
- FILLFACTOR　填充因子，它指定创建索引时每个索引页的数据占索引页大小的百分比。FILLFACTOR 的值为 1 到 90。对于那些频繁进行大量数据插入或删除的表，在建索引时应该为将来生成的索引数据预留较大的空间，即将 FILLFACTOR 设得较小，否则索引页会因数据的插入而很快填满并产生分页，而分页会大大增加系统的开销。但如果设得过小又会浪费大量的磁盘空间，降低查询性能。因此对于此类表通常设一个大约为 9 的 FILLFACTOR。
- SORT_INT_TEMPDB　该选项为 ON 时，用于指定创建索引时产生的中间结果，在

tempdb 数据库中进行排序，为 OFF 时，在当前数据库中排序。

● IGNORE_DUP_KEY 该选项用于指定唯一性索引键冗余数据的系统行为。当其为 ON 时，系统发出警告信息，违反唯一性的数据插入失败。其为 OFF 时，取消整个 INSERT 语句，并且发出错误信息。

● STATISTICS_NORECOMPUTE 该选项用于指定是否为过期的索引统计不自动重新计算。其为 ON 时，不自动计算过期的索引统计信息。其为 OFF 时，启动自动计算功能。

● DROP_EXIXTING 该选项用于是否可以删除指定的索引，并且重建该索引。其为 ON 时，可以删除并且重建已有的索引。其为 OFF 时，不能删除重建。

● ONLINE 该选项用于指定索引操作期间基础表和关联索引是否可用于查询。其为 ON 为，不持有表锁，允许用于查询。其为 OFF 时，持有表锁，索引操作期间不能执行查询。

● ALLOW_ROW_LOCKS 该选项用于指定是否使用行锁，为 ON，表示使用行锁。

● ALLOW_PAGE_LOCKS 该选项用于指定是否使用页锁，为 ON，表示使用页锁。

● MAXDOP 该选项用于指定索引操作期间覆盖最大并行度的配置选项。主要目的是限制执行并行计划过程中使用的处理器数量。

在创建索引时，还要注意以下几个问题。

（1）数据类型为 TEXT、NTEXT、IMAGE 或 BIT 的列不能作为索引的列。

（2）索引的宽度不能超过 900 个字节，因此数据类型为 CHAR、VARCHAR、BINARY 和 VARBINARY 的列的列宽度超过了 900 字节，或数据类型为 NCHAR、NVARCHAR 的列的列宽度超过了 450 个字节时也不能作为索引的列。

（3）在使用索引创建向导创建索引时，不能将计算列包含在索引中。但在直接创建或使用 CREATE INDEX 命令创建索引时，则可以对计算列创建索引。

微课：使用 SQL 语句创建非聚集索引

【任务 9.3】 使用语句创建非聚集索引。

使用 CREATE INDEX 语句为 Buyers 表基于“BuyerName”字段创建一个唯一性的非聚集索引。

```
USE Manage
GO
CREATE UNIQUE NONCLUSTERED INDEX index_BuyerName ON  Buyers(BuyerName)
WITH
PAD_INDEX,
FILLFACTOR=80,
IGNORE_DUP_KEY
GO
```

【任务 9.4】 使用语句创建唯一性聚集索引。

为视图“View1”基于“WareName”创建一个唯一性的聚集索引。

```
USE Manage
GO
ALTER VIEW [dbo].[View1]
WITH SCHEMABINDING
AS
SELECT  WareName,Stock,Status,UnitPrice  FROM  dbo.Wares  WHERE
UnitPrice >50
WITH CHECK OPTION
GO
/***以上代码作用为把视图 View1 绑定到架构，否则无法建立索引***/
```

微课：使用 SQL 语句创建唯一性聚集索引

```
CREATE UNIQUE CLUSTERED INDEX index_WareName ON View1(WareName)
WITH
PAD_INDEX,
FILLFACTOR=80
GO
```

9.4.2 查看索引信息

1. 用存储过程 Sp_helpindex 查看索引

sp_helpindex 存储过程可以返回表的所有索引的信息，其语法如下。

```
[EXEC] sp_helpindex  [@objBuyerName =] 'BuyerName'
GO
```

微课：使用存储过程查看索引

其中[@objBuyerName =] 'BuyerName'子句指定当前数据库中表的名称。

【任务 9.5】 使用系统存储过程查看表的索引。

使用系统存储过程查看表“Buyers”的索引。

```
EXEC sp_helpindex  ' Buyers '
GO
```

运行结果如图 9.7 所示。

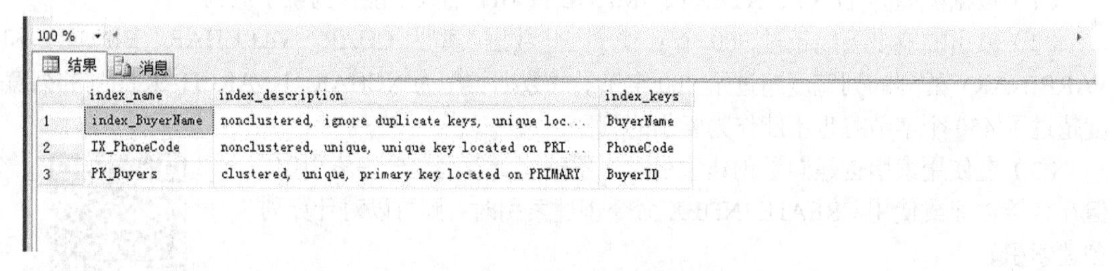

	index_name	index_description	index_keys
1	index_BuyerName	nonclustered, ignore duplicate keys, unique loc...	BuyerName
2	IX_PhoneCode	nonclustered, unique, unique key located on PRI...	PhoneCode
3	PK_Buyers	clustered, unique, primary key located on PRIMARY	BuyerID

图 9.7 使用 sp_helpindex 查看索引

2. 用存储过程 sp_reBuyerName 更改索引名称

```
[EXEC] sp_reBuyerName '表名.原索引名','新索引名', 'index'
```

【任务 9.6】 更改视图“View1”中的索引 index_WareName 名称为 index1。

```
EXEC sp_reBuyerName  'View1.index_WareName' , ' index1', 'index'
```

执行完毕后，索引更名为“index1”。

9.4.3 使用 DROP INDEX 语句删除索引

DROP INDEX 命令可以删除一个或多个当前数据库中的索引。其语法如下。

```
DROP INDEX 'tableBuyerName.indexBuyerName' [,...n]
```

微课：使用 SQL 语句删除索引

DROP INDEX 命令不能删除由 CREATE TABLE 或 ALTER TABLE 命令创建的 PRIMARY KEY 或 UNIQUE 约束索引，也不能删除系统表中的索引。

【任务 9.7】 使用语句删除索引。

删除表“Buyers”中的索引 index_BuyerName。

```
DROP INDEX  Buyers.index_BuyerName
```

本章小结

本章主要介绍索引的重要概念、索引的分类、对索引的各类操作。通过本章的学习，要求掌握索引的概念，索引的分类，使用 SSMS 工具和使用 CREATE INDEX 语句创建索引，查看、修改索引等内容。

课后练习

一、填空题

1. 在 SQL Server 数据库中按存储结构的不同将索引分为两类，________和________。

2. 在使用 CREATE INDEX 语句创建聚集索引时，需要使用的关键字是________，建立唯一索引的关键字是________。

3. 查看索引使用系统存储过程________，为索引更改名字使用系统存储过程________。

4. 索引虽然很有用，但也是以牺牲一定的________空间和系统性能为代价的。

5. 在一个建立索引的数据表中进行插入数据等操作，要比不建立索引需要的时间________。

6. 当表中有 Primary key 或________等限制时，SQL Server 会自动建立索引。

7. 如果要在视图上建立索引，必须使用________定义视图。

8. 在创建索引的选项中，PAD_INDEX 指定索引中间级中每个页（节点）上保持开放的空间。PAD_INDEX 选项只有在指定了________时才能使用。

9. 在创建索引的过程中，使用________指定存储页的填充率。

10. 用户在创建索引或对索引进行有关操作时用 WITH FILLFACTOR 语句指定它的大小。如果没有指定，其默认值为________。

11. 在创建表的索引过程中，对于只读表格，FILLFACTOR 的值一般设定为________%。

12. 当用户在表中创建 PRIMARY KEY 约束或 UNIQUE 约束时，SQL Server 将自动为建有这些约束的列创建________。

13. 如果在一个表中先建立了非聚集索引，那么当建立聚集索引时，SQL Server 会自动将________删除。

14. 在 SQL Server 2012 中，组成复合索引列的总长度最大可以达到________字节。

二、选择题

1. 下列哪些类型的索引总要对数据进行排序？（　　）

   A. 聚集索引　　B. 非聚集索引　　C. 组合索引　　D. 唯一索引

2. 一个表最多允许拥有多少个非聚集索引？（　　）

   A. 一个　　B. 249　　C. 250　　D. 没有限制

3. 一个组合索引最多可包含多少列？（　　）

   A. 2　　B. 4　　C. 8　　D. 16

上机实训

实训名称

创建并管理索引。

实训任务

（1）使用 SSMS 对索引进行创建、修改与删除等操作。

（2）使用 T-SQL 命令对索引进行创建、修改与删除等操作。

实训目的

（1）掌握 SSMS 创建与管理索引的基本操作方法。

（2）掌握创建与管理索引的 T-SQL 命令的格式与用法。

实训环境

Windows Server 平台及 SQL Server 2012 系统。

实训内容

（1）使用 SSMS 为 CourseInfo（课程信息表）创建唯一索引 index_CourseInfo，索引列为课程编号（CourseNo）。

（2）使用 T-SQL 语句，在学生信息管理数据库（Students）的表 StudInfo 上创建唯一索引 index_Name_Class，索引列为姓名（Name）和所在班级（Class），要求忽略重复的值，填充索引，填充因子为 60%，并且不自动计算统计信息。

（3）使用 T-SQL 语句重建（1）中索引 index_CourseInfo。

实训步骤

操作具体步骤略，请参考相应案例。

实训结果

在本次实训操作结果的基础上，分析总结并撰写实训报告。

Chapter 10

第 10 章 T-SQL 基础

任务目标：本章将带你向 T-SQL（也称为 Transact-SQL）领域迈出第一步。T-SQL 是标准 ANSI-SQL 在 Microsoft SQL Server 中的独特实现。通过本章你将学习 T-SQL 查询和编程所基于的理论基础，如何开发 T-SQL 代码对数据进行查询和修改，并对可编程对象有一个总体认识。

10.1 SQL 与 T-SQL

10.1.1 SQL

SQL 全称是“结构化查询语言（Structured Query Language）”，最早是 IBM 圣约瑟研究实验室为其关系数据库管理系统 SYSTEM R 开发的一种查询语言，它的前身是 SQUARE 语言。SQL 语言结构简洁，功能强大，简单易学，所以自从 IBM 公司 1981 年推出以来，SQL 语言得到了广泛的应用。如今无论是 Oracle、Sybase、Informix、SQL server 这些大型的数据库管理系统，还是 Visual Foxpro、PowerBuilder 这些计算机上常用的数据库开发系统，都支持 SQL 语言作为查询语言。

SQL 语言具有功能丰富、使用方式灵活、语言简洁易学等突出优点，在计算机工业界和计算机用户中倍受欢迎。1986 年 10 月，美国国家标准局（ANSI）的数据库委员会批准了 SQL 作为关系型数据库语言的美国标准，随着 SQL 标准化工作的不断进行，相继出现了 ANSI SQL-92 和 ANSI SQL-99 等版本。其中 SQL Server 2000 使用的是 NSI SQL-92 版本，SQL Server 2012 使用的是 ANSI SQL-99 版本。

注意：可以把“SQL”读作“sequel”，也可以按单个字母的读音读作 S-Q-L。两种发音都是正确的，每种发音都有大量的支持者，在本书中，认为“SQL”读作“sequel”。

10.1.2 Transact-SQL

Transact-SQL 可以缩写为 T-SQL，是标准 SQL 程序设计语言的增强版，它是用来让应用程序与 SQL Server 沟通的主要语言。T-SQL 对使用 SQL Server 2012 非常重要。

Transact-SQL 语言是一种交互式查询语言，具有功能强大、简单易学的特点。该语言既允许用户直接查询存储在数据库中的数据，也可以把语句嵌入到某种高级程序设计语言中使用，如可以嵌入到 Microsoft Visual C#.NET、Java 语言中。与任何其他程序设计语言一样，Transact-SQL 语言有自己的数据类型、表达式、关键字等。当然，Transact-SQL 语言与其他语言相比要简单得多。

Transact-SQL 语言有 4 个特点：一是一体化的特点，集数据定义语言、数据操纵语言、数据控制语言、事务管理语言和附加语言元素为一体；二是有两种使用方式，即交互使用方式和嵌入到高级语言中的使用方式；三是非过程化语言，只需要提出“干什么”，不需要指出“如何干”，语句的操作过程由系统自动完成；四是类似于人的思维习惯，容易理解和掌握。

在 Microsoft SQL Server 2012 系统中，根据 Transact-SQL 语言的功能特点，可以把 Transact-SQL 语言分为 5 种类型，即数据定义语言、数据操纵语言、数据控制语言、事务管理语言和附加的语言元素。

数据定义语言（Data Definition Language，DDL）是最基础的 Transact-SQL 语言类型，用来创建数据库和数据库中的各种对象。只有创建数据库和数据库中的各种对象之后，数据库中的各种其他操作才有意义。例如，CREATE 语句是典型的 DDL，可以用来创建数据库中的表对象，DROP 语句则可以删除数据库中的表对象。

如何在表中插入数据、更新数据呢？这就需要使用到 INSERT、UPDATE、DELETE 等语句。这些操纵数据库中数据的语句被称为数据操纵语言（Data Manipulation Language，DML）。例如，当使用 DDL 语言创建了表之后，就可以使用 DML 语言向表中插入数据、检索数据、更新数据等。

如何确保数据库的安全呢？如何允许一些用户使用表中的数据，但是禁止另外一些用户使用表中的数据呢？这些问题涉及权限管理。在 Transact-SQL 语言中，涉及权限管理的语言包括了 GRANT、REVOKE、DENY 等语句，这些语句被称为数据控制语言（Data Control Language，DCL）。

在数据库中执行操作时，经常需要多个操作同时完成或同时取消。例如，从一个账户中转出的款项应该进入另一个账户。这时需要使用事务的概念。事务就是一个单元的操作，这些操作要么全部成功，要么全部失败。在 Microsoft SQL Server 2012 系统中，可以使用 COMMIT 语句提交事务，可以使用 ROLLBACK 语句撤销某些操作。这些用于事务管理的语句被称为事务管理语言（Transact Management Language，TML）。

作为一种语言，Transact-SQL 语言还提供了有关变量、标识符、数据类型、表达式及控制流语句等语言元素。这些语言元素被称为附加的语言元素。

就像其他许多语言一样，Microsoft SQL Server 2012 系统使用 100 多个保留关键字来定义、操作或访问数据库和数据库对象，这些关键字包括 DATABASE、CURSOR、CREATE、INSERT、BEGIN 等。这些保留关键字是 Transact-SQL 语言语法的一部分，用于分析和理解 Transact-SQL 语言。一般，不要使用这些保留关键字作为对象名称或标识符。

10.2 批处理和注释

10.2.1 批处理

批处理语句我们并不陌生，前面已经用过的“GO”关键字就是批处理的标志。它是一条或者多条 SQL 语句的集合，SQL Server 将批处理语句编译成一个可执行单元，此单元称为执行计划。每个批处理可以编译成单个执行计划，从而提高执行效率。如果批处理包含多条 SQL 语句，执行这些语句所需的所有优化的步骤将编译在单个执行计划中。

在多用户环境中，用户可以同时访问数据库，这将增加网络流量。在单用户环境中，用户可能需要对数据库执行多个任务，如更新表以及对 SELECT 查询语句的结果进行计算等。这需要向数据库发送一系列命令。

以一个包含员工详细信息以及工作详细信息的数据库为例，该数据库的一个用户想要根据基本薪水详细信息、工作天数以及休假天数来计算每个员工的收入。为了重复执行该任务（因为有很多员工），将这些命令存储在一个文件中，并作为单个执行计划向数据库发送所有命令，将会更加容易。以一条命令的方式来处理一组命令的过程被称为批处理。

批处理的主要好处就是能简化数据库的管理。例如，如果需要更改存储在用户计算机上的现有查询语句，可能需要在所有用户的计算机上进行更改。但是，如果将该查询语句集中存储在服务器上，不管是作为文件，还是作为存储过程，我们只需要在服务器端更改一次即可。这样可以节省大量的时间和精力。

批处理的实例如下。

```
USE Manage
GO
```

GO 关键字标志着批处理的结束。

另一个实例如下。

```
SELECT * FORM Buyers
SELECT * FROM Wares
UPDATE Wares SET Price=Price+10
GO
```

此时，把这3条语句组成一个执行计划，然后再执行。

一般将一些逻辑相关的业务操作语句放置在同一个批处理中，这完全由代码编写者自己决定。

另外，SQL Server 2012 规定：如果是建立数据库、表、存储过程和视图等，则必须末尾添加批处理标志“GO”，所以建立表语句的格式如下。

```
CREATE TABLE Wares
{
    ......
}
GO
```

10.2.2 注释

注释是程序代码中不执行的文本字符串（也称为注解）。使用注释对代码进行说明，不仅能使程序易读易懂，而且有助于日后的管理和维护。注释通常用于记录程序名称、作者姓名和主要代码更改的日期。注释还可以用于描述复杂的计算或者解释编程的方法。T-SQL 注释有两种形式：块注释和行内注释。

1．块注释

块注释常常用于头块，头块是脚本对象（如存储过程或者用户自定义函数）之前的一个正式的文本块。块注释以斜杠和星号（/*）开始，并以一个星号和斜杠（*/）结束。中间的所有文本都是注释，查询解析器会忽略它们。头块注释不需要太复杂，但应保持一致。

头块应符合标准格式，一般来说，可以包含如下信息。

- 脚本对象的名字。
- 对象的作用和调用方式等信息。
- 设计人员与程序员的名字。
- 创建日期。
- 修改日期与注解。

【任务 10.1】 在插入记录存储过程前添加块注释。

```
/************************************************************
*   Procedure Name: usp_InsertWares
*   Accepts: WareName, Stock, Supplier, Status, UnitPrice
*   Function: Insert a ware record
*   Designed by: Tom
*   Date Created: 2012-2-1
************************************************************/
CREATE PROCEDURE usp_InsertWares
   @WareName varchar(20),
   @Stock int,
   @Supplier varchar(50),
   @Status bit,
   @UnitPrice money
AS
INSERT INTO Wares (
   WareName,
   Stock,
   Supplier,
   Status,
   UnitPrice)
VALUES (
   @WareName,
   @Stock,
   @Supplier,
   @Status,
   @UnitPrice)
```

注意：块注释必须在同一个批处理中开始和结束。

2．行内注释

行内注释放在脚本体中，用于解释脚本的执行过程和流程。注释以两个连接符（--）开头，查询解析器会忽略该行后面的部分。行内注释可以放在可执行脚本的后面，也可以另起一行，如下所示。

--创建 Wares 表

```
CREATE TABLE Wares (
   WareName varchar(20) NOT NULL,   --货物名称
   Stock int NULL,                  --库存量
   Supplier varchar(50) NULL,       --供应商
   Status bit NULL,                 --状态
   UnitPrice money NULL             --价格
)
```

行内注释的另一个重要作用是为自己和其他开发人员提供临时的开发注解。在第一次调试脚本时，肯定最关心核心功能能否正常工作。除了基本的逻辑以外，工作区域内的问题、错误处理以及不常见的状态，与代码在理想情况下能正常工作相比，通常是次要的。在考虑所有这些次要的因素时，应该做一些注解，包括要做的项目和备忘录，以便回过头来添加清理代码，精化功能。

10.3　运算符与表达式

运算符是一些符号，它们能够用来执行算术运算、字符串连接、赋值以及在字段、常量和

变量之间进行比较。在 SQL Server 2012 中，运算符主要有以下六大类：算术运算符、赋值运算符、位运算符、比较运算符、逻辑运算符和字符串串联运算符。

微课：运算符

表达式是符号和运算符的一种组合，SQL Server 数据库引擎将计算该组合以获得单个数据值。简单表达式可以是一个常量、变量、列或标量函数。可以用运算符将两个或更多的简单表达式连接起来组成复杂表达式。

10.3.1 算术运算符

算术运算符可以在两个表达式上执行数学运算，这两个表达式可以是数字数据类型分类的任何数据类型。算术运算符包括加（+）、减（−）、乘（*）、除（/）和取模（%）。（+）和（−）也可以用于日期类型数据。

例如，根据出生日期获得年龄的代码如下。

```
USE Manage
GO
SELECT BuyerName,YEAR(GETDATE())-YEAR(Birthday) AS age FROM Buyers
```

说明：YEAR（GETDATE()）可以获得当前日期的年份，YEAR（Birthday）获得出生日期的年份，通过求差可以获得年龄。

10.3.2 赋值运算符

Transact-SQL 中只有一个赋值运算符，即（=）。赋值运算符使我们能够将数据值指派给特定的对象。另外，还可以使用赋值运算符在列标题和为列定义值的表达式之间建立关系。

```
DECLARE @Num int    --定义整型变量
SET @Num=30         --定义整型变量
PRINT @Num
GO
```

10.3.3 位运算符

位运算符使我们能够在整型数据或者二进制数据（image 数据类型除外）之间执行位操作。此外，在位运算符左右两侧的操作数不能同时是二进制数据。表 10.1 列出了所有的位运算符及其含义。

表 10.1 位运算符

运算符	含义
&	按位 AND（两个操作数）
|	按位 OR（两个操作数）
^	按位互斥 OR（两个操作数）

在 T-SQL 中，首先把证书数据转化为二进制数据，然后再对二进制数据进行按位运算。例如，下面对两个变量 Num1 和 Num2 进行按位运算。

```
DECLARE @Num1 int,@Num2 int
SET @Num1=4
SET @Num2=6
SELECT @Num1&@Num2 AS '@Num1&@Num2', @Num1|@Num2 AS '@Num1|@Num2', @Num1^@Num2 AS
```

```
'@Num1^@Num2'
```

说明：@Num1 的二进制数为 100，@Num2 的二进制数为 110，因此@Num1&@Num2 的值为二进制 100，@Num1|@Num2 的值为二进制 110，@Num1^@Num2 的值为二进制 001，对应的十进制分别是 4、6 和 2。

10.3.4 比较运算符

比较运算符亦称为关系运算符，用于比较两个表达式的大小或是否相同，除了 text、ntext 或 image 数据类型的表达式外，比较运算符可以用于所有的表达式。其比较的结果是布尔值，即 TRUE（表示表达式的结果为真）、FALSE（表示表达式的结果为假）以及 UNKNOWN。

最常见的比较运算符有 6 个，如表 10.2 所示。

表 10.2　常见的比较运算符

运算符	含义
=	等于，对于计算结果为非空值的参数，如果左侧的参数值等于右侧的参数值，则返回 TRUE，否则返回 FALSE，如果其中一个参数的计算结果为空值或者两个参数的计算结果均为空值，则该运算符返回空值
>	大于，对于计算结果为非空值的参数，如果左侧的参数值大于右侧的参数值，则返回 TRUE，否则返回 FALSE，如果其中一个参数的计算结果为空值或者两个参数的计算结果均为空值，则该运算符返回空值
<	小于，对于计算结果为非空值的参数，如果左侧的参数值小于右侧的参数值，则返回 TRUE，否则返回 FALSE，如果其中一个参数的计算结果为空值或者两个参数的计算结果均为空值，则该运算符返回空值
>=	大于等于，对于计算结果为非空值的参数，如果左侧的参数值大于等于右侧的参数值，则返回 TRUE，否则返回 FALSE，如果其中一个参数的计算结果为空值或者两个参数的计算结果均为空值，则该运算符返回空值
<=	小于等于，对于计算结果为非空值的参数，如果左侧的参数值小于等于右侧的参数值，则返回 TRUE，否则返回 FALSE，如果其中一个参数的计算结果为空值或者两个参数的计算结果均为空值，则该运算符返回空值
!= 或者 <>	不等于，对于计算结果为非空值的参数，如果左侧的参数值不等于右侧的参数值，则返回 TRUE，否则返回 FALSE，如果其中一个参数的计算结果为空值或者两个参数的计算结果均为空值，则该运算符返回空值

【任务 10.2】 从 Manage 数据库 Wares 表中查询单价大于 1.00 元的商品。

```
USE Manage
GO
SELECT * FROM Wares WHERE UnitPrice>=1.00
GO
```

10.3.5 逻辑运算符

逻辑运算符可以把多个逻辑表达式连接起来。逻辑运算符和比较运算符一样，返回带有

TRUE 或 FALSE 值的布尔数据类型。常用的逻辑运算符如表 10.3 所示。

表 10.3 常见的逻辑运算符

运算符	含义
ALL	如果一组的比较都为 TRUE，那么就为 TRUE
AND	如果两个布尔表达式都为 TRUE，那么就为 TRUE
ANY	如果一组的比较中任何一个为 TRUE，那么就为 TRUE
BETWEEN	如果操作数在某个范围之内，那么就为 TRUE
EXISTS	如果子查询包含一些行，那么就为 TRUE
IN	如果操作数等于表达式列表中的一个，那么就为 TRUE
LIKE	如果操作数与一种模式相匹配，那么就为 TRUE
NOT	对任何其他布尔运算符的值取反
OR	如果两个布尔表达式中的一个为 TRUE，那么就为 TRUE
SOME	如果在一组比较中，有些为 TRUE，那么就为 TRUE

【任务 10.3】 查询 Manage 数据库 Wares 表中价格大于 2.00 元，库存少于 30 的所有商品。

```
USE Manage
GO
SELECT * FROM Wares WHERE UnitPrice>=1.00 AND Stock<30
GO
```

10.3.6 字符串串联运算符

1．+（字符串串联运算符）

可以用它将字符串串联起来。其他所有字符串操作都使用字符串函数（如 SUBSTRING）进行处理。在串联 varchar、char 或 text 数据类型的数据时，空的字符串被解释为空字符串。例如，'abc' + '' + 'def' 被存储为 'abcdef'。但是，如果兼容级别设置为 65，则空常量将作为单个空白字符处理，'abc' + '' + 'def' 将被存储为 'abc def'。

2．+=（字符串串联）

将两个字符串串联起来并将一个字符串设置为运算结果。例如，如果变量 @x 等于 'Adventure'，则 @x += 'Works' 会接受 @x 的原始值，将 'Works' 添加到该字符串中并将 @x 设置为该新值 'AdventureWorks'。

【任务 10.4】 查询 Manage 数据库 Wares 表中商品名以“矿泉水”结束的所有商品。

```
USE Manage
GO
SELECT WareName, Stock FROM Wares WHERE WareName LIKE '%矿泉水'
GO
```

10.3.7 一元运算符

一元运算符只对一个表达式执行操作，该表达式可以是 numeric 数据类型类别中的任何一种数据类型。常用的逻辑运算符如表 10.4 所示。

表 10.4 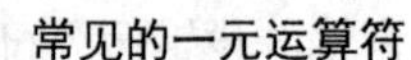 **常见的一元运算符**

运算符	含义
+（正）	数值为正
-（负）	数值为负
~（位非）	返回数字的非

+（正）和-（负）运算符可以用于 numeric 数据类型类别中任一数据类型的任意表达式。~（位非）运算符只能用于整数数据类型类别中任一数据类型的表达式。

【任务 10.5】 使用逻辑运算符输出指定结果。

```
USE Manage
GO
DECLARE @Num int,@Result int
SET @Num=4
SET @Result=~@Num
PRINT @Result
GO
```

10.3.8 运算符的优先级

当一个复杂的表达式有多个运算符时，运算符优先级决定执行运算的先后次序。执行的顺序可能严重地影响所得到的值。

运算符的优先级别如表 10.5 所示。在较低级别的运算符之前先对较高级别的运算符进行求值。

表 10.5 **运算符的优先级别**

级别	运算符
1	~（位非）
2	*（乘）、/（除）、%（取模）
3	+（正）、-（负）、+（加）、(+连接)、-（减）、&（位与）、^（位异或）、|（位或）
4	=、>、<、>=、<=、<>、!=、!>、!<（比较运算符）
5	NOT
6	AND
7	ALL、ANY、BETWEEN、IN、LIKE、OR、SOME
8	=（赋值）

当一个表达式中的两个运算符有相同的运算符优先级别时，将按照它们在表达式中的位置对其从左到右进行求值。例如，在下面的 SET 语句所使用的表达式中，在加运算符之前先对减运算符进行求值。

```
DECLARE @MyNumber int
SET @MyNumber = 4 - 2 + 27
-- Evaluates to 2 + 27 which yields an expression result of 29.
```

```
SELECT @MyNumber
```

在表达式中使用括号替代所定义的运算符的优先级。首先对括号中的内容进行求值，从而产生一个值，然后括号外的运算符才可以使用这个值。

例如，在下面的 SET 语句所使用的表达式中，乘运算符具有比加运算符更高的优先级别。因此，先对它进行求值。此表达式的结果为 13。

```
DECLARE @MyNumber int
SET @MyNumber = 2 * 4 + 5
-- Evaluates to 8 + 5 which yields an expression result of 13.
SELECT @MyNumber
```

在下面的 SET 语句所使用的表达式中，括号使加运算先执行。此表达式的结果为 18。

```
DECLARE @MyNumber int
SET @MyNumber = 2 * (4 + 5)
-- Evaluates to 2 * 9 which yields an expression result of 18.
SELECT @MyNumber
```

如果表达式有嵌套的括号，那么首先对嵌套最深的表达式求值。以下示例中包含嵌套的括号，其中表达式 5 - 3 在嵌套最深的那对括号中。该表达式产生一个值 2。然后，加运算符（+）将此结果与 4 相加。这将生成一个值 6。最后将 6 与 2 相乘，生成表达式的结果 12。

```
DECLARE @MyNumber int
SET @MyNumber = 2 * (4 + (5 - 3) )
-- Evaluates to 2 * (4 + 2) which then evaluates to 2 * 6, and
-- yields an expression result of 12.
SELECT @MyNumber
```

10.3.9 通配符

1. [ ]（要匹配的单个字符）

微课：通配符

匹配指定范围内或者属于方括号所指定的集合中的任意单个字符。可以在涉及模式匹配的字符串比较（如 LIKE 和 PATINDEX）中使用这些通配符。有关详细信息，请参阅搜索条件中的模式匹配。

【任务 10.6】 查询 Manage 数据库 Buyers 表中电话号码为“13”或者“15”开头的顾客。

```
USE Manage
GO
SELECT BuyerName,PhoneCode FROM Buyers WHERE PhoneCode LIKE '[1][35]%'
GO
```

2. [^]（无需匹配的单个字符）

匹配不在方括号之间指定的范围或集合内的任何单个字符。

【任务 10.7】 以下示例使用[^]运算符在 Buyers 表中查找所有名字以 Al 开头且第三个字母不是字母 a 的人。

```
USE Manage
GO
SELECT BuyerName FROM Buyers WHERE BuyerName LIKE 'Al[^a]%'
GO
```

3. _（匹配单个字符）

匹配涉及模式匹配的字符串比较操作（如 LIKE 和 PATINDEX）中的任何单个字符。

【任务 10.8】 以下示例使用_运算符查找 Buyers 表中的所有人（包含一个以 an 结尾的三个

字母的名字）。

```
USE Manage
GO
SELECT BuyerName FROM Buyers WHERE BuyerName LIKE '_an'
GO
```

4．%（匹配任意个字符）

%匹配包含零个或多个字符的任意字符串。此通配符既可以用作前缀，也可以用作后缀。

10.4 局部变量与全局变量

10.4.1 局部变量

微课：局部变量与全局变量

局部变量是一个能够拥有特定数据类型的对象，它的作用范围仅限制在程序内部。局部变量被引用时要在其名称前加上标志“@”，而且必须先用DECLARE命令定义后才可以使用。

1．定义局部变量

```
DECLAER {@local_variable data_type} […n]
```

其中，参数@local_variable 用于指定局部变量的名称，变量名必须以符号@开头，并且局部变量名必须符合 SQL Server 2012 的命名规则。参数 data_type 用于设置局部变量的数据类型及其大小。data_type 可以是任何由系统提供的或用户定义的数据类型。但是，局部变量不能是 text、ntext、cursor 或 image 数据类型。

2．为局部变量赋值

使用 DECLARE 命令声明并创建局部变量之后，会将其初始值设为 NULL，如果想要设定局部变量的值，必须使用 SELECT 命令或者 SET 命令。两种语法形式如下。

```
SET {@local_variable =expression }
```

或者：

```
SELECT {@local_variable = expression }[ ,...n ]
```

其中，参数@local_variable 是给其赋值并声明的局部变量，参数 expression 是任何有效的 SQL Server 2012 表达式。

【任务 10.9】 通过 SET 进行赋值。

```
USE Manage
GO
DECLARE @WareName varchar(20)
SET @WareName ='雀巢矿泉水'
PRINT @WareName
```

【任务 10.10】 通过 SELECT 进行赋值。

注意：

- 如果查询之中 select 返回多个值，则仅仅将最后一个数值赋值给变量。
- 如果没有返回值，则保持当前的变量值。

```
USE Manage
GO
DECLARE @UnitPrice money
SET @UnitPrice=1.00
SELECT @UnitPrice=UnitPrice FROM Wares WHERE WareName='雀巢矿泉水'
```

```
--如果雀巢矿泉水不存在，则@UnitPrice 的值为 1.00
PRINT @UnitPrice --此句话可以将局部变量@UnitPrice 正常显示出来
GO
PRINT @ UnitPrice --此句错误。由于批处理结束，该局部变量生命周期已经结束
```

注意：局部变量的作用范围是从声明该局部变量的地方开始到声明局部变量的批处理或存储过程的结尾。在局部变量的作用范围以外引用该局部变量将引起语法错误。

10.4.2 全局变量

SQL Server 2012 系统本身提供的全局变量多达 30 多个。全局变量通常存储一些 SQL Server 的配置设定值和统计数据，它的作用范围并不仅仅局限于某一程序，而是任何程序均可以随时调用。用户可以在程序中用全局变量来测试系统的设定值或者是 Transact-SQL 命令执行后的状态值。在使用全局变量时应该注意以下几点。

（1）全局变量不是由用户的程序定义的，它们是在服务器定义的。

（2）用户只能使用预先定义的全局变量。

（3）引用全局变量时，必须以标记符“@@”开头。

（4）局部变量名称不能与全局变量名称相同，否则会在应用程序中出现不可预测的结果。

SQL Server 2012 提供的全局变量共有 33 个，但是并不是每一个都会经常用到，常用的全局变量如表 10.6 所示。

表 10.6　基本全局变量含义表

全局变量名	含义
@@ERROR	最后一个 T-SQL 错误的错误号
@@IDENTITY	最后一次插入的标识值
@@LANGUAGE	当前使用的语言的名称
@@MAX_CONNECTIONS	可以创建的同时连接的最大数目
@@ROWCOUNT	受上一个 SQL 语句影响的行数
@@SERVERNAME	本地服务器的名称
@@TRANSCOUNT	当前连接打开的事务数
@@VERSION	SQL Server 的版本信息

【任务 10.11】 示范@@IDENTITY 的用法。

@@IDENTITY 是所有全局变量中最重要的一个。标识列是这样的一种列，即不对其提供一个值，而是由 SQL Server 2012 自动地插入一个已编号的值。

在本示例中，Buyers 表中拥有一个自动编号的 BuyerID 列，当我们对 Buyers 表插入一条记录后，假设需要得到当前插入行的主键值，该怎么办呢？我们可以使用@@IDENTITY 来获得这个值。

```
INSERT Buyers VALUES('TOM','男', '山东', '88888888' , '2000-2-3' , 'VIP@163.com' )
GO
DECLARE @BuyerID INT
SET @BuyerID=@@IDENTITY
PRINT @BuyerID
```

```
GO
```

如果 Buyers 表中从来没有插入过记录，则显示结果为 1。

【任务 10.12】 示范全局变量@@RowCount 的用法。

从到目前为止所执行的许多查询中，可以很容易地知道一条语句影响了多少行——查询窗口会告诉我们。但是如果需要通过编程来获得，那么应该怎样做呢？我们可以通过@@ROWCOUNT 来获取。

```
USE Manage
GO
UPDATE Buyers SET BuyerSex='女' WHERE BuyerSex='男'
PRINT @@ROWCOUNT
GO
```

假设在 Costomers 表中有 10 条记录的 BuyerSex 值为“男”，则在消息窗口中输出 10。

10.5 流程控制语句

一般的，结构化程序设计语言的基本结构是顺序结构、条件分支结构和循环结构。顺序结构是一种自然结构，条件分支结构和循环结构都需要根据程序的执行状况对程序的执行顺序进行调整和控制。在 T-SQL 语言中，流程控制语句就是用来控制程序执行流程的语句，下面将对流程控制语句进行介绍。

10.5.1 BEGIN END 语句

BEGIN END 可以定义 T-SQL 语句块，这些语句块作为一组语句执行，允许语句嵌套；关键字 BEGIN 定义 Transact-SQL 语句的起始位置，END 标识同一块 Transact-SQL 语句的结尾。

下面结合示例介绍关键字 BEGIN END。语法格式如下。

```
BEGIN
    {
        sql_statement | statement_block
    }
END
```

其中，{sql_statement | statement_block} 表示使用语句块定义的任何有效的 Transact-SQL 语句或语句组。

【任务 10.13】BEGIN 和 END 定义一系列一起执行的 Transact-SQL 语句。

在下面的示例中，如果不包括 BEGIN...END 块，则将执行两个 ROLLBACK TRANSACTION 语句，并返回两条 PRINT 消息。

```
USE Manage
GO
BEGIN TRANSACTION
GO
IF @@TRANCOUNT = 0
BEGIN
    SELECT BuyerName, PhoneCode
    FROM Buyers WHERE BuyerName='TOM'
    ROLLBACK TRANSACTION
    PRINT N'Rolling back the transaction two times would cause an error.'
END
```

```
ROLLBACK TRANSACTION
PRINT N'Rolled back the transaction.'
GO
```

10.5.2 IF...ELSE 语句

微课：IF...ELSE 语句

IF…ELSE 语句是条件判断语句，其中，ELSE 子句是可选的，最简单的 IF 语句没有 ELSE 子句部分。IF…ELSE 语句用来判断当某一条件成立时执行某段程序，条件不成立时执行另一段程序。SQL Server 2012 允许嵌套使用 IF…ELSE 语句，而且嵌套层数没有限制。IF…ELSE 语句的语法形式如下。

```
IF Boolean_expression
{ sql_statement | statement_block }
[ ELSE
{ sql_statement | statement_block } ]
```

参数说明如下。

（1）Boolean_expression 是返回 TRUE 或 FALSE 的表达式。如果布尔表达式中含有 SELECT 语句，则必须用括号将 SELECT 语句括起来。

（2）{ sql_statement| statement_block } 是任何 Transact-SQL 语句或用语句块定义的语句分组。除非使用语句块，否则 IF 或 ELSE 条件只能影响一个 Transact-SQL 语句的性能。若要定义语句块，请使用控制流关键字 BEGIN 和 END。

【任务 10.14】 使用条件语句。

如果 Wares 表中有矿泉水，则显示它们的详细信息，否则告知没有矿泉水。

```
USE Manage
Go
--声明用于发布消息的变量
DECLARE @message varchar(200)
--判断是否有矿泉水
IF EXISTS( SELECT * FROM Wares WHERE WareName LIKE '%矿泉水')
    --如果有，则列出详细信息
BEGIN
    SET @message='有下列矿泉水:'
    PRINT @message
    SELECT * FROM Wares WHERE WareName LIKE '%矿泉水'
END
--否则，输出没有矿泉水
ELSE
BEGIN
    SET @message= '抱歉，没有矿泉水'
    PRINT @message
END
GO
```

注意：BEGIN 和 END 分别表示语句块的开始和结束，而且必须成对使用。

【任务 10.15】 使用条件语句。

查询如果有商品的单价超过 1000 元，则输出“有商品单价超过 1000 元”，否则输出“没有商品单价超过 1000 元”。

```
USE Manage
GO
DECLARE @message varchar(200)
```

```
--判断是否存在单价超过的商品
IF EXISTS(SELECT WareName FROM Wares WHERE UnitPrice>1000)
BEGIN
    SET @message= '有商品单价超过1000元'
    PRINT @message
END
--否则，输出没有工资以上的员工
ELSE
BEGIN
    SET @message= '抱歉，并没有商品单价超过1000元'
    PRINT @message
END
```

10.5.3 CASE 多重分支结构

微课：CASE 多重分支结构

CASE 关键字可以根据表达式的真假来确定是否返回某个值，可在允许使用表达式的任何位置使用这一关键字。使用 CASE 语句可以进行多个分支的选择，CASE 语句有两种格式。

- CASE 简单表达式，它通过将表达式与一组简单的表达式进行比较来确定结果。
- CASE 搜索表达式，它通过计算一组布尔表达式来确定结果。

这两种格式的语法如下。

```
-- CASE 简单表达式
CASE input_expression
     WHEN when_expression THEN result_expression [ ...n ]
     [ ELSE else_result_expression ]
END
--CASE 搜索表达式
CASE
     WHEN Boolean_expression THEN result_expression [ ...n ]
     [ ELSE else_result_expression ]
END
```

参数说明如下。

（1）input_expression：使用简单 CASE 格式时所计算的表达式，input_expression 是任意有效的表达式，input_expression 的数据类型必须相同或者是隐式转换的数据类型。

（2）WHEN when_expression：使用简单 CASE 格式时要与 input_expression 进行比较的简单表达式。when_expression 是任意有效的表达式。input_expression 及每个 when_expression 的数据类型必须相同或必须是隐式转换的数据类型。

（3）THEN result_expression：当 input_expression = when_expression 计算结果为 TRUE，或者 Boolean_expression 计算结果为 TRUE 时返回的表达式。result expression 是任意有效的表达式。

（4）ELSE else_result_expression：比较运算计算结果不为 TRUE 时返回的表达式。如果忽略此参数且比较运算计算结果不为 TRUE，则 CASE 返回 NULL。else_result_expression 是任意有效的表达式。else_result_expression 及任何 result_expression 的数据类型必须相同或者是隐式转换的数据类型。

（5）WHEN Boolean_expression：使用 CASE 搜索格式时所计算的布尔表达式。Boolean_expression 是任意有效的布尔表达式。

【任务 10.16】 使用带有 CASE 简单表达式的 SELECT 语句。

在 SELECT 语句中，CASE 简单表达式只能用于等同性检查，而不能进行其他比较。下面的示例使用 CASE 表达式更改性别的显示，以使性别更易于理解。

```
USE Manage
GO
SELECT BuyerName,Gender=
       CASE BuyerSex
          WHEN '男' THEN 'MALE'
          WHEN '女' THEN 'FEMALE'
          ELSE 'Wrong'
       END
FROM Buyers
GO
```

【任务 10.17】 使用带有 CASE 搜索表达式的 SELECT 语句。

在 SELECT 语句中，CASE 搜索表达式允许根据比较值替换结果集中的值。下面的示例根据产品的价格范围将标价显示为文本注释。

```
USE Manage
GO
SELECT WareName, 'Price Range' =
       CASE
          WHEN UnitPrice=0 THEN 'not for resale'
          WHEN UnitPrice < 50 THEN 'Under 50'
          WHEN UnitPrice >= 50 and UnitPrice < 250 THEN 'Under 250'
          WHEN UnitPrice >= 250 and UnitPrice < 1000 THEN 'Under 1000'
          ELSE 'Over $1000'
       END
FROM Wares
GO
```

10.5.4 WHILE 循环结构

WHILE 循环结构语句用于设置重复执行 SQL 语句或语句块的条件。只要指定的条件为真,就重复执行语句。可以在循环体内设置 CONTINUE 语句和 Break 语句。Continue 语句可以使程序跳过 CONTINUE 语句后面的语句，回到 WHILE 循环的第一行命令。BREAK 语句则使程序完全跳出循环，结束 WHILE 语句的执行，其语法形式如下。

微课：WHILE 循环结构

```
WHILE Boolean_expression
    { sql_statement | statement_block | BREAK | CONTINUE }
```

参数说明如下。

（1）Boolean_expression：返回 TRUE 或 FALSE 的表达式。如果布尔表达式中含有 SELECT 语句，则必须用括号将 SELECT 语句括起来。

（2）{sql_statement | statement_block}：Transact-SQL 语句或用语句块定义的语句分组。若要定义语句块，请使用控制流关键字 BEGIN 和 END。

（3）BREAK：导致从最内层的 WHILE 循环中退出。将执行出现在 END 关键字（循环结束的标记）后面的任何语句。如果嵌套了两个或多个 WHILE 循环，则内层的 BREAK 将退出到下一个外层循环。将首先运行内层循环结束之后的所有语句，然后重新开始下一个外层循环。

（4）CONTINUE：使 WHILE 循环重新开始执行，忽略 CONTINUE 关键字后面的任何语句。

【任务 10.18】 使用带有循环的 SELECT 语句。

如果产品的平均单价小于 300，则 WHILE 循环将价格乘 2，然后选择最高价格。如果最高价格小于或等于 500，则 WHILE 循环重新开始，并再次将价格乘 2。该循环不断地将价格乘 2，直到最高价格超过 500，然后退出 WHILE 循环，并打印一条消息。

```
USE Manage
GO
WHILE (SELECT AVG(UnitPrice) FROM Wares) < 300
BEGIN
   UPDATE Wares SET UnitPrice = UnitPrice * 2
   SELECT MAX(UnitPrice) FROM Wares
   IF (SELECT MAX(UnitPrice) FROM Wares) > 500
       BREAK
   ELSE
       CONTINUE
END
PRINT 'Too much for the Manage to bear'
```

10.5.5 RETURN 无条件返回语句

从查询或过程中无条件退出。RETURN 的执行是即时且完全的，可在任何时候用于从过程、批处理或语句块中退出。RETURN 之后的语句是不执行的。其语法形式如下。

微课：RETURN 无条件返回语句

```
RETURN [ integer_expression ]
```

参数说明如下。

integer_expression：返回的整数值。存储过程可向执行调用的过程或应用程序返回一个整数值。

【任务 10.19】 使用带有 RETURN 语句的 SELECT 语句。

检查指定客户的性别。如果性别是“男”，将返回代码 1；如果性别是“女”，返回状态代码 2。

```
USE Manage
GO
CREATE PROCEDURE GetBuyerSex @param varchar(20)
AS
IF (SELECT BuyerSex FROM Buyers WHERE BuyerName = @param) = '男'
   RETURN 1
ELSE
   RETURN 2
GO
```

10.5.6 GOTO 无条件转移语句

GOTO 语句可以使程序直接跳到指定的标有标识符的位置处继续执行，而位于 GOTO 语句和标识符之间的程序将不会被执行。GOTO 语句和标识符可以用在语句块、批处理和存储过程中。标识符可以为数字与字符的组合，但必须以“:”结尾。例如，“a1: ”。在 GOTO 语句行，标识符后面不用跟“:”。

微课：GOTO 无条件转移语句

GOTO 语句的语法形式如下。

```
--定义标签
label :
--实现跳转
GOTO label
```

【任务 10.20】 显示如何将 GOTO 用作分支机制。

```
DECLARE @Counter int
SET @Counter = 1
WHILE @Counter < 10
BEGIN
    SELECT @Counter
    SET @Counter = @Counter + 1
    IF @Counter = 4 GOTO Branch_One  --跳转到第一个分支
    IF @Counter = 5 GOTO Branch_Two  --本语句永远不会执行
END
Branch_One:
    SELECT 'Jumping To Branch One.'
    GOTO Branch_Three; --通过本语句避免执行 Branch_Two.
Branch_Two:
    SELECT 'Jumping To Branch Two.'
Branch_Three:
    SELECT 'Jumping To Branch Three.'
```

人们认为GOTO语句是影响可读性的严重因素，在使用的时候尽可能避免使用GOTO语句，因为过多的 GOTO 语句可能会造成 T-SQL 的逻辑混乱而难以理解。另外，标签仅仅标示了跳转的目标，它并不隔离其前后的语句。只要标签前面的语句本身不是流程控制语句，标签前后的语句将按照顺序正常执行，就如同没有使用标签一样。

10.5.7 WAITFOR 延迟执行语句

微课：WAITFOR 延迟执行语句

WAITFOR 语句用于暂时停止执行 SQL 语句、语句块或者存储过程等，直到所设定的时间已过或者所设定的时间已到才继续执行。

WAITFOR 语句的语法形式如下。

```
WAITFOR
{
  DELAY 'time_to_pass' | TIME 'time_to_execute'
}
```

参数说明如下。

（1）DELAY：可以继续执行批处理、存储过程或事务之前必须经过的指定时段，最长可为 24 小时。'time_to_pass'表示等待的时段，可以使用 datetime 数据可接受的格式之一指定 time_to_pass，也可以将其指定为局部变量。不能指定日期，因此，不允许指定 datetime 值的日期部分。

（2）TIME：指定的运行批处理、存储过程或事务的时间。'time_to_execute'表示 WAITFOR 语句完成的时间。可以使用 datetime 数据可接受的格式之一指定 time_to_execute，也可以将其指定为局部变量。不能指定日期，因此，不允许指定 datetime 值的日期部分。

【任务 10.21】 使用 WRITFOR TIME。

在晚上 10:20（22:20）执行存储过程 sp_updateBuyers。

```
USE Manage
GO
```

```
EXECUTE sp_ updateBuyers @BuyerName = 'TestName'
BEGIN
   WAITFOR TIME '22:20';
   EXECUTE sp_ updateBuyers @BuyerName = 'TestName',
      @new_name = 'UpdatedName';
END
GO
```

【任务 10.22】 使用 WRITFOR DELAY。

在两小时的延迟后执行存储过程。

```
BEGIN
   WAITFOR DELAY '02:00'
   EXECUTE sp_ updateBuyers
END
```

10.5.8 异常捕捉与处理结构

这是 SQL Server 2012 的一种标准的捕获和处理错误的方法，其基本理念是：尝试执行一个代码块，如果发生错误，则在 Catch 代码块之中捕获错误。其基本用法如下。

```
BEGIN TRY
    { sql_statement | statement_block }
END TRY
BEGIN CATCH
        [ { sql_statement | statement_block } ]
END CATCH
[ ; ]
```

参数说明如下。

（1）sql_statement：任何 Transact-SQL 语句。

（2）statement_block：批处理或包含于 BEGIN…END 块中的任何 Transact-SQL 语句组。

和普通语言的异常处理用法差不多,但要注意的是 SQL SERVER 2012 只捕捉那些不是严重的异常，数据库不能连接等这类异常是不能捕捉的。在捕获异常错误时，经常会使用到一些系统的错误函数，具体内容如表 10.7 所示。

表 10.7　异常出错时使用的捕获错误的系统函数

错误函数	返回值
Error_Message()	错误的消息文本
Error_Number()	错误编号
Error_Procedure()	发生错误的存储过程或触发器的名称
Error_Serverity()	错误的严重程度
Error_State()	错误的状态

在进行异常捕获时候，对于 CATCH 块我们需要注意处理好下面的工作。

（1）如果批处理使用了逻辑结构（begin tran/commit tran），则错误处理程序应回滚事务。建议首先回滚事务，以释放该事务执行的锁定。

（2）如果错误是存储过程逻辑检测到的，则系统将自动引发错误消息。

（3）如果有必要，将错误记录到错误表中。

（4）结束批处理，如果它是存储过程、用户定义函数或触发器，可使用 return 命令结束它。

【任务 10.23】 捕获异常错误。

发生除 0 错误时，捕获异常错误。

```
BEGIN TRY
   DECLARE @X INT
   -- 0 作为除数错误
   SET @X = 1/0
   PRINT 'TRY 模块运行正常'
END TRY
BEGIN CATCH
   PRINT '出现异常错误'
   SELECT ERROR_NUMBER() ERNumber,
   ERROR_SEVERITY() Error_Severity,
   ERROR_STATE() Error_State,
   ERROR_PROCEDURE() Error_Procedure,
   ERROR_LINE() Error_Line,
   ERROR_MESSAGE() Error_Message
END CATCH
PRINT 'TRY/CATCH 执行完毕显示信息'
```

【任务 10.24】 在事务内使用 TRY…CATCH。

显示 TRY…CATCH 块在事务内的工作方式。产品“统一方便面”在 Manage 数据库的订货情况信息表（Orders）中存在记录，因此 TRY 块内的语句会生成违反约束的错误。

```
USE Manage
GO
BEGIN TRANSACTION
BEGIN TRY
   -- Generate a constraint violation error.
   DELETE FROM Wares  WHERE WareName = '统一方便面'
END TRY
BEGIN CATCH
   SELECT
      ERROR_NUMBER() AS ErrorNumber,
      ERROR_SEVERITY() AS ErrorSeverity,
      ERROR_STATE() AS ErrorState,
      ERROR_PROCEDURE() AS ErrorProcedure,
      ERROR_LINE() AS ErrorLine,
      ERROR_MESSAGE() AS ErrorMessage
   IF @@TRANCOUNT > 0
      ROLLBACK TRANSACTION
END CATCH
IF @@TRANCOUNT > 0
   COMMIT TRANSACTION
GO
```

10.6 函数

在 Transact-SQL 语言中，函数被用来执行一些特殊的运算以支持 SQL Server 的标准命令。SQL Server 包含多种不同的函数用以完成各种工作，Transact-SQL 编程语言提供了内置函数和自定函数两大类。

10.6.1　内置函数

SQL Server 2012 为 Transact-SQL 语言提供了大量的内置函数，使用户对数据库进行查询和修改时更加方便。每一个内置函数都有一个名称，在名称之后有一对小括号，如 gettime ( ) 表示获取系统当前的时间。大部分的函数在小括号中需要一个或者多个参数。常见的内置函数如表 10.8 所示。

表 10.8　　　　常见内置函数的类别

函数类别	说明
配置函数	返回当前配置信息
加密函数	支持加密、解密、数字签名和数字签名验证
游标函数	返回游标信息
数据类型函数	返回有关标识值和其他数据类型值的信息
日期和时间函数	对日期和时间输入值执行运算，然后返回字符串、数字或日期和时间值
数学函数	基于作为函数的参数提供的输入值执行运算，然后返回数字值
元数据函数	返回有关数据库和数据库对象的信息
ODBC 标量函数	返回有关 Transact-SQL 语句中的标量 ODBC 函数的信息
复制函数	返回用于管理、监视和维护复制拓扑的信息
安全函数	返回有关用户和角色的信息
字符串函数	对字符串（char 或 varchar）输入值执行运算，然后返回一个字符串或数字值
系统函数	执行运算后返回 SQL Server 实例中有关值、对象和设置的信息
系统统计函数	返回系统的统计信息
文本和图像函数	对文本或图像输入值或列执行运算，然后返回有关值的信息
触发器函数	返回触发器信息

限于篇幅所限，下面介绍几种最常见的内置函数。

1. 字符串函数

微课：字符串函数

字符串函数可以对二进制数据、字符串和表达式执行不同的运算，大多数字符串函数只能用于 char 和 varchar 数据类型以及明确转换成 char 和 varchar 的数据类型，少数几个字符串函数也可以用于 binary 和 varbinary 数据类型，字符串函数可以分为以下几大类。

- 基本字符串函数：UPPER，LOWER，SPACE，REPLICATE，STUFF，REVERSE，LTRIM，RTRIM。
- 字符串查找函数：CHARINDEX，PATINDEX。
- 长度和分析函数：DATALENGTH，SUBSTRING，RIGHT。
- 转换函数：ASCH，CHAR，STR，SOUNDEX，DIFFERENCE。

下面通过示例对重要的字符串函数进行重点介绍。

（1）CHAR（integer_expression）

功能：将 integer_expression（介于 0～255）代表的 ASCII 码转换成字符串。

例子：

```
PRINT char(65)—输出大写字母 A
```

（2）LEFT（character_expression，integer_expression）与 RIGHT（character_expression，integer_expression）

功能：返回从字符串左边或右边开始的 integer_expression 个字符

例子：

```
SELECT LEFT(BuyerName,4) FROM Buyers --返回查询结果集中姓名的前四个字符
```

（3）LTRIM 函数和 RTRIM 函数

功能：删除字符串的前导空格与后导空格。

例子：

```
INSERT INTO Wares VALUES(RTRIM(LTRIM(' 方便面')),23,'统一',1,4.00) --插入数据时,删除了
' 方便面'两端的空格
```

（4）REPLACE（string_expression，string_pattern，string_replacement）

功能：用第三个表达式替换第一个字符串表达式中出现的所有第二个给定字符串表达式。

例子：

```
SELECT REPLACE('我是玉树临风的周星星','周星星','吴孟孟') --显示我是玉树临风的吴孟孟
```

（5）SUBSTRING（value_expression，start_expression，length_expression）

功能：从字符串 value_expression 的 start_expression 位置开始，返回 length_expression 长度的字符串。

例子：

```
SELECT SUBSTRING('我是玉树临风的周星星',3,4) --从第三个字符"玉"开始,返回个字符,即"玉树临风"
```

（6）LEN（string_expression）

功能：返回给定字符串表达式的字符（而不是字节）个数，其中不包含尾随空格。

例子：

```
SELECT LEN(' 我是玉树临风的周星星')--前置空格计算在内,后置空格被忽略
```

（7）LOWER（string_expression）与 UPPER（string_expression）

功能：将字符串里面的字符全部转换为小写或大写。

例子：

```
SELECT UPPER('hello,world!')--结果为"HELLO,WORLD!"
```

（8）CHARINDEX（expression1，expression2 [，start_location]）

功能：从 start_location 起始位置开始（省略则从第 1 个字符开始）搜索 expression2，返回 expression1 在 expression2 中的起始位置。

例子：

```
SELECT CHARINDEX('or','Hello,world')--结果为 8，如果找不到，返回 0
```

（9）REPLICATE（character_expression，integer_expression）

功能：以指定的次数 integer_expression 重复字符表达式 character_expression。

例子：

```
SELECT REPLICATE('Hello!',4) --结果为"Hello!Hello!Hello!Hello!"
```

（10）REVERSE（character_expression）

功能：返回字符表达式的反转。

例子：

```
SELECT REVERSE ('我爱你') --结果为"你爱我"
```

（11）STUFF（character_expression，start，length，character_expression）

功能：将 character_expression 字符串从 start 开始的 length 长度的字符用 character_expression 替换。

例子：

```
SELECT STUFF('请问你是周星星吗?',5,3,'吴孟孟') --结果为"请问你是吴孟孟吗?"
```

2．日期时间函数

日期和时间函数用于对日期和时间数据进行各种不同的处理和运算，并返回一个字符串、数字值或日期和时间值。与其他函数一样，可以在 SELECT 语句的 SELECT 和 WHERE 子句以及表达式中使用日期和时间函数。

下面通过示例对重要的日期时间函数进行重点介绍。

微课：日期时间函数

（1）DATEADD（datepart，number，date）

功能：以 datepart 指定的方式，返回 date 加上 number 之后的日期。Datepart 可以是 year、quarter、month、day、week、hour、minute、second 等。

例子：

```
SELECT DATEADD(day, 21,'2000-1-2') -- "2000-01-23 00:00:00.000"
```

（2）DATEDIFF（datepart，startdate，enddate）

功能：返回指定的 startdate 和 enddate 之间所跨的指定 datepart 边界的计数（带符号的整数）。

例子：

```
SELECT DATEDIFF(day, '2000-1-10','2000-1-2') --结果为"-8"
```

（3）DATENAME（datepart，date）

功能：返回日期 date 中 datepart 指定部分所对应的字符串。

例子：

```
SELECT DATENAME(year,'2000-1-2') --结果为字符串"2000"
```

（4）DATEPART（datepart，date）

功能：返回日期 date 中 datepart 指定部分所对应的整数值。

例子：

```
SELECT DATEPART(year,'2000-1-2') --结果为整数 2000
```

（5）year()，month()，day()

功能：返回年/月/日。

例子：

```
SELECT YEAR('2000-1-2') --结果为整数 2000
```

（6）GETDATE()

功能：返回当前的日期和时间。

例子：

```
SELECT GETDATE() --结果为 datetime 类型 2012-02-13 00:36:21.233
```

3．数学函数

数学函数用于对数字表达式进行数学运算并返回运算结果。数学函数可以对 SQL Server 2012 数据（decimal、integer、float、real、money、smallmoney、smallint 和 tinyint）进行处理。

下面通过示例对重要的数学函数进行重点介绍。

微课：数学函数

（1）ABS（numeric_expression）

功能：返回指定数值表达式的绝对值（正值）的数学函数。

例子：

```
SELECT ABS(-50.34) --结果为.34
```

（2）CEILING（numeric_expression）

功能：返回大于或等于指定数值表达式的最小整数。

例子：

```
SELECT CEILING(-50.34) --结果为-50
```

（3）FLOOR（numeric_expression）

功能：返回小于或等于指定数值表达式的最大整数。

例子：

```
SELECT FLOOR(-50.34) --结果为-51
```

注意：CEILING 和 FLOOR 函数的差别是 CEILING 函数返回大于或等于所给数字表达式的最小整数。FLOOR 函数返回小于或等于所给数字表达式的最大整数。例如，对于数字表达式 12.9273，CEILING 将返回 13，FLOOR 将返回 12。FLOOR 和 CEILING 返回值的数据类型都与输入的数字表达式的数据类型相同。

（4）ROUND（numeric_expression，length [，function]）

功能：返回一个数值，舍入到指定的长度或精度。

例子：下例显示两个表达式，说明使用 ROUND 函数且最后一个数字始终是估计值。

```
SELECT ROUND(123.9994, 3)--123.9990
SELECT ROUND(123.9995, 3)--124.0000
SELECT ROUND(123.4545, 2)--123.4500
SELECT ROUND(123.4545,-2)--100.0000
```

（5）sign（n）

功能：当 n>0，返回 1，n=0，返回 0，n<0，返回-1。

例子：

```
DECLARE @value real
SET @value = -8
SELECT SIGN(@value) -显示-1
```

（6）RAND（[seed]）

功能：返回 0 到 1 之间的随机 float 值，使用同一个种子值重复调用 RAND()会返回相同的结果。

例子：下面代码将产生 4 个随机数。

```
DECLARE @counter smallint
SET @counter = 1
WHILE @counter < 5
BEGIN
SELECT RAND(@counter) Random_Number
SET @counter = @counter + 1
END
```

10.6.2 用户自定义函数

SQL SERVER 创建了用户自定义的函数，它同时具备了视图和存储过程的优点，但是却牺牲了可移植性。用户自定义函数的语法如下。

```
CREATE FUNCATION 函数名称
(形式参数名称 AS 数据类型)
```

```
RETURNS 返回数据类型
BEGIN
函数内容
RETURN 表达式
END
```

调用用户自定义函数的基本语法为：变量=用户名.函数名称（实际参数列表）。

注意：在调用返回数值的用户自定义函数时，一定要在函数名称的前面加上用户名。

微课：用户自定义标量函数

1．用户自定义标量函数

标量函数是返回单个值的函数，这类函数可以接收多个参数，但是返回的值只有一个。在定义函数返回值时使用 Returns 定义返回值的类型，而在定义函数中将使用 return 最后返回一个值变量，因此在用户定义的函数中，return 命令应当是最后一条执行的命令，其基本的语法结构如下所示。

```
CREATE FUNCTION [用户名.]定义的函数名
( [ { @变量名[AS]变量类型[ ,...n ] ] )
RETURNS 返回值的数据类型
[ AS ]
BEGIN
declare @返回值变量 function_body
RETURN @返回值变量
END
```

用户自定义标量函数的执行方法有两种。

（1）第一种：通过 Execute 执行函数，并获取返回值。

```
EXECUTE @用户自定义变量=dbo.用户自定义函数名(参数列表)
```

在该执行方法的使用过程中，dbo 的概念是 database owner，为数据库所有者，在执行该语句的时候，可以省略 dbo。

例子：

```
EXECUTE ee=averc('3-105 ')或者 EXECUTE @ee=dbo.averc('3-105')
```

（2）第二种：通过 Select 语句执行函数，并获取返回值。

SELECT @用户自定义变量=dbo.用户自定义函数（参数列表）

与 Execute 执行函数不同的是通过 SELECT 语句执行函数的时候，必须加上 dbo 用户，否则会出现语法错误。

【任务 10.25】 建立自定义函数。

输入商品的商品名称，根据单价和库存返回该商品的总价值。

```
USE Manage
GO
CREATE FUNCATION TotalPrice(@WareName varchar(20))
RETURNS Money
AS
BEGIN
DECLARE @TotalPri Money
SELECT @TotalPri=(SELECT UnitPrice*Stock FROM Wares WHERE WareName=@WareName)
RETURN @TotalPri
END
GO
```

下面是测试如何运行该函数部分。

```
DECLARE @TotalPri money
SELECT @TotalPri=dbo.TotalPrice('雀巢矿泉水')
PRINT @TotalPri
GO
```

2. 用户自定义内嵌表值函数

用户定义的内嵌表值函数没有由 BEGIN END 标识的程序体，取而代之的是将 select 语句作为 table 数据类型加以返回，其基本的语法结构如下所示。

```
CREATE FUNCTION [用户名.]用户定义的函数名
( [ { @局部变量名[AS]局部变量数据类型 } [ ,...n ] ] )
RETURNS TABLE
[ AS ]
RETURN
( select 语句)
```

微课：用户自定义内嵌表值函数

【任务 10.26】 建立自定义内嵌表值函数。

查询单价大于指定金额的所有商品的名称。

```
CREATE FUNCATION viewGoodName(@Price money) RETURNS table
AS
RETURN
(SELECT WareName FROM Wares WHERE UnitPrice>@Price)
```

调用函数显示金额大于 4.00 的所有商品名称的代码如下。

```
SELECT * FROM viewGoodName(4.00)
```

本章小结

本章主要讲述了 Transact-SQL 编程的基础知识，包括批处理以及注释的作用和使用方法、运算符的分类和使用、局部变量的定义与赋值、全局变量的作用、分支和循环等流程控制语句、内置函数的用法和用户自定义函数的定义与调用等。

课后习题

一、选择题

1. 下列（　　）语句可以用来从 WHILE 语句块中退出。

   A. CLOSE　　B. BREAK　　C. EXIT
   D. 以上都是　　E. 以上都不是

2. 要将一组语句执行 10 次，下列（　　）结构可以用来完成此任务。

   A. IF ELSE　　B. WHILE　　C. CASE　　D. 以上都不是

3. 给变量赋值时，如果数据来源于表中的某一列，应采用（　　）方式。

   A. SELECT　　B. PRINT　　C. SET

4. 在 SQL Server 的查询分析器中运行了下面的语句，得到的结果是（　　）。

```
CREATE TABLE numbers
{
N1 INT,
N2 NUMERIC(5, 0),
N3 NUMERIC(4, 2)
}
GO
```

```
INSERT numbers VALUES (1.5, 1.5, 1.5)
SELECT * FROM Numbers
```

A. 返回 2、2 和 1.5 的记录集
B. 返回 1.5、1.5 和 1.5 的记录集
C. CREATE TABLE 命令不会执行，因为无法为列 N2 设置精度 0
D. 返回 1、2 和 1.50 的记录集

二、简答题

1. 批处理是一个单元发送的一条或者多条 SQL 语句的集合，这种说法是否正确？
2. 用户可以定义局部变量，也可以定义全局变量，这种说法是否正确？

综合实训

实训名称

针对学生管理数据库（Students）进行编程。

实训任务

（1）根据 Score 表中某位学生的成绩情况，显示“优秀”、“合格”和“不合格”等信息。
（2）用户自定义函数的定义方法与调用。

实训目的

（1）掌握 Transact-SQL 流程控制语句的编写。
（2）掌握自定义函数的编写和调用。

实训环境

Windows Server 平台及 SQL Server 2012 系统。

实训内容

（1）从 Score 表中，查询学号为“1001”学生的成绩状况。若全部 90 分以上，则显示“该学生成绩全部优秀!”。若全部 60 分以上，则显示“该学生成绩全部合格!”。否则显示“该学生有的成绩不合格!”并且要显示最低分。

（2）设计函数 fn_stu，通过指定课程编号，将选修该课程学生的姓名、课程名称以一个表变量显示出来。

实训步骤

操作具体步骤略，请参考相应案例。

实训结果

在本次实训操作结果的基础上，分析总结并撰写实训报告。

Chapter 11 第11章 游标

任务目标：在数据库开发过程中，当你检索的数据只是一条记录时，你所编写的事务语句代码往往使用 SELECT、INSERT 语句，但是我们常常会遇到这样的情况，即从某一结果集中逐一地读取一条记录，那么如何解决这种问题呢？游标为我们提供了一种极为优秀的解决方案。通过本项目的学习，要求掌握游标的基本概念，以及游标的定义、打开、提取、关闭等一系列操作。

11.1 游标的概念

SELECT 语句及其各个子句都是对数据表的整行（记录）整列（字段）数据进行操作的，用 SELECT 语句查询数据库得到的结果是若干行若干列的“结果集”——实际也是一张“表格”的形式，即使集合函数返回的单值也是对一张数据表的行、列综合操作的结果，而不是针对某个特定的数据项进行操作。

在实际需求中，尤其是在应用程序中，并不总是要把含有各种类型的“表格”作为一个单元进行处理，通常使用数组表示同种类型的某一“列”数据，使用结构体或记录类表示多个不同类型的某一“行”数据，使用结构体或记录数组可以表示一张表。

我们如何把数据表中的某一行、某一列的一个数据项从一个完整的表中提取出来呢？

我们可以通过定义游标实现这一功能。游标的主要用途就是在 T-SQL 脚本程序、存储过程、触发器中对 SELECT 语句返回的结果集进行逐行逐字段处理，把一个完整的数据表按行分开，一行一行地逐一提取记录，并从这一记录行中逐一提取各项数据。

游标与变量类似，必须先定义后使用。

游标的使用过程是：定义声明游标 → 打开游标 → 从游标中提取记录并分离数据 → 关闭游标→释放游标。

11.2 用 DECLARE 语句定义游标

1．基于 SQL-92 标准的 DECLARE 语句

语法格式如下。

```
DECLARE  游标名  [ INSENSITIVE ] [ SCROLL ]  CURSOR
   FOR  SELECT 语句
   [ FOR  { READ  ONLY | UPDATA  [ OF 字段名[ , …n]  ] } ]
```

语法说明如下。

● INSENSITIVE表示定义游标时自动在系统的tempdb数据库中创建一个临时表来存储游标使用的数据，在游标使用过程中基表数据改变时不会影响游标使用的数据，但该游标的数据不允许修改。省略该项表示游标直接从基表中取得数据，即游标使用的数据将随基表数据的变化而动态变化。

● SCROLL 表示该游标可以在 FETCH 语句中任意指定数据的提取方式，省略该项表示该游标仅支持 NEXT 顺序提取方式。

● SELECT 语句指定该游标使用的结果集，但不允许使用 COMPUTE 或 INTO 子句。

● READ ONLY 表示只读，该游标中的数据不允许修改，即不允许在 UPDATE 或 DELETE 语句中引用该游标。

● UPDATA [OF 字段名[，…n]]表示在该游标内可以更新基本表的指定字段，省略字段名列表表示可以更新所有字段。

2．T-SQL 中的 DECLARE 语句

SQL Server 2012 使用的 T-SQL 提供了扩展的游标声明语句，通过增加保留字加强了游标的功能。

T-SQL 的 DECLARE 语法格式如下。

```
DECLARE 游标名 CURSOR
  [ FORWARD_ONLY|SCROLL ] [ STATIC|KEYSET|DYNAMIC|FAST_FORWARD ]
  [ READ_ONLY|OPTIMISTIC ] [ TYPE_WARNING ]
  FOR  SELECT 语句
  [ FOR UPDATE [ OF 字段名[ , …n ] ] ]
```

说明如下。

● FORWARD_ONLY 指定该游标为顺序结果集，只能用 NEXT 向后方式顺序提取记录。

● SCROLL 指定该游标为滚动结果集，可以使用向前、向后、定位方式提取记录。

● STATIC 与 INSENSITIVE 含义相同，在系统 tempdb 数据库中创建临时表存储游标使用的数据，即游标不会随基本表内容而变化，同时也无法通过游标来更新基本表。

● KEYSET 指定游标中列的顺序是固定的，并且在 tempdb 内建立一个 KEYSET 表，基本表数据修改时能反映到游标中。如果基本表添加符合游标的新记录，则该游标无法读取（但其他语句使用 WHERE CURRENT OF 子句可对游标中新添加的记录数据进行修改）。如果游标中的一行被删除掉，则用游标提取时@@FETCH_STATUS 的返回值为-2。

● DYNAMIC 指定游标中的数据将随基本表而变化，但需要大量的游标资源。

● FAST_FORWARD 指定启用了性能优化的 FORWARD_ONLY、READ_ONLY 游标。如果指定 FAST_FORWARD，则不能也指定 SCROLL 或 FOR_UPDATE。FAST_FORWARD 和 FORWARD_ONLY 是互斥的；如果指定一个，则不能指定另一个。

Read_Only 指不能通过游标对数据进行删改。

● OPTIMISTIC 指明若游标中的数据已发生变化，则对游标数据进行更新或删除时可能会导致失败。

● TYPE_WARNING 指定若游标中的数据类型被修改成其他类型时，给客户端发送警告。

● 若省略 FORWARD_ONLY|SCROLL，则不使用 STATIC、KEYSET 和 DYNAMIC 时默认为 FORWARD_ONLY 游标，使用 STATIC、KEYSET 或 DYNAMIC 之一则默认为 SCROLL 游标。

● 若省略 READ_ONLY|OPTIMISTIC 参数，则默认选项如下。

● 如果未使用 UPDATE 参数不支持更新，则游标为 READ_ONLY。

- STATIC 和 FAST_FORWARD 类型游标默认为 READ_ONLY。
- DYNAMIC 和 KEYSET 类型游标默认为 OPTIMISTIC。

注意：

- 不能将 SQL-92 游标语法与 MS SQL Server 游标的扩展语法混合使用。
- 若在 CURSOR 前使用了 SCROLL 或 INSENSITIVE，则为 SQL-92 游标语法，不能再在 CURSOR 和 FOR SELECT 语句之间使用任何保留字，反之同理。

微课：用 DECLAR 语句定义游标

【任务 11.1】 创建一个名为 Cur_Buyer 的标准游标，如图 11.1 所示。

```
USE Manage
DECLARE Cur_Buyer CURSOR FOR
SELECT * FROM Buyers
GO
```

【任务 11.2】 创建一个名为 Cur_Buyer_01 的只读游标，如图 11.2 所示。

```
USE Manage
DECLARE Cur_Buyer_01 CURSOR FOR
SELECT * FROM Buyers
FOR READ ONLY
GO
```

【任务 11.3】 创建一个名为 Cur_Buyer_02 的更新游标，如图 11.3 所示。

```
USE Manage
DECLARE Cur_Buyer_02 CURSOR FOR
SELECT BuyerName,BuyerSex,Birthday FROM Buyers
FOR READ ONLY
GO
```

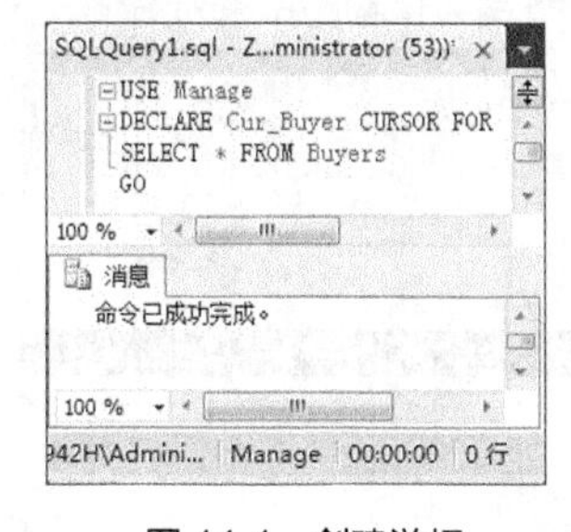

图 11.1　创建游标

图 11.2　创建只读游标

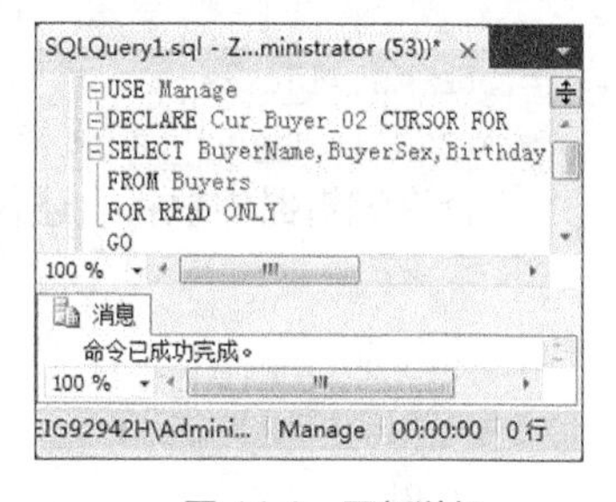

图 11.3　更新游标

11.3　用 OPEN 语句打开游标

语法格式如下。

```
OPEN [GLOBAL] 游标名
```

语句功能：打开指定的游标。

如果全局游标与局部游标同名，GLOBAL 表示打开全局游标，省略为打开局部游标。

用 DECLARE 定义的游标，必须打开以后才能对游标中的结果集进行处理。就是说 DECLARE 只声明了游标的结构格式，打开游标才执行 SELECT 语句得到游标中的结果集。

打开游标后，可以使用全局变量（系统的无参函数）@@ERROR 判断该游标是否打开成功。@@ERROR 为 0 则打开成功，否则打开失败。

使用@@CURSOR_ROWS 可得到打开游标中当前存在的记录行数，其返回值如下。

- 0：　表示无符合条件的记录或该游标已经关闭或已释放。

- -1：表示该游标为动态的，记录行经常变动无法确定。
- n： 正整数 n 表示指定的结果集已从表中全部读入，总共 n 条记录。
- -m：表示指定的结果集还没全部读入，目前游标中有 m 条记录。

【任务 11.4】 首先声明一个名为 Buyer_01 的游标，然后使用 OPEN 命令打开该游标，如图 11.4 所示。

```
USE Manage
DECLARE Buyer_01 CURSOR FOR
SELECT * FROM Buyers
WHERE Buyer_ID='1'
OPEN Buyer_01
GO
```

微课：用 OPEN 语句打开定义游标

【任务 11.5】 使用游标查看数据库 Manage 中的客户资料表 Buyers 中记录的个数。在查询分析器中编写以下代码。

```
USE Manage
GO
DECLARE Buyer_cursor SCROLL CURSOR
FOR SELECT *FROM Buyers          --声明游标
OPEN Buyer_cursor               --打开游标
IF @@ERROR=0
 BEGIN
   PRINT '游标打开成功！'
   IF @@CURSOR_ROWS>0
     PRINT '游标结果集内记录数为：'+CONVERT(VARCHAR(3),@@CURSOR_ROWS)
 END
CLOSE Buyer_cursor              --关闭游标
DEALLOCATE Buyer_cursor         --释放游标
```

在查询编辑器中执行上述代码后，结果如图 11.5 所示。

图 11.4 打开游标

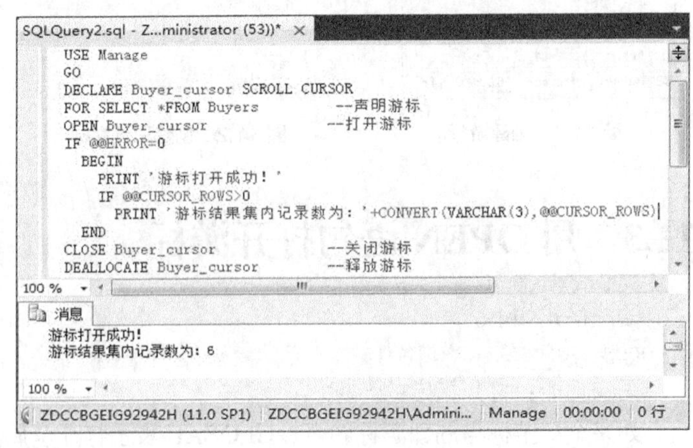

图 11.5 使用游标示例

11.4 用 FETCH 语句从游标中提取数据

语法格式如下。

```
FETCH [ next|prior|first|last|absolute {n|@nvar} | relative {n|@nvar} ]
```

```
FROM [GLOBAL] 游标名[ INTO @变量名[ ,…n ] ]
```

说明如下。

- 在游标内有一个游标指针 CURSOR 指向游标结果集的某个记录行——称为当前行，游标刚打开时 CURSOR 指向游标结果集第一行之前。
- FETCH 之后的参数为提取记录的方式，可以是以下方式之一。
- NEXT 顺序向下提取当前记录行的下一行，并将其作为当前行。第一次对游标操作时取第一行为当前行，处理完最后一行，再用 FETCH NEXT，则 CURSOR 指向结果集最后一行之后，@@FETCH_STATUS 的值为-1。
- PRIOR 顺序向前提取当前记录的前一行，并将其作为当前行。第一次用 FETCH PRIOR 对游标操作时，没有记录返回，游标指针 CURSOR 仍指向第一行之前。
- FIRST 提取游标结果集的第一条记录，并将其作为当前行。
- LAST 提取游标结果集的最后一条记录，并将其作为当前行。
- ABSOLUTE {n|@nvar} 按绝对位置提取游标结果集的第 n 或第@nvar 条记录，并将其作为当前行。若 n 或@nvar 为负值，则提取结尾之前的倒数第 n 或第@nvar 条记录。n 为整数，@nvar 为整数类型变量。
- RELATIVE {n|@nvar} 按相对位置提取当前记录之后（正值）或之前（负值）的第 n 或第@nvar 条记录，并将其作为当前行。
- FROM 指定提取记录的游标，global 用于指定全局游标，省略为局部游标。
- INTO 指定将提取记录中的字段数据存入对应的局部变量中。变量名列表的个数、类型必须与结果集中记录的字段的个数、类型相匹配。

打开游标用 FETCH 提取记录后，可用@@FETCH_STATUS 检测游标的当前状态。

@@FETCH_STATUS 的返回值如下。

- 0：FETCH 语句提取记录成功。
- -1：FETCH 语句执行失败或提取的记录不在结果集内。
- -2：被提取的记录已被删除或根本不存在。

注意：@@FETCH_STATUS 只能检测游标提取记录后的状态，若用作循环条件输出多条记录时，必须在循环之前先用 FETCH 提取一条记录，再用@@FETCH_STATUS 判断提取记录是否成功，以确定是否进行循环。

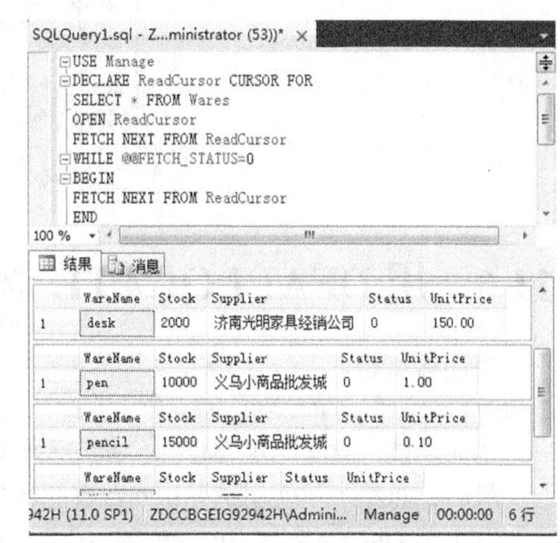

图 11.6 游标活动

【任务 11.6】 用@@FETCH_STATUS 控制一个 WHILE 循环中的游标活动，如图 11.6 所示。

```
USE Manage
DECLARE ReadCursor CURSOR FOR
SELECT * FROM Wares
OPEN ReadCursor
FETCH NEXT FROM ReadCursor
WHILE @@FETCH_STATUS=0
BEGIN
FETCH NEXT FROM ReadCursor
END
```

微课：用 FETCH 语句提取游标

11.5 用 CLOSE 语句关闭游标

语法格式如下。

```
CLOSE [GLOBAL] 游标名
```

语句功能：释放游标中的结果集，解除游标记录行上的游标指针。

微课：用 CLOSE 语句关闭游标

当游标提取记录完毕后，应及时关闭该游标释放结果集的内存空间。游标关闭后，其定义结构仍然存储在系统中，但不能提取记录和定位更新，需要时可用 OPEN 语句再次打开。

注意：关闭只有定义而没有打开的游标会产生语法错误。

【任务 11.7】 声明一个名为 CloseCursor 的游标，并使用 Close 语句关闭游标，如图 11.7 所示。

```
USE Manage
DECLARE CloseCursor CURSOR FOR
SELECT * FROM Wares
FOR READ ONLY
OPEN CloseCursor
CLOSE CloseCursor
```

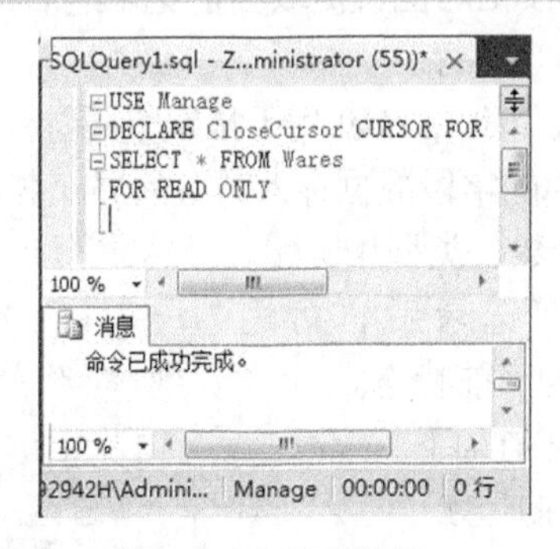

图 11.7 打开游标

11.6 用 DEALLOCATE 语句释放游标

语法格式如下。

```
DEALLOCATE [GLOBAL] 游标名
```

语句功能：删除指定的游标，释放该游标所占用的所有系统资源。

微课：用 DEALLOCATE 语句释放游标

最后，总结一下使用游标访问数据的步骤。

（1）用 DECLARE CURSOR 语句声明游标。

（2）用 OPEN 语句打开游标。

（3）用 FETCH 语句从游标中提取记录。

（4）用 CLOSE 语句关闭游标。

（5）用 DEALLOCATE 语句释放游标。

【任务 11.8】 使用 DEALLOCATE 命令释放名为 FreeCursor 的游标，如图 11.8 所示。

```
USE Manage
DECLARE FreeCursor CURSOR FOR
SELECT * FROM Wares
OPEN FreeCursor
```

```
CLOSE FreeCursor
DEALLOCATE FreeCursor
```

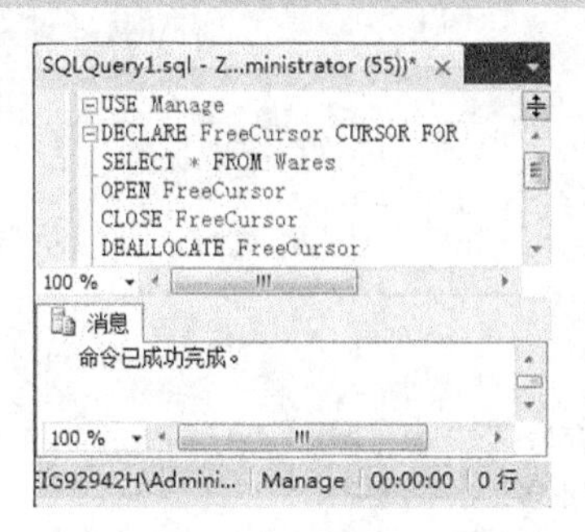

图 11.8 释放游标

【任务 11.9】 使用游标逐条查看数据库 Manage 中订单信息表 Sales 中的记录。

在查询分析器中编写以下代码。

```
USE Manage
GO
DECLARE sales_cursor SCROLL CURSOR
FOR SELECT *FROM Sales                 --声明游标
OPEN sales_cursor                      --打开游标
FETCH NEXT FROM sales_cursor           --第一次提取，提取结果集中首记录
WHILE @@FETCH_STATUS=0                 --检测全局变量@@FETCH_STATUS，如果仍有记录，则继续
BEGIN
FETCH NEXT FROM sales_cursor
END
CLOSE sales_cursor                     --关闭游标
DEALLOCATE sales_cursor                --释放游标
```

执行后结果如图 11.9 所示。

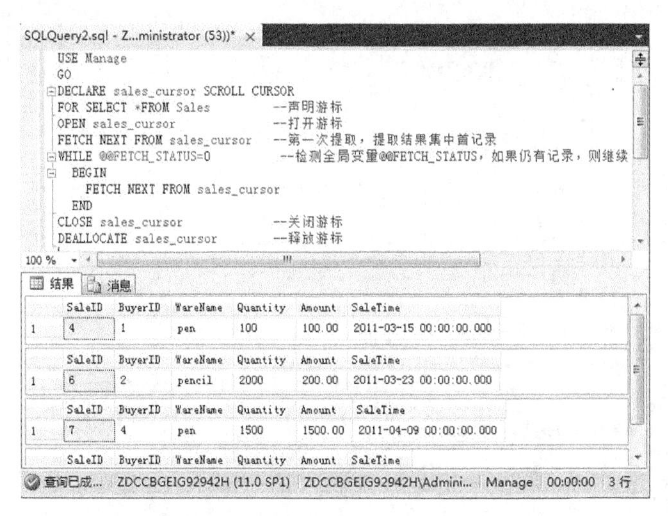

图 11.9 从游标中提取记录

【任务 11.10】 使用游标对库存量小于 20 的商品按库存量多少显示不同的进货提示信息。

在查询分析器中编写以下代码。

```
USE Manage
GO
```

```
DECLARE Wares_cursor SCROLL CURSOR
FOR SELECT WareName,Stock FROM Wares WHERE Stock<50          --声明游标
OPEN Wares_cursor                                  --打开游标
IF @@ERROR=0
   BEGIN
     DECLARE @hm nvarchar(20), @ku int
     FETCH next FROM Wares_cursor into @hm,@ku  --必须先提取记录
     WHILE  @@FETCH_STATUS=0
        BEGIN
          IF @ku>=10
            PRINT @hm+', 库存为: '+cASt(@ku AS varchar(4))
                  +', '+'已经不多, 准备进货'
          ELSE IF @ku>0
            PRINT @hm+', 库存为: '+cASt(@ku AS varchar(4))
                 +', '+'马上缺货, 抓紧进货! '
          ELSE IF @ku=0
            PRINT @hm+', 库存为: '+cASt(@ku AS varchar(4))
                 +', '+'已经缺货, 马上进货! '
          FETCH next FROM Wares_cursor into @hm,@ku
        END
   END
ELSE PRINT '游标打开失败! '
CLOSE Wares_cursor                --关闭游标
DEALLOCATE Wares_cursor          --释放游标
```

运行结果如图 11.10 所示。

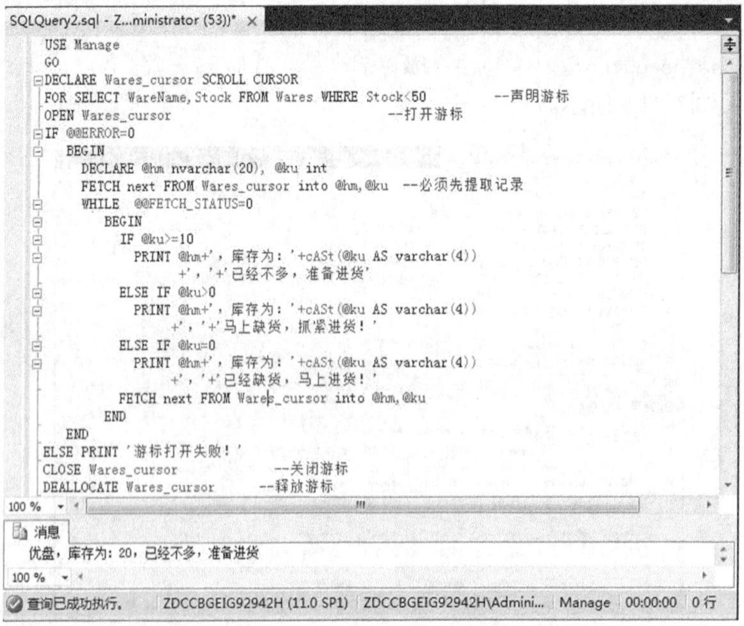

图 11.10　使用游标显示进货提示信息

本章小结

游标是系统为用户开设的一个数据缓冲区，存放 SQL 语句的执行结果。每个游标区都有一

个名字，用户可以用SQL语句逐一从游标中获取记录，并赋给主变量，交由主语言进一步处理。主语言是面向记录的，一组主变量一次只能存放一条记录。仅使用主变量并不能完全满足SQL语句向应用程序输出数据的要求。本章介绍了游标创建、打开等一系列操作。

课后练习

一、填空题

1. ________允许对给定的结果集或 SELECT 语句生成的整个结果集进行单独的操作，对整个结果集进行操作。

2. 在 SQL Server 中，打开一个声明的游标的命令是________。

3. 在 SQL Server 中，从游标中检索行的命令是________。

二、选择题

1. 关闭游标使用的命令是（　　）。

A. delete cursor　　B. drop cursor　　C. deallocate　　D. close cursor

2. 下列哪几个选项可用于检索游标中的记录？（　　）

A. DEALLOCATE　　B. DROP　　C. FETCH　　D. CREATE

3. 下列游标创建选项中哪个指定可以使用所有提取选项（FIRST、LAST、PRIOR、NEXT、RELATIVE、ABSOLUTE）？（　　）

A. LOCAL　　B. SCRLL

C. FORWARD_ONLY　　D. GLOBAL

4. 下列哪些选项定义游标要复制一个它要使用的数据临时副本？（　　）

A. STATIC　　B. DYNAMIC

C. KEYSET　　D. FAST_FORWARD

综合实训

实训名称

创建并使用游标操作表中数据。

实训任务

编写 T-SQL 命令使用游标对学生信息管理数据库（Students）的表中数据进行查询等操作。

实训目的

掌握创建与使用游标的方法。

实训环境

Windows Server 平台及 SQL Server 2012 系统。

实训内容

编写游标，统计并显示 Score（成绩信息表）中不及格记录信息。

实训步骤

操作具体步骤略，请参考相应案例。

实训结果

在本次实训操作结果的基础上，分析总结并撰写实训报告。

Chapter 12 第12章 存储过程

任务目标：存储过程是存放在数据库中的一组预编译的T-SQL语句，用来执行数据库管理任务或实现复杂的业务逻辑或规则。本章详细介绍了存储过程的概念、类别及管理方法，以及使用SSMS工具和T-SQL语句存储过程创建、执行、查看、修改和删除等基本操作。

12.1 存储过程概述

存储过程是最高级别的应用程序，它是存储在服务器上的例行程序及过程。作为独立的数据库对象，存储过程以唯一的标识名称存放在SQL Server服务器上，供客户端用户与应用程序调用。在调用过程中，可以给存储过程传递参数，存储过程也可以返回相应的值。

12.1.1 存储过程的概念

存储过程是由一系列预编译的SQL语句和流程控制语句组成的独立的代码存储单元，每个单元具有唯一标识名称，系统对其进行编译处理后生成二进制代码，存储在SQL Server服务器上，供用户调用。这个独立的代码存储单元被称为存储过程（Stored Procedure）。

存储过程具有参数传递、变量声明、流程控制、信息返回等基本要素，可实现标准SQL语言的功能扩充。可以把存储过程看成是以数据对象形式存储在SQL Server中的一段程序或函数。当执行存储过程时，它是在SQL Server服务器上运行，而不是在客户端发送请求。

存储过程首次被执行时，由系统进行语法检查与编译处理，系统将为该过程创建一个执行计划并将处理好的代码存储在过程高速缓存中。这样再次调用此过程时，就不需要被再次重新编译，其执行速度就要比独立运行相同的脚本代码快得多。

所有的存储过程都创建在当前数据库中。

使用存储过程时还需要注意以下问题。

- 名称和标识符的长度最大为128个字符。
- 每个存储过程最多可以使用1024个参数。
- 存储过程的最大容量有一定的限制。
- 存储过程支持多达32层嵌套。
- 在对存储过程命名时最好和系统存储过程名区分，要创建局部临时过程，在名字前加#，创建全局临时过程，在名字前加##。

12.1.2 存储过程的优缺点

存储过程具有以下优点。

- 允许模块化程序设计。存储过程是为完成特定功能编写的程序段，允许按照模块化的设计模式编码。存储过程将预定义的任务及复杂的操作封装成独立的执行模块，供用户共享并重复调用，从而实现了程序逻辑的共享，确保了数据访问与修改的一致性。
- 执行速度更快。存储过程是一组已经编译通过的二进制代码，被放在服务器端运行，执行时不需服务器再编译；存储过程执行一次后，就驻留在高速缓存内，以后再被调用时，系统只需从高速缓存中调用已编译好的代码运行，而不需要再重新加载与编译。因此存储过程具有较高的执行效率。
- 减少网络流量。无论要执行操作的代码多长，当将这些代码编写成存储过程后，其就会被放在服务器端。用户只需通过一条调用语句，就能执行该过程，从而有效地减少网络传输的信息量，提高了网络传输的性能。
- 可作为安全机制使用。通过编程方式达到对数据库信息访问权限的合理控制；通过对存储过程的权限设置，使只有被赋予一定权限的用户才能执行某一存储过程。这种机制在某种程度上确保了数据库的安全。

存储过程也有其缺点，主要包括如下。

- 不能实现复杂的逻辑操作，原因是它所使用的 T-SQL 语句不支持复杂的程序结构设计。
- 对存储过程管理较困难。当涉及开发项目或特殊的管理要求时，所使用存储过程的数量将非常可观。在这种情况下，记忆每个存储过程的功能，以及存储过程之间的调用关系几乎是不可能的。

12.1.3 存储过程的类别

SQL Server 支持的存储类型有系统存储过程、本地存储过程、临时存储过程、远程存储过程和远程存储过程五种，其中最基本的为系统存储过程和用户自定义存储过程两类。

- 系统存储过程，是由 SQL Server 系统提供的标准存储过程，被存储在系统数据库 master 中，可作为命令供用户执行，实现一些比较复杂的操作，相当于其他高级编程语言的系统内置函数。系统存储过程名通常以 sp_（Stored Procedure）为前缀，常用的系统存储过程如表 12.1 所示。

表 12.1　　常用的系统存储过程

系统存储过程	功能描述
sp_help	用于显示当前数据库对象的详细信息
sp_helpdb	用于显示当前数据库中指定数据库的信息
sp_rename	用于更改当前数据库名
sp_dboption	用于查看和设置数据库选项
sp_helptext	用于显示视图等对象的定义信息
sp_helpindex	用于显示当前数据库中指定的表或视图上的索引信息
sp_helpconstraint	用于查看指定表的约束信息

- 用户自定义存储过程，由用户创建的存储过程，实现一些常规数据库操作，相当于其他高级编程语言的自定义函数。

12.2 使用 T-SQL 语句管理存储过程

12.2.1 创建与执行存储过程

CREATE PROCEDURE 语句用于创建存储过程，既可以创建一个永久存储过程，也可以创建一个会话中的临时存储过程，临时存储过程既可以为局部的，也可以为全局的。

创建存储过程的语法格式如下。

```
CREATE PROC[EDURE]存储过程名称[;整数]
[{@参数 数据类型}[VARYING][=默认值][OUTPUT]][,…n]
[WITH {RECOMPILE | ENCRYPTION | RECOMPILE, ENCRYPTION}]
[FOR REPLICATION]
AS
   sql语句
```

语法说明如下。

（1）存储过程不允许重名，完整的名称不能超过 128 个字符。创建局部临时存储过程时在存储过程名前加一个#符号，创建全局临时存储过程时在存储过程名前加##符号。

（2）整数选项是可选参数，用来对同名的过程分组，以便使用一条删除语句即可将同组的过程一起除去。

（3）参数是指输入/输出参数，参数必须以@符号开头。

（4）VARYING 选项指定作为输出参数支持的结果集，由存储过程动态构造，内容可以变化。

注意：该选项仅适用于游标参数。

（5）默认值选项用于指定参数的默认值。如果定义了默认值，不必指定该参数的值即可执行过程。默认值必须是常量或 NULL。如果过程将对该参数使用 LIKE 关键字，则默认值中必须包含通配符。

（6）OUTPUT 选项表明参数是返回参数，该选项的值可以返回给调用过程。

（7）RECOMPILE 关键字指定对存储过程进行重新编译，ENCRYPTION 关键字指定对存储过程进行加密。

（8）AS 关键字指定存储过程要执行的操作，后面要包含可完成指定任务的 T-SQL 语句。

建立存储过程后，可以使用 EXECUTE 语句来调用执行，且允许用户声明变量和有条件执行，允许包含程序流、逻辑以及对数据库的查询，可以接受输入参数和输出参数，还可以返回单个值或多个结果集以及返回值。

注意：EXECUTE 语句如果是批处理中的第一条语句，执行存储过程时可省略此关键字。

执行存储过程的语法格式如下。

```
[EXECUTE] {[@返回状态变量=]{存储过程名称[;标识号]}
[[@参数名=]{值 | @变量[OUTPUT] | [DEFAULT]}]}[,…n]
[WITH RECOMPILE]
```

语法说明如下。

（1）返回状态变量是一个整数类型的局部变量，用于保存存储过程执行后的状态。必须在使用 EXECUTE 语句之前声明此变量。

（2）标识号是一个可选整数，用于将相同名称的存储过程进行组合。当执行与其他同名存储过程处于同一组中的存储过程时，应当指定此存储过程在组内的标识号。

（3）@参数名用于定义存储过程的形参。可按参数名传递参数，即使用“@参数名=值”格式，参数名称和常量不一定按照 CREATE PROC 语句中定义的顺序出现。若不指定参数名称，可按位置传递参数，即参数值必须以 CREATE PROC 语句中定义的顺序给出。

（4）OUTPUT 选项指定存储过程必须返回一个参数，当前参数对应的存储过程参数也必须由关键字 OUTPUT 创建。

（5）DEFAULT 选项表示不提供参数实际值，使用定义的默认值为形参赋值。

（6）WITH RECOMPILE 可选项用来指定在执行存储过程时先将其重新进行编译。

注意：尽量少使用此选项，因为它将消耗较多系统资源。

微课：创建简单的存储过程并执行

【任务 12.1】 创建简单的存储过程，并调用执行该过程。

使用语句，创建存储过程获取 Manage 数据库中电话为“13329876658”的客户信息，调用此存储过程。

操作步骤如下。

（1）打开查询编辑器，输入如下的 T-SQL 脚本代码。

```
USE Manage
GO
IF EXISTS(SELECT name FROM sysobjects WHERE name='yd_khxx' AND type='p')
  DROP PROCEDURE yd_khxx
GO
CREATE PROCEDURE yd_khxx
AS SELECT * FROM Buyers WHERE PhoneCode='13329876658'
GO
EXEC yd_khxx
GO
```

（2）按 F5 键执行代码。

微课：创建具有简单参数的存储过程并执行

【任务 12.2】 创建具有简单参数的存储过程，并调用执行该过程。

使用语句，创建存储过程获取 Manage 数据库中的客户信息，定义一个参数用于传递用户不能完全确定的电话号码信息，当调用此存储过程时可根据电话号码信息获取指定客户。

操作步骤如下。

（1）打开查询编辑器，输入如下的 T-SQL 脚本代码。

```
USE Manage
GO
IF EXISTS(SELECT name FROM sysobjects WHERE name='yd_khxx' AND type='p')
  DROP PROCEDURE yd_khxx
GO
CREATE PROCEDURE yd_khxx @phoneNo varchar(20)
AS SELECT * FROM Buyers WHERE PhoneCode LIKE @phoneNo
GO
DECLARE @mobile varchar(20)
SET @mobile='133'+'%'+'58'
EXEC yd_khxx @mobile
GO
```

（2）按 F5 键执行代码。

【任务 12.3】 创建返回参数的存储过程，并调用执行该过程。

使用语句，创建存储过程获取 Manage 数据库中的客户信息，定义一个参数用于传递用户不能完全确定的电话号码信息，当调用此存储过程时可根据电话号码信息获取指定客户，若找到相应客户，则返回值为 1，否则返回 0。定义一个参数来传递这个返回值并根据返回值输出相应提示信息。

操作步骤如下。

（1）打开查询编辑器，输入如下的 T-SQL 脚本代码。

```
USE Manage
GO
IF EXISTS(SELECT name FROM sysobjects WHERE name='yd_khxx' AND type='p')
   DROP PROCEDURE yd_khxx
GO
CREATE PROCEDURE yd_khxx @phoneNo varchar(20), @R INT OUTPUT
AS SELECT @R=COUNT(*) FROM Buyers WHERE PhoneNumber LIKE @phoneNo
GO
DECLARE @mobile varchar(20), @result INT
SET @mobile='133'+'%'+'58'
EXEC yd_khxx @mobile, @resule OUTPUT
IF @resule=1
   print'FOUND'
ELSE
   print'NOT FOUND'
GO
```

（2）按 F5 键执行代码。

12.2.2 用系统存储过程查看自定义存储过程

SQL Server 2012 提供了多个系统存储过程来查看存储过程的不同信息。

- sp_help：用来查看存储过程的参数、数据类型等常规信息。语法格式如下。

```
sp_help [存储过程名]
```

- sp_helptext：用来查看存储过程的定义信息。语法格式如下。

```
sp_helptext [存储过程名]
```

- sp_depends：用来查看存储过程的依赖关系及字段引用关系等信息。语法格式如下。

```
sp_depends [存储过程名]
```

- sp_stored_procedures：用于查看当前数据库中的存储过程列表。语法格式如下。

```
sp_stored_procedures [存储过程名][, 存储过程的所有者名][, 存储过程限定符名称]
```

【任务 12.4】 使用系统存储过程查看存储过程信息。

使用有关存储过程查看 Master 数据库中为 yd_khxx 的存储过程定义、参数以及相关性。

操作步骤如下。

（1）打开查询编辑器，输入如下的 T-SQL 脚本代码。

```
USE Manage
GO
EXEC sp_helptext yd_khxx    --查看存储过程定义信息
EXEC sp_help yd_khxx        --查看存储过程参数
EXEC sp_depends yd_khxx     --查看存储过程的相关性
```

（2）按 F5 键执行代码。

12.2.3 修改存储过程

ALTER PROCEDURE 语句用于对存储过程进行修改。当存储过程所依赖的基本表结构发生变化，或存储过程的行为逻辑发生变化，或需要对存储过程更改名称等情况时就要修改存储过程。语法格式如下。

```
ALTER PROC[EDURE]存储过程名称[;整数]
[{@参数 数据类型}[VARYING][=默认值][OUTPUT]][,…n]
[WITH {RECOMPILE | ENCRYPTION | RECOMPILE, ENCRYPTION}]
[FOR REPLICATION]
AS
    sql语句
```

因修改存储过程的语法与创建存储过程中的各项内容均相同，所以不再赘述。

此外，可以使用系统存储过程 sp_rename 来更改存储过程的名字，其语法格式如下。

```
sp_rename 存储过程原名，存储过程新名
```

重命名存储过程不会更改该过程在其定义文本中的内容。

注意：一般不要随便更改存储过程的名称，原因是这样会造成许多与存储过程依附的对象找不到存储过程而产生错误。

12.2.4 删除存储过程

DROP PROCEDURE 语句用来永久性地删除一个或多个存储过程或过程组。如果确定某个存储过程已不再需要，可以将它删除。删除前，必须先确认要删除的存储过程没有别的对象在调用，即要删除的存储过程不存在着依赖关系；否则应先消除依赖关系，然后再执行删除操作。

注意：如果存储过程被分组，则无法删除组内的单个存储过程，删除一个存储过程时，会将同一组内的所有存储过程一起删除。

删除存储过程的语法格式如下。

```
DROP PROCEDURE 存储过程名[,…n]
```

【任务 12.5】 删除存储过程。

使用语句，永久性地删除 Manage 数据库中名为 yd_khxx 的存储过程。

操作步骤如下。

（1）打开查询编辑器，输入如下的 T-SQL 脚本代码。

```
USE Manage
GO
DROP PROC yd_khxx
GO
```

（2）按 F5 键执行代码。

12.3 使用 SSMS 工具管理存储过程

使用 SSMS 工具也可以实现存储过程的创建、修改、删除等管理操作。

SSMS 为创建 T-SQL 存储过程提供了模板，使用模板可以使定义存储过程变得容易些。启动 SSMS 工具后，在【对象资源管理器】中展开指定数据库的【可编程性】节点。右击【存储过程】节点对象，执行【新建存储过程】命令。系统自动打开存储过程模板编辑器，如图 12.1 所示，编辑器中包含存储过程的框架代码。在模板代码的基础上进行修改，实现预定功能。由

此可见，使用 SSMS 工具创建存储过程也是通过编写代码完成的。

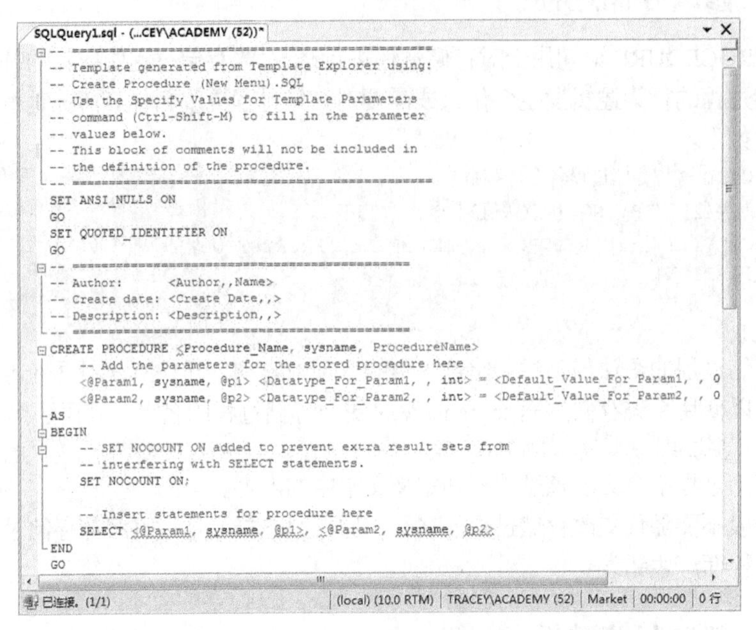

图 12.1　在 SSMS 工具中创建存储过程模板

使用 SSMS 工具修改存储过程方法类似，相信大家能够自己来完成了。

若要使用 SSMS 工具来删除存储过程，则要先选定该对象，右击存储过程名字并选择【删除】命令。在打开的【删除对象】对话框中，单击【显示依赖关系】按钮，弹出该存储过程与其他数据库对象之间的依赖情况，如图 12.2 所示。确定当前没有对象依赖于该存储过程时，单击【确定】按钮，返回到【删除对象】对话框中。再次单击【确定】按钮，则当前存储过程将从数据库中被删除。

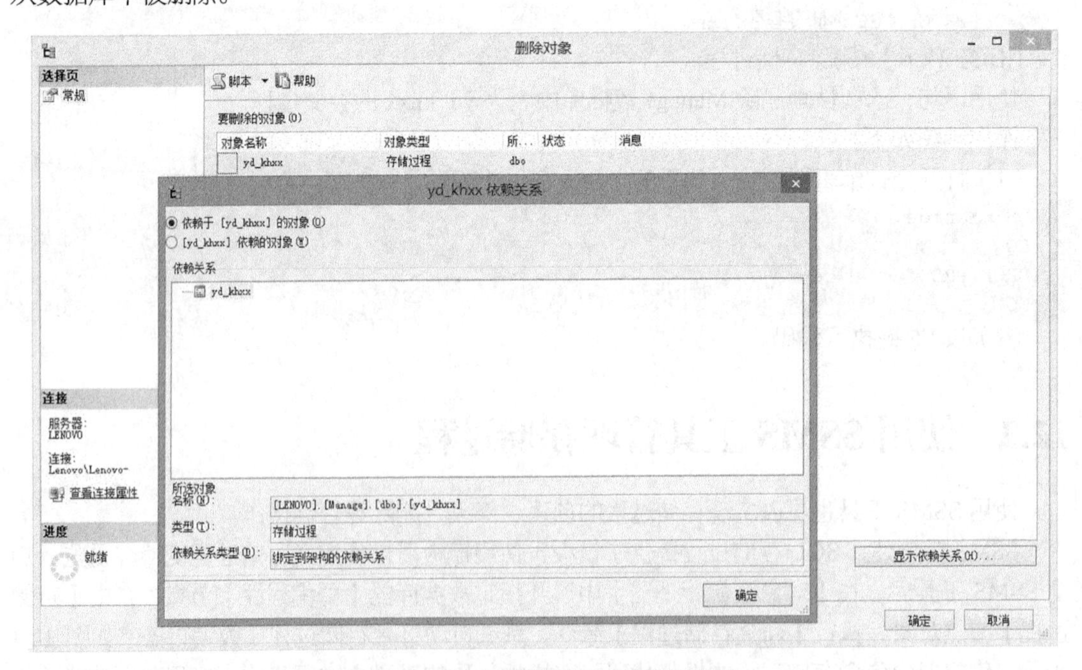

图 12.2　SSMS 工具删除存储过程对话框

本章小结

存储过程是为实现特定任务而预编译的一组T-SQL语句，是重要的数据库对象，在数据库的维护和管理中，特别是在维护数据完整性方面具有不可替代的作用。本章描述了存储过程的基础知识，详细介绍了使用T-SQL语句对存储过程进行创建、修改和删除的操作，简要说明了使用SSMS工具对存储过程的管理方法。

课后练习

一、填空题

1. 创建存储过程的命令为________，修改存储过程的命令为________，删除存储过程的命令为________。

2. ________是存储在SQL Server服务器中的一组预编译的T-SQL语句。

3. SQL Server支持的存储类型有________存储过程、本地存储过程、临时存储过程、远程存储过程和扩展存储过程五种。

4. 存储过程在第一次执行后，会在SQL Server的缓冲区中创建________树，这样在第二次执行时，就无需再进行编译。

5. 存储过程只能在________数据库中创建。

6. 存储过程是可以嵌套的，最多嵌套至________级。

7. 用户在创建存储过程时，通过指定________来对存储过程文本信息进行加密。

8. 为了定义接受输入参数的存储过程，需要在CREATE PROCEDURE语句中声明一个或多个________作为参数。

9. 创建存储过程时，参数的默认值必须是________或NULL。

10. 执行带有参数的存储过程有使用参数名传送参数值和按________传送参数值两种方法。

11. 在存储过程中，为了输出参数，需要在CREATE PROC语句中指定________关键字。

12. 在执行存储过程时，如果________关键字被忽略，存储过程仍能被执行，只是不返回值。

13. 存储过程只能从一个表或视图上提取信息，当表或视图发生了较大变化时，可以利用系统存储过程________对表或视图上的存储过程进行重编译。

14. 当用户需要对存储过程进行修改或重新编译时，可以通过________语句实现。

15. 当用户自定义的存储过程已经失去了存在的必要时，可以通过________语句从当前数据库中将其删除。

16. ________存储过程是为了用户提供方便而设计的，它们使用户可以很容易地从系统表中取出信息、管理数据库，并执行涉及更新系统表的其他任务。

17. 系统存储过程是在安装过程中在________数据库中创建，由系统管理员拥有的。

18. 所有系统存储过程的名字均以______开始。

二、简答题

1. 存储过程有哪些优点？

2. 使用EXECUTE语句来执行存储过程，在什么情况下该关键字可省略？

综合实训

实训名称

学生信息管理数据库（Students）中存储过程管理。

实训任务

（1）使用 T-SQL 命令对存储过程进行创建、执行、查看、修改、删除等基本操作。

（2）使用 SSMS 工具对存储过程进行创建、执行、查看、修改、删除等基本操作。

实训目的

（1）掌握用 T-SQL 命令操纵存储过程的方法与步骤。

（2）掌握用 SSMS 工具操纵存储过程的方法与步骤。

实训环境

Windows Server 平台及 SQL Server 2012 系统。

实训内容

（1）创建名为 yd_MaleStud 的存储过程，查看男同学的基本信息。

（2）创建名为 yd_StudInfo 的存储过程，定义一个参数用于指定班级，查看指定班级学生的基本信息，输出信息时性别要求用汉字“男”和“女”来显示。

（3）创建名为 yd_ScoreInfo 的存储过程，定义一个参数用于指定课程编号，查看指定课程首次考试的平均分、最高分、最低分，要求使用参数传递的方法输出，使用 PRINT 语句来显示结果。

实训步骤

操作具体步骤略，请参考相应案例。

实训结果

在本次实训操作结果的基础上，分析总结并撰写实训报告。

Chapter 13

第 13 章 触发器

任务目标：触发器是一种特殊的存储过程，是在数据修改通过所有规则、默认值约束后自动执行的。通过本章的学习，要求了解触发器的基本概念和工作原理，掌握使用 T-SQL 语句和 SSMS 工具对触发器进行创建、查看、修改、删除等操作。

13.1 触发器概述

13.1.1 触发器的概念

触发器是重要的数据库对象，也是一种特殊类型的存储过程，其特殊性在于它并不需要由用户直接调用，当对表进行插入、删除、修改等操作时自动地隐式执行。使用触发器可以用来实施复杂的完整性约束，防止对表、视图及它们所包含的数据进行不正确的、未经授权的或不一致的操作。触发器的主要作用是实现主键和外键所不能保证的复杂的参照完整性，或实现约束和默认值所不能保证的复杂的数据完整性。

触发器不允许带参数，也不允许被调用。

使用触发器具有以下优点。

- 实现数据库表与表之间数据的级联更新和级联删除。级联修改是指当用户修改一张表的记录时，该记录在其他表中的修改自动实现。要实现级联删除也可以使用触发器，但使用外键约束比使用触发器效率更高。
- 实现比 CHECK 约束更为复杂的约束。使用 CHECK 约束可以限制不满足检查条件的记录输入表中，但 CHECK 约束的检查条件表达式不允许引用其他表中的字段，而触发器则可以引用其他表中的字段。
- 检查修改前后表中数据的不同。当触发器所保护的数据发生变化时，触发器会被自动激活，从而防止对数据的不正确修改。
- 使对表的修改合乎业务规则。使用触发器可以使在修改表数据时，一个表中数据发生变化，则另一个表中的数据会做相应的变化。如果对数据的修改不符合条件，则修改数据会遭受失败。

13.1.2 触发器的触发方式

SQL Server 2012 按触发器被激活的时机分为后触发和替代触发两种触发方式。

- 后触发（AFTER 触发）：当引起触发器执行的修改语句（如 INSERT、UPDATE、DELETE 等）执行完成，并通过各种约束检查后，才执行触发器，这种触发方式称为后触发。后触发只能定义在数据表上，不能定义在视图上。引起触发器执行的修改语句若违反了某种约束，则后触发不会被激活，即在引发触发器的操作语句完成执行，并通过各类约束检查验证后才会去执行触发器的语句。
- 替代触发（INSTEAD OF 触发）：引起触发器执行的修改语句停止执行，仅执行触发器，即由触发器的程序替代引发触发器的 T-SQL 语句的执行，这种触发方式称为替代触发。替代触发器既可以定义在数据表上，也可以定义在视图上。引起触发器执行的修改语句若违反了某种约束，替代触发方式仍会激活触发器。

注意：一个表上可以定义多个 AFTER 触发器，但只能在一个表或视图上定义一个 INSTEAD OF 触发器。

13.1.3 触发器临时表

每个触发器被激活时，系统都将在内存中自动创建两个特殊的临时表。

- INSERTED 表，用于存储 INSERT 和 UPDATE 语句所影响的记录行的副本。
- DELETED 表，用于存储 DELETE 和 UPDATE 语句所影响的记录行的副本。

这两个表的结构总是与激活触发器的表的结构相同，触发器执行完成后，与该触发器相关的这两个临时表也会被自动删除。用户可以用 SELECT 语句查询临时表的内容，但不能对它们进行修改。

在执行 DELETE 语句删除表中的数据时，系统将数据从表中删除的同时，自动把删除的数据插入到 DELETED 系统临时表中；当执行 INSERT 语句向表中插入数据时，系统将数据插入表的同时，也把相应的数据插入到 INSERTED 系统临时表中；在执行 UPDATE 语句修改表中数据时，系统先从表中删除表中原有的行，然后再插入新行，其中被删除的行存放在 DELETED 表中，同时插入的新行存放在 INSERTED 表中。

13.2 使用 T-SQL 语句管理触发器

13.2.1 创建触发器

在创建触发器时，需要指定触发器的名称、包含触发器的表、引发触发器的修改语句以及对数据库进行操作的语句等内容。

可使用 CREATE TRIGGER 语句来创建触发器，语法格式如下。

```
CREATE TRIGGER [拥有者.]触发器名 ON [拥有者.]{表名|视图名}
FOR | AFTER | INSTEAD OF [INSERT, UPDATE, DELETE]
[WITH ENCRYPTION]
[NOT FOR REPLICATION]
AS
   sql 语句
```

语法说明如下。

（1）触发器命名必须符合标识符命名规范，并且在数据库中必须唯一。

（2）ON 关键字用来指定触发器所操作的基表或视图对象的名称。

（3）FOR、AFTER、INSTEAD OF 用来指定触发器激活的时机，AFTER 或 FOR 关键字表

示后触发，INSTEAD OF 关键字表示替代触发。

（4）INSERT、UPDATE、DELETE 用来指定引发触发器执行的语句，若指定的选项多于一个，则用逗号分隔。

（5）WITH ENCRYPTION 子句用来加密触发器定义的语句信息。

（6）NOT FOR REPLICATION 子句用来指定当复制进程更改触发器所操作的表时，不激发并执行该触发器。

使用 CREATE TRIGGER 语句创建触发器还需要注意以下内容。

- CREATE TRIGGER 语句必须是一个批处理中的第一条语句。
- 不能在临时表或系统表上建立触发器，也不能在视图上建立触发器。
- 在触发器中可以引用视图或临时表，但不能在触发器中引用系统表。
- 只能在当前数据库中创建触发器，但触发器可以引用其他数据库中的对象。在一个表上可以建立名称不同、类型各异的触发器，每个触发器可以由 INSERT、UPDATE 和 DELETE 来引发，但每个触发器只能作用在一个表上。
- TRUNCATE TABLE 语句的操作不被记入事务日志，因此该语句不会激发 DELETE 触发器。
- 如果一个表的外键在 UPDATE 与 DELETE 操作上定义了参照级联，则不能在该表上再定义 INSTEAD OF UPDATE 和 INSTEAD OF DELETE 触发器。
- 通常不要在触发器中返回任何结果，因此不要在触发器定义中使用 SELECT 语句或变量赋值语句。如果必须使用变量赋值语句，则需要在触发器定义的开始部分使用 SET NOCOUNT 语句来避免返回结果。
- 大部分的 T-SQL 语句都可以用在触发器中，但也有一些限制，以下语句不允许出现：CREATE DATABASE、ALTER DATABASE、LOAD DATABASE、RESTORE DATABASE、DROP DATABASE、LOAD LOG、RESTORE LOG、CREATE INDEX、ALTER INDEX 等。
- 创建触发器的权限默认属于表的所有者，而且不能再授权给他人。

【任务 13.1】 创建简单触发器。

使用语句，在 Manage 数据库中建立一个名为 ins_sales 的触发器，存储在 Sales 表中。当向 Sales 表中插入一条记录时，检查该订单中的货品是否正在整理中（查看对应货品在 Wares 表中的状态是否为 1），如果是，则不能下订单。

微课：创建简单触发器

操作步骤如下。

（1）打开查询编辑器，输入如下的 T-SQL 脚本代码。

```
USE Manage
GO
IF EXISTS(SELECT name FROM sysobjects WHERE name='ins_sales' AND type='TR')
  DROP TRIGGER ins_sales
GO
CREATE TRIGGER ins_sales ON Sales
AFTER INSERT    --后触发方式
AS
  DECLARE @x CHAR(20), @y BIT
  SELECT @x=WareName FROM INSERTED
  SELECT @y=Status FROM Wares WHERE WareName=@x
  IF @y=1
    BEGIN
      PRINT '本货品正在处理中，不能下订单'
      ROLLBACK TRANSACTION
```

```
    END
GO
```

或者：

```
USE Manage
GO
IF EXISTS(SELECT name FROM sysobjects WHERE name='ins_sales' AND type='TR')
   DROP TRIGGER ins_sales
GO
CREATE TRIGGER ins_sales ON Sales
INSTEAD OF INSERT   --替代触发方式
AS
   DECLARE @x CHAR(20), @y BIT
   SELECT @x=WareName FROM INSERTED
   SELECT @y=Status FROM Wares WHERE WareName =@x
   IF @y=1
      BEGIN
         PRINT '本货品正在处理中，不能下订单'
         --ROLLBACK TRANSACTION 语句不需要
      END
   ELSE
      BEGIN
         INSERT INTO Sales(WareName,BuyerID,Quantity,Amount,SaleTime)
         SELECT WareName,BuyerID,Quantity,Amount,SaleTime FROM INSERTED
      END
GO
```

（2）按 F5 键执行代码。

（3）若“pen”目前正处于处理过程中，输入如下代码测试触发器。

```
insert into Sales (WareName,BuyerID,Quantity,Amount,SaleTime) values('pen', 2, 200, 100, '2011-11-10')
```

提示信息如图 13.1 所示。

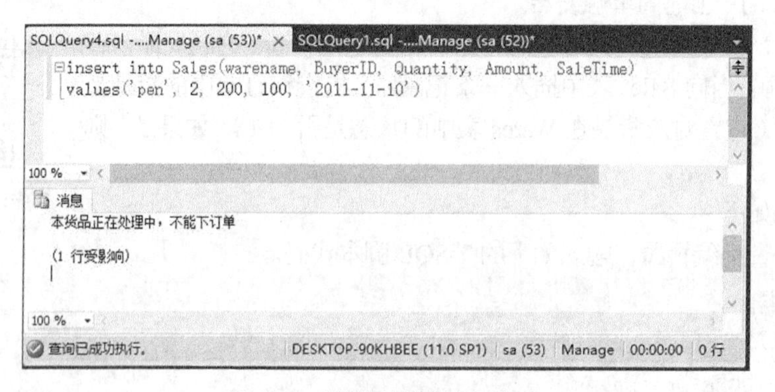

图 13.1 测试触发器的提示信息

【任务 13.2】 创建实现级联信息修改的触发器。

微课：创建级联信息修改的触发器

使用语句，在 Manage 数据库中建立一个名为 ins_sales 的触发器，将其存储在 Sales 表中。当向 Sales 表中插入一条记录时，检查该订单中的货品是否正在整理中（查看对应货品在 goods 表中的状态是否为 1）。如果是，则不能下订单；如果可以下订单，则需要根据订单数量修改该货品的库存量。

操作步骤如下。

（1）打开查询编辑器，输入如下的 T-SQL 脚本代码。

```
USE Manage
GO
IF EXISTS(SELECT name FROM sysobjects WHERE name='ins_sales' AND type='TR')
  DROP TRIGGER ins_sales
GO
CREATE TRIGGER ins_sales ON Sales
AFTER INSERT
AS
  DECLARE @x CHAR(20), @y BIT, @z int
  SELECT @x=WareName, @z=Quantity FROM INSERTED
  SELECT @y=Status FROM Wares WHERE WareName=@x
  IF @y=1
    BEGIN
      PRINT '本货品正在处理中，不能下订单'
      ROLLBACK TRANSACTION
    END
  ELSE
    BEGIN
      UPDATE Wares SET Stock=Stock-@z WHERE WareName=@x
    END
GO
```

或者：

```
USE Manage
GO
IF EXISTS(SELECT name FROM sysobjects WHERE name='ins_sales' AND type='TR')
  DROP TRIGGER ins_sales
GO
CREATE TRIGGER ins_sales ON Sales
INSTEAD OF INSERT
AS
  DECLARE @x CHAR(20), @y BIT, @z int
  SELECT @x=WareName, @z=Quantity FROM INSERTED
  SELECT @y=Status FROM Wares WHERE WareName=@x
  IF @y=1
    BEGIN
      PRINT '本货品正在处理中，不能下订单'
    END
  ELSE
    BEGIN
      INSERT INTO Sales(WareName,BuyerID,Quantity,Amount,SaleTime)
      SELECT WareName,BuyerID,Quantity,Amount,SaleTime FROM INSERTED
      UPDATE Wares SET Stock=Stock-@z WHERE WareName=@x
    END
GO
```

（2）按 F5 键执行代码。

（3）执行订货信息记录测试触发器。

微课：创建具有信息保护功能的触发器

【任务 13.3】 创建具有信息保护功能的触发器。

使用语句，在 Manage 数据库中创建一个名为 upd_sales 的 UPDATE 触发器，将其存储在 Sales 表中以保护 Sales 表的“订单日期”字段不被修改。

操作步骤如下。

（1）打开查询编辑器，输入如下的 T-SQL 脚本代码。

```
USE Manage
GO
IF EXISTS(SELECT name FROM sysobjects WHERE name='upd_sales' AND type='TR')
  DROP TRIGGER upd_sales
GO
CREATE TRIGGER upd_sales ON Sales
AFTER UPDATE
AS
   IF UPDATE(SaleTime)
   BEGIN
      RAISERROR('订货时间不能改', 16, 1)
      ROLLBACK TRANSACTION
   END
```

（2）按 F5 键执行代码。

13.2.2 查看触发器

SQL Server 2012 提供了多个系统存储过程用来查看触发器的各类信息，如表 13.1 所示。

表 13.1　常用的用于查看触发器信息的系统存储过程

系统存储过程	实现功能
sp_help	查看触发器的名字、类型、创建时间等基本信息
sp_helptext	查看触发器的定义信息
sp_depends	查看触发器/表的依赖的数据库对象
sp_helptrigger	查看指定表上的指定类型的触发器信息

13.2.3 重命名触发器

可使用系统存储过程来实现对触发器的重命名，语法格式如下。

```
[EXEC] sp_rename 原触发器名, 新触发器名
```

13.2.4 禁止和启用触发器

触发器一旦成功创建，便会自动处于启用状态。禁止触发器就是使触发器不被激活，如同没有创建一样，启用触发器是使触发器从禁止状态转为使用状态。

禁用触发器的语法格式如下。

```
ALTER TABLE 表名 DISABLE TRIGGER 触发器名
```

启用触发器的语法格式如下。

```
ALTER TABLE 表名 ENABLE TRIGGER 触发器名
```

13.2.5 删除触发器

当不再需要某个触发器时，可以删除它。触发器被删除时，触发器所在表中的数据不会因此而改变。当某个表被删除时，该表上的所有触发器也自动被删除。删除触发器的语法格式如下。

```
DROP TRIGGER 触发器名[, …n]
```

13.3 使用 SSMS 工具管理触发器

在 SQL Server 2012 中，还可以通过图形化工具 SSMS 来实现对触发器的创建、验证、修改、查看和删除等操作。启动 SSMS 工具后，在【对象资源管理器】中展开指定数据库的【可编程性】节点，可见【触发器】对象。使用 SSMS 管理触发器方法与管理存储过程方法类似，在此不再赘述。

本章小结

触发器是重要的数据库对象，通过触发器实现数据库复杂的完整性约束。通过本章内容学习，重点掌握使用 T-SQL 语句对触发器的创建、查看、删除等管理操作，并能够通过 DML 语句测试触发器的作用。

课后练习

填空题

1. 在 SQL Server 2012 中，每个表最多有 3 个触发器，分别用于 insert、update 和________。
2. 数据库________是一种在基表被修改时自动执行的内嵌过程。
3. 可以通过________语句来创建触发器。
4. 在触发器被执行的同时，取消触发器的 SQL 语句的操作，需要使用________关键字实现。
5. 利用________触发器，能在相应的表中实现在遇到删除动作时自动发出报警。
6. 查看触发器的定义信息，可以使用系统存储过程________来查看。
7. CHECK 约束只能根据逻辑表达式或同一表中的另外一列来验证列值。如果应用程序要求根据另一个表中的列验证列值，则必须使用________。

综合实训

实训名称

学生信息管理数据库（Students）中触发器的管理。

实训任务

（1）使用 T-SQL 命令对触发器进行创建、验证、查看、修改、删除等基本操作。

（2）使用 SSMS 工具对触发器进行创建、验证、查看、修改、删除等基本操作。

实训目的

（1）掌握用 T-SQL 命令操纵触发器的方法与步骤。

（2）掌握用 SSMS 工具操纵触发器的方法与步骤。

实训环境

Windows Server 平台及 SQL Server 2012 系统。

实训内容

（1）创建名为 ins_scoreInfo 的触发器，添加某个学生的某门课程的考试成绩，若有此学生本课程成绩，则在插入信息的同时将此课程考试次数加 1。

（2）创建名为 ins_scoreInfo1 的触发器，添加某个学生的某门课程的考试成绩，若无此学生本课程成绩，则在插入信息的同时将学生基本信息表中该生考试科目数加 1。

（3）创建一个名为 upd_scoreInfo 的 UPDATE 触发器，将其存储在 ScoreInfo 表中以保护此表中 “考试成绩”字段不被修改。

实训步骤

操作具体步骤略，请参考相应案例。

实训结果

在本次实训操作结果的基础上，分析总结并撰写实训报告。

Chapter 14

第 14 章 SQL Server 安全管理

任务目标：数据库中存储着大量数据，这些信息可能关乎个人、单位或机构的机密内容，如果信息被任意查看，甚至篡改，将造成重大损失。因此，数据库安全是非常重要的管理内容。本章内容通过数据库安全模型、账户、用户、角色、架构、权限等诸多方面来介绍数据库安全管理机制，并介绍了通过 SSMS 和 T-SQL 进行数据库管理的方法。

14.1 数据库安全概述

数据库安全管理是指对数据库的保护，防止非法使用者任意查看、修改数据库信息，避免未经授权的数据泄密、篡改或破坏等行为发生。SQL Server 数据库管理系统安全性必须保证具有数据访问权限的用户能够登录到 SQL Server 系统、访问数据、进行授权范围内的操作等，同时防止未授权用户的操作，从而保护数据不受侵害，实现信息系统安全。

14.1.1 SQL Server 2012 的安全模型

SQL Server 2012 安全模型包含三个层次的内容。

- 服务器安全，是指在 SQL Server 服务器级别所提供的安全机制，通过登录账号、固定服务器角色来实现。
- 数据库安全，是指在数据库级别提供的安全机制，通过数据库用户、数据库角色来实现。
- 数据库对象安全，是指在数据库对象级别上提供的安全机制，通过架构、权限管理来实现。

每个网络用户在访问 SQL Server 数据库之前，都必须经过两个安全性阶段。

- 身份验证，验证用户是否具有“连接权”，即服务器安全管理，验证是否允许用户访问 SQL Server 数据库服务器。
- 权限验证，验证连接到服务器的用户是否具有“访问权”，即数据库安全管理，验证是否可以在某个数据库上执行相关操作。

下面就分别从这两个安全性阶段来进行介绍。

14.1.2 身份验证

身份验证是数据库引擎识别用户登录账号、核对客户端与 SQL Server 服务器端以何种方式进行连接的过程。任何用户在使用 SQL Server 数据库之前必须经过身份验证，SQL Server 2012 提供了两种身份验证模式，分别如下。

- Windows 身份验证模式，是指 SQL Server 仅启用操作系统身份验证的身份验证机制。在该模式下，用户只要能够成功登录到 Windows 操作系统就被允许连接到 SQL Server 服务器，有权使用 SQL Server 数据库服务。当一个网络用户试图连接时，仅要求 Windows 操作系统进行用户访问权限验证，而不需为访问数据库提供登录名和权限。
- 混合验证模式，是指 Windows 身份验证和 SQL Server 身份验证的混合使用。该模式下，用户可以使用 Windows 身份验证或 SQL Server 身份验证与 SQL Server 服务器进行连接，即在此模式下也可以通过 Windows 身份验证登录 SQL Server。若使用 SQL Server 身份验证，需提供有效的用户名和密码。

SQL Server 2012 中默认的身份验证模式为 Windows 身份验证模式，此模式可随时根据需要进行更改。打开 SSMS 管理工具，在【对象资源管理器】服务器节点上单击鼠标右键，选择弹出菜单中的【属性】项目，打开【服务器属性】对话框，选择【安全性】选项卡可见图 14.1 所示的内容。

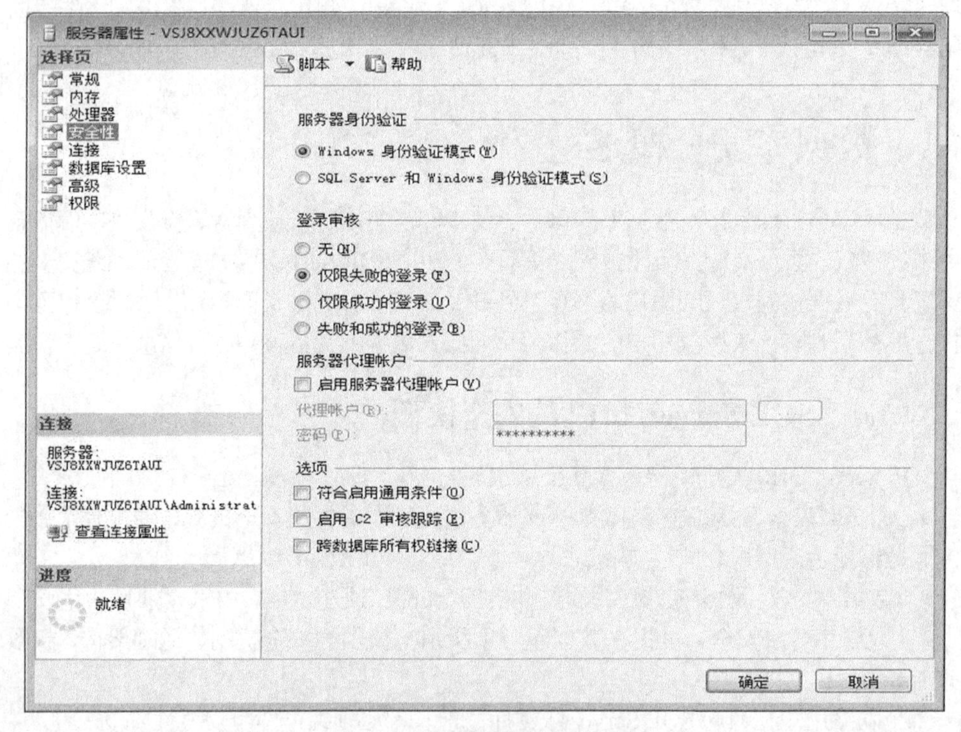

图 14.1 【服务器属性】对话框

在【服务器属性】对话框中的“服务器身份验证”区域，可选择“Windows 身份验证模式”或“SQL Server 和 Windows 身份验证模式”单选按钮来确定身份验证模式。单击【确定】按钮，系统会给出图 14.2 所示的提示信息，即重新启动 SQL Server 后新设定的身份验证模式才会生效。

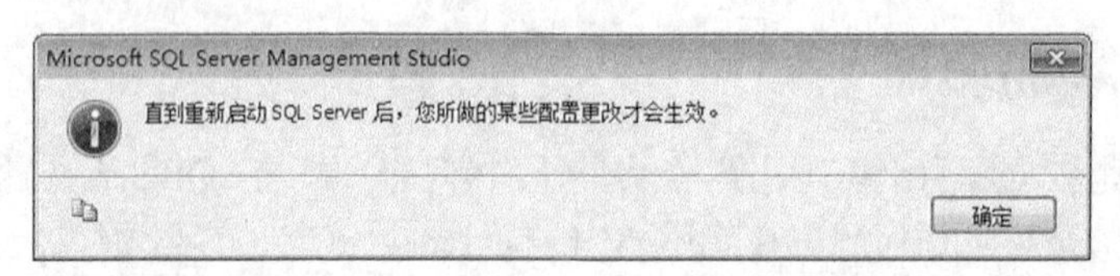

图 14.2 更改 SQL Server 2012 身份验证模式提示信息

在【对象资源管理器】中的 SQL Server 服务器节点上右击，在弹出菜单中选择【重新启动】命令，系统即可完成 SQL Server 的关闭及重启，新设定的身份验证模式开始生效。

14.1.3 权限验证

用户必须使用正确的登录账号才能连接到 SQL Server 服务器，建立连接后必须使用特定的用户账户才能对具体的某个数据库进行访问，且只能查看授权范围内的数据对象和进行授权的操作。也就是说，一个用户账户只与一个数据库关联，而一个登录账号与服务器中的多个数据库用户共享。

当验证了登录账号并允许登录到 SQL Server 后，在用户访问数据库之前，需要验证对应数据库的用户账户。这样做的目的是防止一个用户在连接到 SQL Server 之后，对服务器上的所有数据库进行访问。如果在数据库中没有设置用户账户，系统会使用自动生成的 GUEST 账户。用户账户的数据库访问权限决定了用户在数据库中可进行的操作。

14.2 数据库服务器安全管理

SQL Server 服务器安全性通过设置系统登录账户的权限进行管理，其中登录账户是 SQL Server 授予用户访问服务器的标识信息。

14.2.1 系统登录账户

SQL Server 2012 安装时会遇到三类账户，分别如下。

- 本地用户账户。
- 域用户账户。
- 系统内置账户。

1．本地用户账户

适用于工作组环境，如果计算机不在域中，则建议使用不具有 Windows 管理员权限的本地用户账户。在工作组环境下，通常大家选择 SYSTEM 账户作为服务账户，但是由于 SYSTEM 账户的权限很大，这会给系统带来不必要的安全问题，如用户通过 XP_CMDSHELL 就可以在系统上为所欲为。因此，建议选择一个本地用户账户作为服务账户。

2．域用户账户

如果在域环境下，应该选择域账户作为服务账户，这样可以使 SQL Server 访问网络资源（需要分配相关的权限），例如，在设计复制时可以使发布服务器和订阅服务器共用一个域账户，使服务可以相互访问对方的资源。并且域账户可以不必是本地 administrators 组成员，这样不会拥有过分的权限，有利于系统安全。

3．系统内置账户

SQL Server 2012 中包含三个内置登录账户，分别如下。

- Local System 账户，是一个具有高特权的内置账户，对本地系统拥有完全控制权限。在工作组模式下，该账户不能提供网络资源。其通常用于服务的运行，不需要密码。该账户的实际名称为 NT Authority\System。
- Network Service 账户，比 SYSTEM 账户权限要小，可以访问有限的本地系统资源。在工作组模式下，该账户能够以计算机的凭据来访问网络资源，默认为远程服务器的 EVERYONE 和 AUTHENTICATED USER 组的身份。其通常用于服务运行，不需要密码。该账户的实际名称为 NT Authority\Network Service。

- Local Service 账户，比 NETWORK SERVICE 账户权限要小，可以访问有限的本地系统资源。在工作组模式下，该账户只能以匿名方式访问网络资源。其通常用于服务的运行，不需要密码。该账户的实际名称为 NT Authority\Local Service。

注意：SQL Server 或 SQL Server 代理服务不支持 Local Service 账户。

4．系统管理员

系统管理员 sa（System Administrator）用于在混合身份验证模式下实现 SQL Server 服务器的登录连接，该登录账号具有最高的系统管理权限，可执行服务器的所有操作。sa 账号不能删除，其权限也不能被更改，默认被授予固定服务器角色 sysadmin，且没有密码。

注意：因为 sa 权限很高，为保障数据库安全，建议第一次使用 SQL Server 时应先为其设定一个密码，防止非授权用户通过 sa 来进行登录。

14.2.2 添加登录账户

在对数据库中的数据操作的过程中，可以将具有相同权限的用户在 Windows 系统中组织成一个组，并将这个组作为一个整体映射成 SQL Server 的一个登录账户，而且对这个账户赋予操作数据库的权限，这样就可以统一管理这些用户使用数据库的权限。

向 SQL Server 2012 中添加登录账户，可以通过 SSMS 管理工具完成，也可以通过语句来实现。

1．使用 SSMS 添加登录账户

【任务 14.1】使用 SSMS 工具创建基于 Windows 身份验证的登录账号。

微课：使用 SSMS 添加登录账户

使用 SSMS 工具，为 SQL Server 2012 系统创建一个基于 Windows 身份验证的登录账号 CESHIUSER。

操作步骤如下。

（1）首先需要在 Windows 系统中创建一个新账户 CESHIUSER，在此不再赘述。

（2）启动 SSMS 管理工具，在【对象资源管理器】中展开【安全性】节点中【登录名】项目，右击此项目后在弹出菜单中选择【新建登录名】命令，打开【登录名-新建】对话框，如图 14.3 所示。

（3）直接在登录名文本框中输入“当前计算机名\CESHIUSER”即可。也可以通过【搜索（E）...】按钮来进行用户选择。单击按钮后，会打开【选择用户或组】对话框，如图 14.4 所示。在“输入要选择的对象名称”中输入以上内容也可以。再或者，通过【高级（A）...】按钮进一步进行选择，在图 14.5 所示对话框中直接进行用户的选择。

（4）单击【确定】按钮即可完成 Windows 身份验证用户的创建。

注意：在使用 CESHIUSER 用户进行 Windows 登录后，即可实现通过此账户的 SQL Server 登录连接。

【任务 14.2】 使用 SSMS 工具创建 SQL Server 身份验证的登录账号。

微课：使用 SQL 语句添加登录账户

使用 SSMS 工具，为 SQL Server 2012 系统创建一个 SQL Server 身份验证的登录账号 TESTUSER。

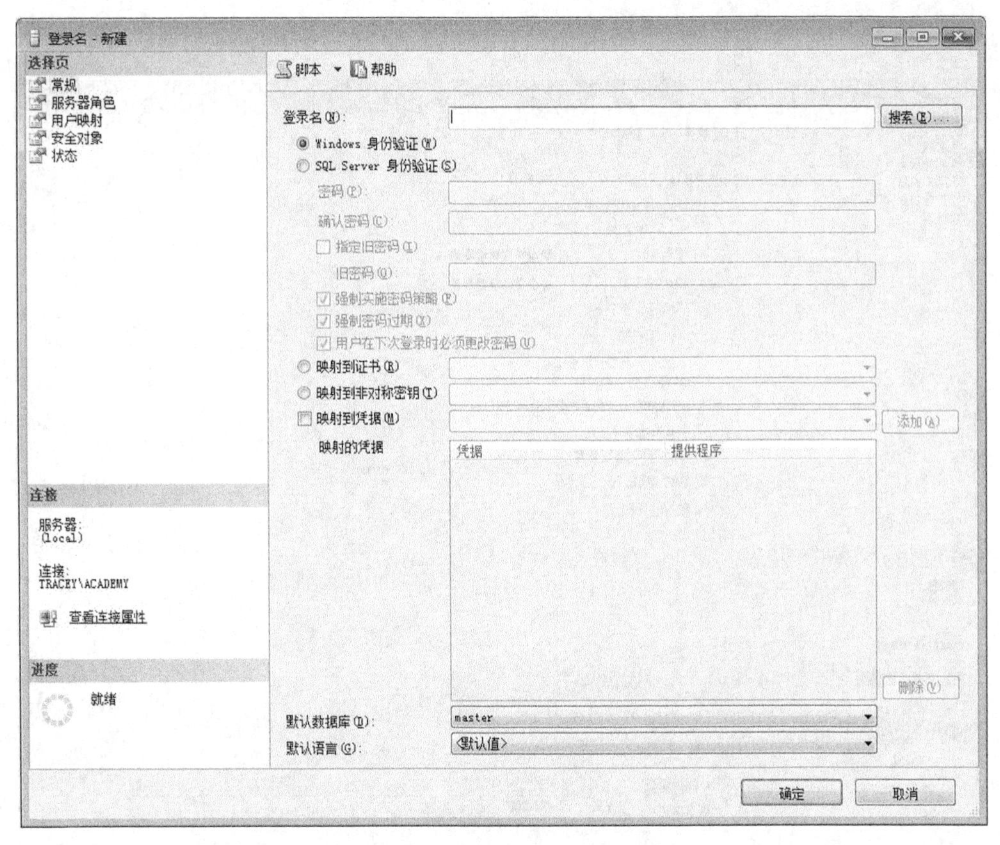

图 14.3 【登录名 - 新建】对话框

图 14.4 【选择用户或组】对话框

图 14.5 在【选择用户或组】对话框中指定具体用户

操作步骤如下。

（1）启动 SSMS 2012 管理工具，在【对象资源管理器】中展开【安全性】节点中【登录名】项目，右击此项目后在弹出菜单中选择【新建登录名】命令，打开【登录名-新建】对话框，如

图 14.6 所示。

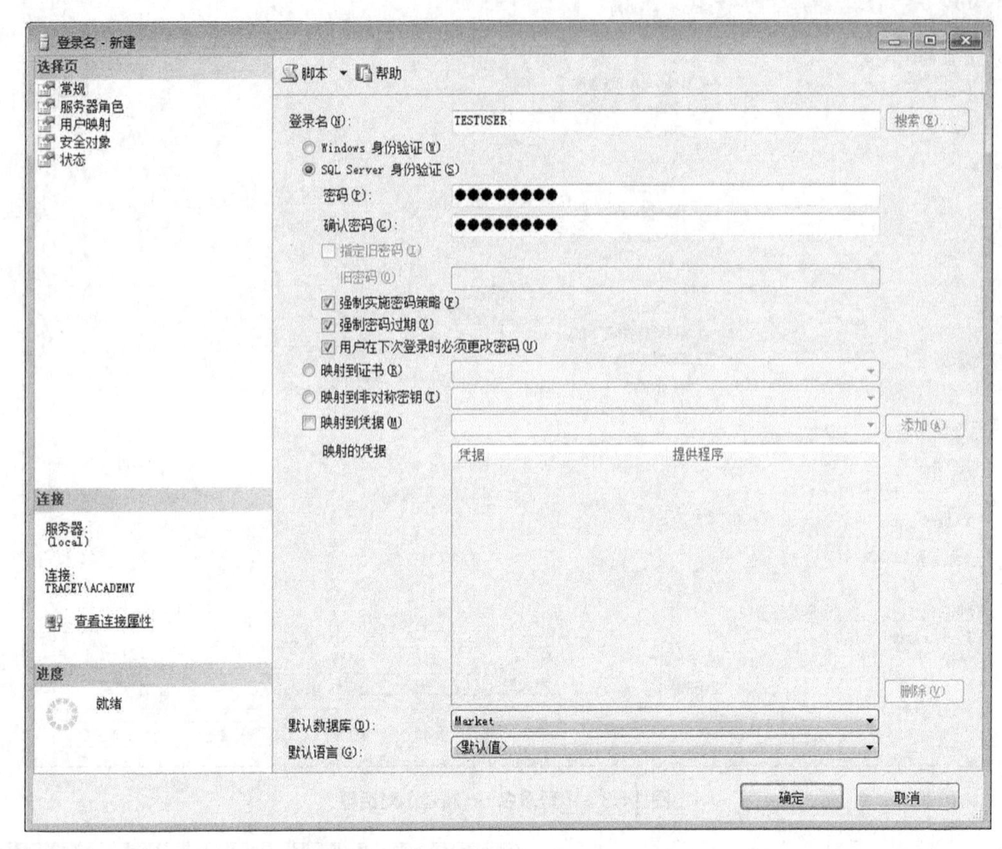

图 14.6 【登录名 - 新建】对话框

（2）选择“SQL Server 身份验证”模式，输入登录名 TESTUSER，并设定安全的密码即可。另外，可以在“默认数据库”和“默认语句”下拉列表框中进行选择，根据需求进行设定。

（3）单击【确定】按钮即可完成 SQL Server 身份验证用户的创建。

2．使用语句添加登录账户

SQL Server 2012 提供了创建两类登录账户的语句，基本语法格式如下。

```
--创建 Windows 身份验证登录账户
[EXECUTE] sp_grantlogin'登录账号名称'
--创建 SQL Server 身份验证登录账户
[EXECUTE] sp_addlogin'登录名称', '登录密码', '默认数据库', '默认语言'
```

【任务 14.3】 使用语句创建基于 Windows 身份验证的登录账号。

使用语句，为 SQL Server 2012 系统创建一个基于 Windows 身份验证的登录账号 CESHIUSER。

微课：使用 SQL 语句添加登录账户

操作步骤如下。

（1）首先需要在 Windows 系统中创建一个新账户 CESHIUSER，在此不再赘述。

（2）打开查询编辑器，输入如下的 T-SQL 脚本代码。

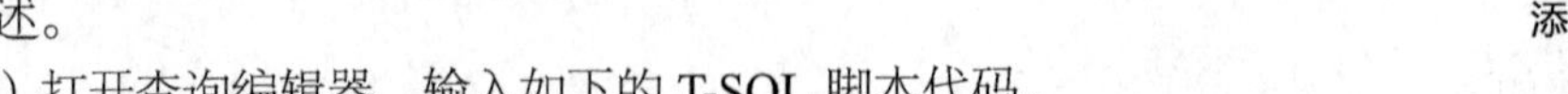

```
sp_grantlogin'TRACEY\CESHIUSER'
GO
```

（3）按 F5 键执行代码，结果如图 14.7 所示。

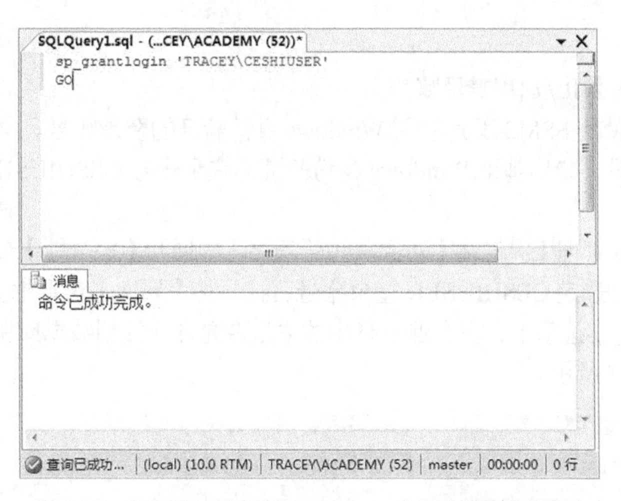

图 14.7　使用语句创建基于 Windows 身份验证的登录账号

【任务 14.4】 使用语句创建 SQL Server 身份验证的登录账号。

使用语句，为 SQL Server 2012 系统创建一个 SQL Server 身份验证的登录账号 TESTUSER。

微课：使用 SQL 添加身份验证账号

操作步骤如下。

（1）打开查询编辑器，输入如下的 T-SQL 脚本代码。

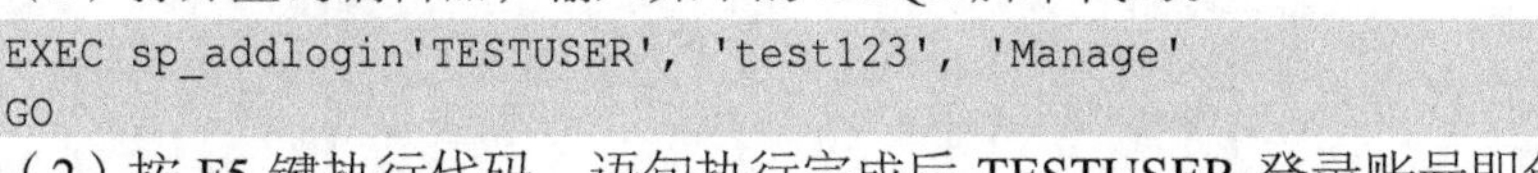

```
EXEC sp_addlogin'TESTUSER', 'test123', 'Manage'
GO
```

（2）按 F5 键执行代码，语句执行完成后 TESTUSER 登录账号即创建完成。

14.2.3　修改登录账户属性

1．使用 SSMS 修改登录账号属性

微课：修改登录账户属性

登录账号属性的查看和修改都可以通过 SSMS 工具来实现。

在登录账号的【属性】对话框中，有 5 个选项卡，分别可实现的功能如下。

- 【常规】选项卡用于修改默认数据库和默认语言，对于 SQL Server 身份验证的登录账号还可以更新密码。
- 【服务器角色】选项卡用于向用户授予服务器范围内的安全特权。
- 【用户映射】选项卡中用于设定映射到当前登录名的用户数据库和在数据库中所对应的角色。
- 【安全对象】选项卡用于各项安全性权限设定。
- 【状态】选项卡用于设置是否允许连接到数据库引擎。

2．使用语句修改登录账号属性

使用语句修改登录账户属性时，可以使用 sp_password 存储过程修改 SQL Server 身份验证登录账户的口令，使用 sp_defaultdb 存储过程修改登录账户的默认数据库，使用 sp_defaultlanguage 存储过程修改登录账户的默认语言。具体语法格式可参阅 SSMS 在线帮助。

14.2.4　禁止和启用登录账户

禁止登录账号是指暂时停止账号连接 SQL Server 服务器的权力，但可根据需要随时重新启

动此功能。

1．使用 SSMS 禁止/启用登录账户

【任务 14.5】 使用 SSMS 工具禁用 Windows 身份验证的登录账号。

使用 SSMS 工具，禁用基于 Windows 身份验证的登录账号 CESHIUSER。

操作步骤如下。

（1）启动 SSMS 管理工具，在【对象资源管理器】中展开【安全性】节点中【登录名】项目，选定 CESHIUSER 登录账号后打开其【属性】对话框。

（2）选择【状态】选项卡，在右侧窗格中的"是否允许连接到数据库引擎"下选择"拒绝"单选按钮，如图 14.8 所示。

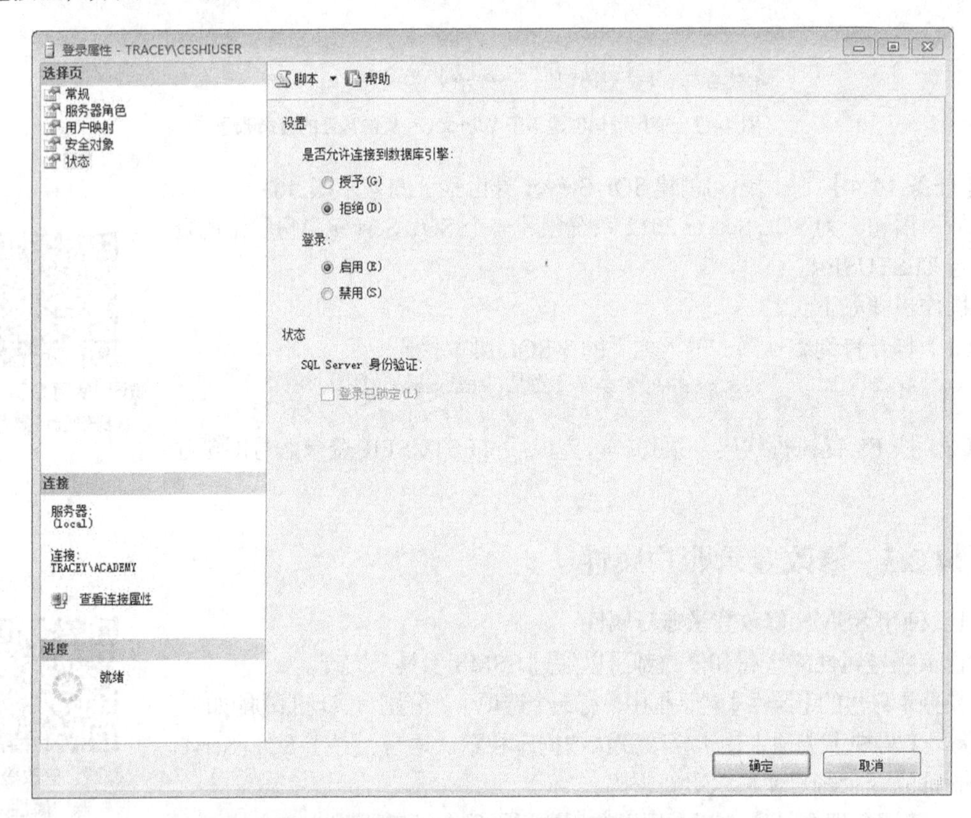

图 14.8 禁用基于 Windows 身份验证的登录账号

（3）单击【确定】按钮即可完成操作。

2．使用语句禁止或启用登录账户

若要暂时禁止或启用一个使用 Windows 身份验证的登录账户连接到 SQL Server，则需要使用 sp_denylogin 系统存储过程实现，该语句的基本语法格式如下。

```
[EXECUTE] sp_denylogin'登录账号名称'
```

启用使用 Windows 身份验证的登录账户可使用 sp_grantlogin 来实现。

若要暂时禁止一个使用 SQL Server 身份验证的登录账户连接到 SQL Server，只需要修改该账户的密码即可。修改 SQL Server 身份验证的登录账户密码的基本语法格式如下。

```
[EXECUTE] sp_password'旧口令', '新口令', '登录账号名称'
```

【任务 14.6】 使用语句禁用 SQL Server 身份验证的登录账号。

使用语句，禁用 SQL Server 身份验证的登录账号 TESTUSER，即通过为 TESTUSER 更改密码来实现。

操作步骤如下。

（1）打开查询编辑器，输入如下的 T-SQL 脚本代码。

```
EXEC sp_addlogin'test123', 'testpwd', 'TESTUSER'
GO
```

（2）按 F5 键执行代码，语句执行完成后 TESTUSER 登录账号即创建完成。

14.2.5 删除登录账户

如果要永久禁止使用一个登录账户连接到 SQL Server，就可以将其删除。

微课：删除登录账户

1．使用 SSMS 工具删除登录账号

【任务 14.7】 使用 SSMS 工具删除登录账号。

使用 SSMS 工具，删除基于 Windows 身份验证的登录账号 CESHIUSER。

操作步骤如下。

（1）启动 SSMS 2012 管理工具，在【对象资源管理器】中展开【安全性】节点中的【登录名】项目。

（2）选定 CESHIUSER 登录账号后选择【删除】命令，打开【删除对象】对话框。单击【确定】按钮，显示图 14.9 所示的提示信息。

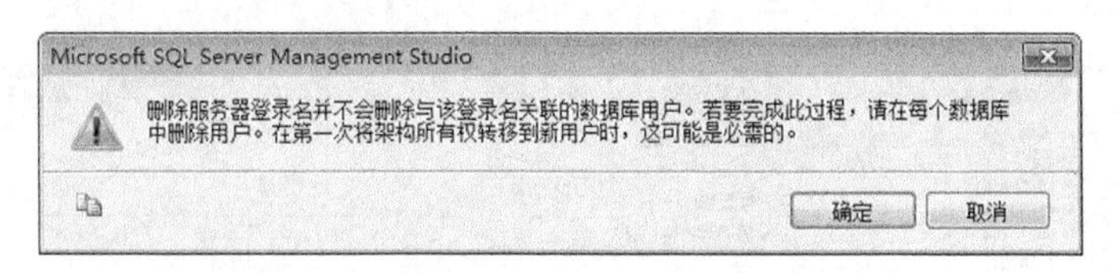

图 14.9　禁用基于 Windows 身份验证的登录账号

（3）单击【确定】按钮，所选的登录账号即被删除。

2．使用语句删除登录账号

删除登录账号可通过使用系统存储过程来实现，基本语法格式如下。

```
[EXECUTE] sp_droplogin'登录账号名称'
```

注意：所删除的登录账户必须存在。不能删除映射到任何数据库现有用户的登录账户，不能删除系统管理员登录账户、拥有现有数据库的登录账户及当前正在使用并连接到 SQL Server 的登录账户。

登录账户还可以使用 T-SQL 命令来管理，管理语句如表 14.1 所示，具体语法格式请查阅帮助信息。

表 14.1　　管理数据库登录账户的语句

语句	实现功能
CREATE LOGIN	创建 SQL Server 登录账户
DROP LOGIN	删除 SQL Server 登录账户

14.3 数据库用户管理

使用登录账号成功登录到 SQL Server 服务器，只是表明用户已通过 Windows 身份验证或

SQL Server 身份验证，并不意味着用户就能够访问各个 SQL Server 数据库。若要获取对特定数据库的访问权限，还必须将登录账号与特定的数据库用户进行关联。

一个登录账户可以在不同的数据库中映射为不同的用户账户，称为数据库用户。管理数据库用户的过程实际上就是建立登录账户和数据库用户之间映射关系的过程。在默认情况下，新建立的数据库中的 dbo 用户即该数据库的所有者，guest 用户可自动实现与登录账户的映射。

14.3.1 添加数据库用户

要使登录账户具有访问数据库的权限，就必须将此登录账户与数据库中的一个用户进行关联。此过程可通过 SSMS 工具实现，也可以使用语句完成。

1．使用 SSMS 工具添加数据库用户

【任务 14.8】 使用 SSMS 工具添加数据库用户。

使用 SSMS 工具，在 Manage 数据库中为 SQL Server 身份验证的登录账号 TESTUSER 创建关联用户 newuser。

微课：添加数据库用户

操作步骤如下。

（1）启动 SSMS 管理工具，在【对象资源管理器】中展开【数据库 | Manage | 安全性】节点。

（2）选中并右击【用户】节点，选择【新建用户】命令，打开图 14.10 所示的【数据库用户 - 新建】对话框。

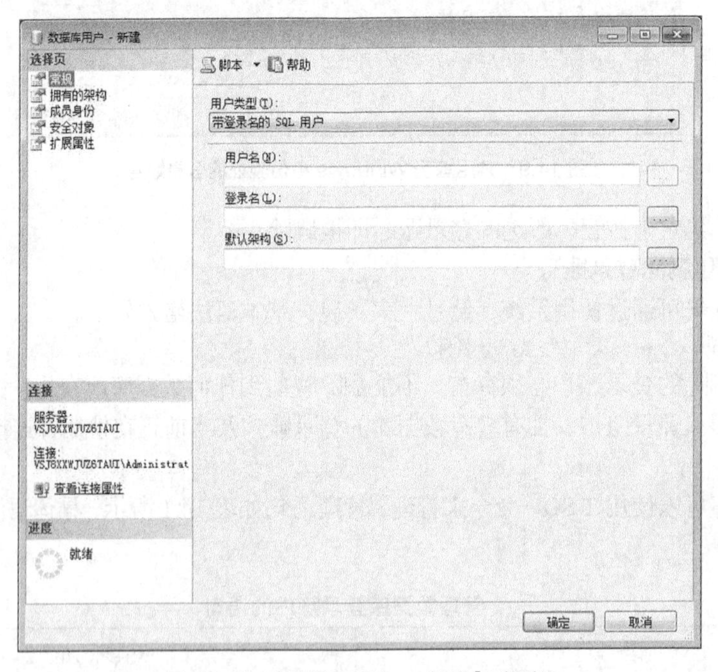

图 14.10 【数据库用户 - 新建】对话框

（3）在文本框中输入用户名 newuser，输入或选择登录名 TESTUSER，在左侧的“拥有架构”和“成员身份”选项中分别进行选择。

（4）单击【确定】按钮，即可完成 Manage 数据库中新用户的添加。

2．使用语句添加数据库用户

使用系统存储过程添加数据库用户的基本语法格式如下。

```
[EXECUTE] sp_grantdbaccess'登录账户名', '数据库用户名'
```

注意：

- 该存储过程只能向当前数据库中添加数据库用户。
- 不能将 sa 登录账户添加到数据库中。
- 若为 Windows 身份验证模式的登录账户，应使用“当前计算机名\登录账户名”的格式。
- 添加数据库用户后，可以使用存储过程 sp_helpuser 查看所有用户或当前用户的信息。

【任务 14.9】 使用语句添加数据库用户。

使用语句，在 Manage 数据库中为 SQL Server 身份验证的登录账号 TESTUSER 创建关联用户 newuser。

操作步骤如下。

（1）打开查询编辑器，输入如下的 T-SQL 脚本代码。

```
USE Manage
GO
EXEC sp_grantdbaccess'TESTUSER', 'newuser'
GO
```

（2）按 F5 键执行代码，语句执行完成后数据库用户 newuser 即创建完成。

14.3.2 修改数据库用户

微课：修改数据库用户

修改数据库用户通常包含 3 方面的内容。

- 更改用户名。
- 改变用户的默认架构。
- 改变用户所属的数据库角色及权限。

修改数据库用户同样可以使用 SSMS 工具和语句实现，在此不再详述。

14.3.3 删除数据库用户

微课：删除数据库用户

删除数据库用户就意味着解除了登录账户在当前数据库中的映射关系。

使用 SSMS 工具删除数据库用户时，只需要选中待删除用户，使用菜单中的“删除”命令即可完成，也可使用语句完成此操作。使用系统存储过程删除数据库用户的基本语法格式如下。

```
[EXECUTE] sp_revokedbaccess'数据库用户名'
```

数据库用户还可以使用 T-SQL 命令来管理，管理语句如表 14.2 所示，具体语法格式请查阅帮助信息。

表 14.2　管理数据库用户的语句

语句	实现功能
CREATE USER	创建数据库用户
ALTER USER	更改数据库用户
DROP USER	删除数据库用户

14.4 数据库角色管理

数据库角色是具有访问或管理数据库与数据库对象权限的数据库用户集合，存在于每个数据库中。借助于数据库角色，可以实现对数据库用户权限的有效管理。有了角色，就不用直接管理各个用户的权限，只需要在角色之间移动用户就可以了。当工作职能发生变化时，只需要更改一次角色的权限并使更改自动应用于角色的所有成员。

数据库用户可以作为数据库角色的成员，继承数据库角色的权限。一个数据库用户可以同时成为多个数据库角色的成员，但前提是这些数据库角色必须属于同一个数据库。数据库角色成员还可以为其他数据库角色对象，但数据库角色不能直接或间接地将自己设置为自身的角色成员。

数据库角色分为固定数据库角色和自建数据库角色。

14.4.1 固定数据库角色

固定数据库角色是 SQL Server 内置的数据库角色，用来向用户授予数据库级的管理权限。角色的类型与名称固定不变。除 public 角色外，所有角色的权限都是固定的，不允许对这些权限进行增加、修改和删除，但可以对各个角色的成员进行添加与删除操作。

SQL Server 2012 提供的常用固定数据库角色如表 14.3 所示。

表 14.3　SQL Server 2012 常用固定数据库角色

角色名称	角色权限及功能描述
public	特殊的公共角色，初始状态时它没有系统预定义的权限；所有数据库用户都属于其成员，并自动继承其权限；管理 public 角色的权限时，实质上是在管理所有数据库用户的权限
db_owner	数据库所有者，拥有执行数据库所有操作的权限
db_accessadmin	数据库访问权限管理员，拥有管理数据库用户、工作组或角色的权限
db_datareader	数据检索管理员，拥有查看来自数据库所有用户表数据的权限
db_datawriter	数据维护管理员，拥有添加、更改或删除来自数据库所有用户表数据的权限
db_ddladmin	数据库 DDL 管理员，拥有添加、修改或删除数据库中对象的权限
db_securityadmin	数据库安全管理员，拥有管理 SQL Server 数据库角色和成员、管理数据库中语句和对象的权限
db_backupoperator	数据库备份管理员，拥有对数据库进行备份和恢复的权限
db_denydatareader	禁止数据检索管理员，禁止查看来自数据库所有用户表数据
db_denydatawriter	禁止数据维护管理员，禁止添加、更改或删除来自数据库所有用户表数据

14.4.2 建立数据库角色

很多时候，固定的数据库角色不能满足权限管理需要，用户需求并不能直接映射为一个固定数据库角色，这时就需要在数据库中添加自定义的数据库角色来实现权限管理。

自定义数据库角色分为两种类型。

- 用户自定义标准角色，通过对用户权限等级的认定而将用户划分为不同的用户组，从而实现数据库管理的安全性。
- 应用程序角色，通过特定应用程序实现间接存取数据库数据的手段，从而实现以可控方式来限定用户的语句或对象权限的操作。

可以使用 SSMS 工具或语句来进行创建，其中使用系统存储过程 sp_addrole 可在当前数据库中创建新角色，其基本语法格式如下。

```
[EXECUTE] sp_addrole'数据库角色名'
```


14.4.3 管理数据库角色成员

可以使用 SSMS 工具或语句来添加或删除数据库角色成员。

使用系统存储过程来管理数据库角色成员的基本语法格式如下。

```
--向数据库角色中添加一个用户
[execute] sp_addrolemember'角色名称', '用户名称'
--从数据库角色中删除一个用户
[execute] sp_droprolemember'角色名称', '用户名称'
```

微课：管理数据库角色成员

【任务 14.10】 使用语句创建数据库角色，并为数据库角色添加成员。

使用语句，在 Manage 数据库创建新角色 newrole，并使用户 newuser 作为其成员。

操作步骤如下。

（1）打开查询编辑器，输入如下的 T-SQL 脚本代码。

```
USE Manage
GO
EXEC sp_addrole'newrole'
GO
EXEC sp_addrolemember'newrole', 'newuser'
GO
```

（2）按 F5 键执行代码即可。

14.4.4 删除数据库角色

对于不再需要的数据库角色，应将其从数据库中删除。删除数据库角色同样可以使用工具或语句来完成。

删除数据库角色基本语法格式如下。

```
[execute] sp_droprole'数据库角色名称'
```

注意：只能删除用户定义的角色，系统的固定角色不能被删除。

数据库角色还可以使用 T-SQL 命令来管理，管理语句如表 14.4 所示，具体语法格式请查阅帮助信息。

表 14.4 管理数据库角色的语句

类别	语句	实现功能
用户自定义标准角色管理	CREATE ROLE	创建自定义标准角色
	ALTER ROLE	更改自定义标准角色的名称
	DROP ROLE	删除自定义标准角色
应用程序角色管理	CREATE APPLICATION ROLE	创建应用程序角色
	ALTER APPLICATION ROLE	更改应用程序角色的名称、密码或默认架构
	DROP APPLICATION ROLE	删除指定的应用程序角色

14.5 数据库架构管理

架构是数据库对象的容器，是数据库级别的安全对象，用于在数据库中定义实体对象的命名空间。

数据库用户不能直接拥有表、视图等数据库对象，而是通过架构拥有这些对象，这称为架构与用户分离。所谓架构与用户分离，是指用户并不直接拥有数据库对象，数据库对象包含在架构中，用户通过拥有架构来间接实现对数据库对象的拥有。架构与用户分离机制使得在删除用户时不需修改数据库对象的所有者，从而提高了数据库对象的独立性。同时，多个用户或角色可以共享单个架构，从而使得授权访问共享对象变得更简单。

服务器自动为非限定对象指定一个默认架构，从而使得用户在访问默认架构中的对象时不需再指定架构名称。但当访问非默认架构中的对象时，需要使用带有架构名的完整名称。

对象的完整名称被称为完全限定标识符，格式如下。

```
[服务器名.][数据库名.][架构名.]数据库对象名
```

语法说明如下。

（1）完全限定标识符常用于分布式查询或远程存储过程的调用场合，每个对象必须具有唯一的完全限定标识符。

（2）如果操作的对象位于当前服务器中，服务器名可选项通常不出现；如果对象位于当前数据库中，数据库名可以省略；如果对象位于默认架构中，架构名也可省略。

（3）同一数据库中的架构名必须唯一，不同数据库中可包含同名架构。

架构的管理包括创建架构、查看架构、修改架构属性、在架构之间转移数据库对象和删除架构等，既可以使用 SSMS 工具，也可以通过语句来实现，本书中不再做详细解释。

数据库架构还可以使用 T-SQL 命令来管理，管理语句如表 14.5 所示，具体语法格式请查阅帮助信息。

表 14.5　　管理数据库架构的语句

语句	实现功能
CREATE SCHEMA	创建数据库架构
ALTER SCHEMA	实现将当前源架构中的对象移动到指定的目标架构中
DROP SCHEMA	删除数据库架构

14.6 权限管理

权限是指数据库用户对安全对象所能执行操作的能力与限制。管理权限就是将安全对象的权限授予数据库用户，或将数据库用户的权限予以收回或禁止。管理权限的实质是管理数据库访问的安全性。

14.6.1 权限的种类

在 SQL Server 2012 中，权限分为对象权限、语句权限和隐含权限三类。

1．对象权限

对象权限是指控制哪些用户可以访问和操纵表中和视图中的数据，以及哪些用户可以运行存储过程，相当于数据库操作语言的语句权限。

2．语句权限

语句权限是指控制哪些用户可以在数据库中删除和创建对象，相当于数据定义语言的语句权限。

3．隐含权限

隐含权限是指由 SQL Server 预定义的服务器角色、dbo 和数据库对象所有者所拥有的权限，隐含权限相当于内置权限，并不需要明确地授予。

权限管理与部分操作语句的对应关系如表 14.6 所示。

表 14.6　　权限管理与部分操作语句的对应关系

权限类型	执行语句
对象权限	表或视图：SELECT、INSERT、UPDATE、DELETE、REFERENCES
	列：SELECT、UPDATE、REFERENCES
	存储过程：EXECUTE
语句权限	CREATE DATABASE、CREATE TABLE、CREATE VIEW、CREATE PROCEDURE、CREATE RULE、CREATE DEFAULT、CREATE FUNCTION
	BACKUP DATABASE、BACKUP LOG

14.6.2　管理权限

隐含权限是由系统预定义的，这类权限不需要，也不能够进行设置。因此，权限设置实际上就是指对对象权限和语句权限的设置。权限可以由数据库所有者和角色进行管理。

权限管理的内容包括以下三方面内容。

- 授予权限。允许某个用户或角色对一个对象执行某种操作或某种语句。
- 拒绝权限。拒绝某个用户或角色访问某个对象，即使该用户或角色被授予这种权限，或者由于继承而获得这种权限，仍然不允许执行相应的操作。
- 取消权限。不允许某个用户或角色对一个对象执行某种操作或某种语句。不允许与拒绝是不同的，不允许执行某操作时还可以通过加入角色来获得允许权，而拒绝执行某操作时，就无法再通过角色来获得允许权了。

注意：三种权限冲突时，拒绝访问权限起作用。

1．使用 SSMS 工具管理权限

【任务 14.11】 使用 SSMS 工具实现数据库用户对多个对象的权限设置。

使用 SSMS 工具，在 Manage 数据库中设置 newuser 对 Buyers 表与 Wares 表的权限。

微课：使用 SSMS 工具对多个对象设置权限

操作步骤如下。

（1）启动 SSMS 2012 管理工具，在【对象资源管理器】中展开【数据库 | Manage | 安全性 | 用户】节点。

（2）从当前用户名列表中选中并右击 newuser 数据库用户，选择【属性】命令，打开【数据库用户 - newuser】对话框。

（3）选择【安全对象】选项卡，单击【搜索】按钮，打开【添加对象】对话框。选择【特定对象】单选按钮，单击【确定】按钮，打开【选择对象】对话框。单击【对象类型】按钮，打开【选择对象类型】对话框。

（4）选中【表】复选框后单击【确定】按钮，返回到【选择对象】对话框，此时表对象出现在对话框中。单击【浏览】按钮，打开【查找对象】对话框，此时当前数据库中的表对象都会出现在对话框中，选中 Buyers 和 Wares 两个表后返回。

（5）在【数据库用户 - newuser】对话框中，根据需要对 Buyers 表和 Wares 表的权限进行设定，如图 14.11 所示。

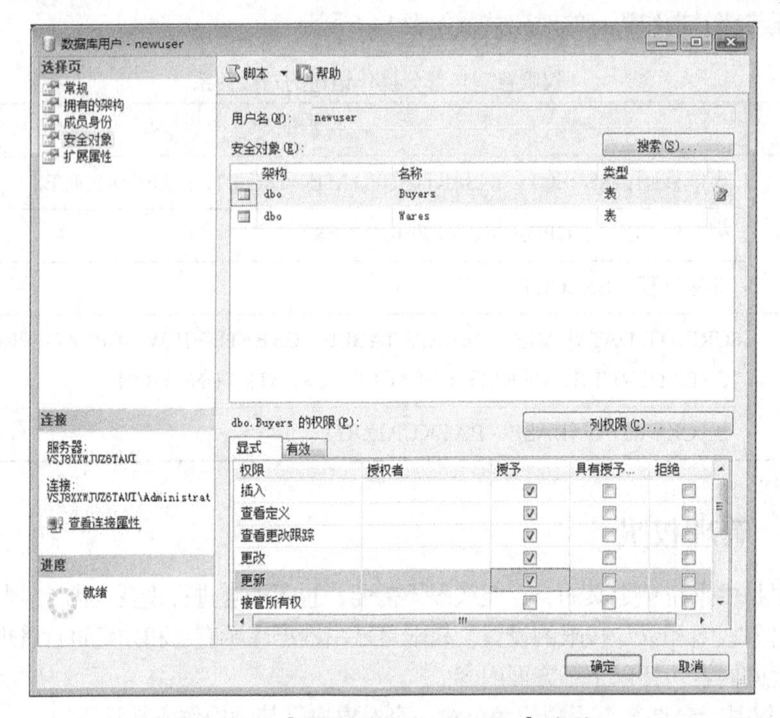

图 14.11 【数据库用户 - newuser】对话框

（6）当所有权限设置完毕，单击【确定】按钮即可。

【任务 14.12】 使用 SSMS 工具实现多个数据库用户对单一对象的权限设置。

使用 SSMS 工具，在 Manage 数据库中设置多个用户对 Sales 表的权限。

操作步骤如下。

（1）启动 SSMS 2012 管理工具，在【对象资源管理器】中展开【数据库 | Manage | 表】节点。

（2）选中并右击 Sales 表对象，选择【属性】命令，打开【表属性】对话框。

微课：使用 SSMS 工具实现多个数据库用户对单一对象的权限设置

（3）选择【权限】选项卡，单击【搜索】按钮，打开【选择用户或角色】对话框。单击【浏览】按钮，打开【查找对象】对话框。在【匹配的对象】对话框中选中要操作的多个用户。两次单击【确定】按钮，返回到【表属性】对话框。

（4）在【用户或角色】列表框中逐一选择各用户，选择【显式】选项卡，设置各用户的权限，如图 14.12 所示。对于选择、更新及引用等权限，还可以通过单击【列权限】按钮，打开【列权限】对话框，从中进一步设置字段列的权限。

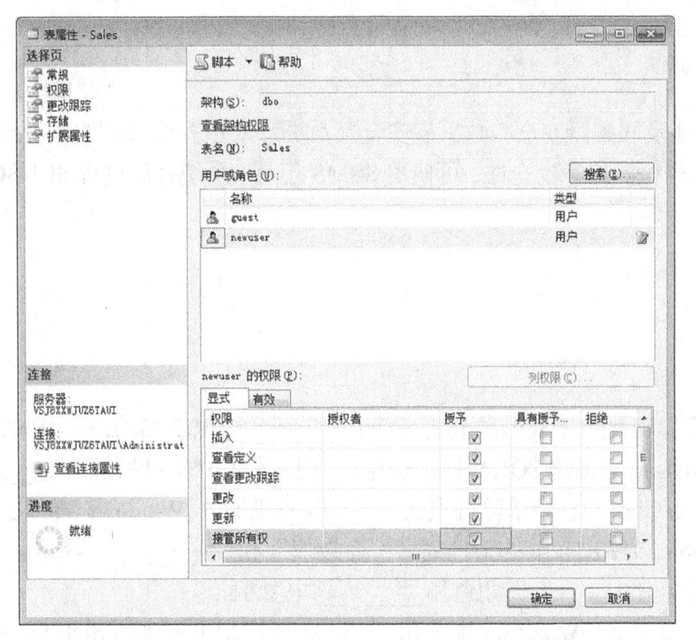

图 14.12 【表属性 - Sales】对话框

（5）当所有权限设置完毕，单击【确定】按钮即可。

2．使用语句管理权限

管理语句权限的语法格式如下。

```
--授予权限
GRANT 语句名称[, …n] TO 用户账户名称[, …n]
--回收权限
REVOKE 语句名称[, …n] TO 用户账户名称[, …n]
--禁止权限
DENY 语句名称[, …n] TO 用户账户名称[, …n]
```

管理对象权限的语法格式如下。

```
--授予权限
GRANT 权限[, …n] ON 表名|视图名|存储过程名 TO 用户账户
--回收权限
REVOKE 权限[, …n] ON 表名|视图名|存储过程名 TO 用户账户
--禁止权限
DENY 权限[, …n] ON 表名|视图名|存储过程名 TO 用户账户
```

【任务 14.13】 使用语句管理权限。

使用语句，为角色 newrole 赋予建立数据库和建表的权限，为用户 newuser 赋予对表 Buyers 进行数据删除的权限。

操作步骤如下。

（1）打开查询编辑器，输入如下的 T-SQL 脚本代码。

```
USE  Manage
GO
GRANT CREATE DATABASE, CREATE TABLE TO newrole
GO
GRANT DELETE ON  Buyers TO newuser
GO
```

（2）按 F5 键执行代码即可。

本章小结

数据库安全涉及服务器安全、数据库安全及数据库对象安全多层次的管理。在 SQL Server 2012 中通过一系列机制保障安全性，可使用 SSMS 工具、系统存储过程和 T-SQL 命令多种方法来实现管理工作。

课后练习

填空题

1. 与权限管理相关的 T-SQL 语句有三个：________、REVOKE 和 DENY。
2. 使用 T-SQL 语句创建 SQL Server 账号，需要用到系统存储过程________。
3. SQL Server 支持两种登录验证模式：________验证和 Windows 2000 验证。
4. SQL Server 2012 中权限的管理划分“连接权”和“________”两级。
5. 数据库角色分为________角色和________角色两种。
6. ________模式下，Windows 用户和________用户都可连接到 SQL Server 服务器。
7. ________用来提供对服务器与数据库权限进行分组和管理的机制。
8. 架构是数据库对象的容量，用来定义实体对象的________。

综合实训

实训名称

对学生信息管理数据库（Students）实施安全管理。

实训任务

对学生信息管理数据库（Students）针对服务器级安全、数据库级安全与数据库对象级实施安全的配置与管理。

实训目的

掌握数据库安全管理的常规操作手段、方法与步骤。

实训环境

Windows Server 平台及 SQL Server 2012 系统。

实训内容

（1）使用 T-SQL 语句或系统存储过程，基于学生信息管理数据库（Students）针对登录账号、服务器角色、数据库用户、数据库角色、架构与权限等数据安全对象，演练各种基本管理操作的方法。

（2）使用 SSMS 工具，基于学生信息管理数据库（Students），针对登录账号、服务器角色、数据库用户、数据库角色、架构与权限等数据安全对象，演练各种基本管理操作的方法。

实训步骤

操作具体步骤略，请参考相应案例。

实训结果

在本次实训操作结果的基础上，分析总结并撰写实训报告。

Chapter 15 第15章 SQL Server 2012 数据库维护

任务目标：数据库的备份和还原是一项重要的系统工作，合理的数据库备份可有效地保护数据库信息，将备份文件安全存储，当数据库出现意外损坏时使用备份文件进行数据库还原。另外，通过导入导出可实现 SQL Server 数据库与其他格式数据信息的相互转换。

15.1 数据库的备份和还原

数据库的备份和还原工作是计算机系统管理工作的一项重要组成部分，数据库备份指制作数据库结构、对象和数据的拷贝，以便在数据库遭到破坏的时候能够修复数据库，避免数据库信息丢失等损失。数据库还原指将数据库备份加载到服务器中去。

15.1.1 备份数据库

1．数据库备份需求

SQL Server 提供了一套功能强大的数据备份和还原工具。数据备份和还原可以用于保护数据库中的关键数据。在系统发生错误的时候，可以利用数据的备份来还原数据库中的数据。在很多情况下都需要使用数据库的备份和还原。

- 存储媒体损坏。
- 用户误操作造成重要信息丢失。
- 整个服务器崩溃。
- 需要在不同服务器之间进行数据库的移动。

2．数据库备份方法

SQL Server 2012 中数据库的备份类型分为以下四种。

- 全库备份。将数据库中所有内容都进行备份。该类型备份过程需花费很多时间，且占用存储空间较大，不宜频繁进行。恢复时，仅需要恢复最后一次全库备份即可。
- 差异备份。将从上次全库备份以后进行的所有数据库修改进行备份处理。这种备份需要与全库备份配合使用，且因其只备份变动的信息，备份数据量较小，所以其备份时间与占用存储空间都比全库备份要小。恢复时，需要先恢复最后一次全库备份，再恢复最后一次差异备份。
- 事务日志备份。只备份最后一次日志备份后所有的事务日志记录。利用日志备份进行恢复时，可以指定恢复到某一个事务。利用日志备份进行恢复时，需要重新执行日志记录中的修改命令来恢复数据，所以通常恢复的时间较长。恢复时，先恢复最后一次全库备份，再恢复最后一次差异备份，再顺次恢复最后一次差异备份后所进行的所有事务日志备份。

- 文件和文件组备份。备份某个数据库文件或数据库文件组。恢复时，使用事务日志使所有的数据文件恢复到同一个时间点。

注意：文件和文件组备份必须与事务日志备份联合使用才有意义，且在每次文件备份后都要进行日志备份。

【任务 15.1】 各种数据库备份及其恢复的方法，如表 15.1 所示。

表 15.1　　数据库备份与恢复示例

<table>
<tr><th colspan="2">备份方法</th><th>时刻 1</th><th>时刻 2</th><th>时刻 3</th><th>恢复顺序</th></tr>
<tr><td colspan="2">全库备份</td><td>全库 1</td><td>全库 2</td><td>全库 3</td><td>全库 3</td></tr>
<tr><td colspan="2">差异备份</td><td>全库 1</td><td>差异 1</td><td>差异 2</td><td>全库 1、差异 2</td></tr>
<tr><td colspan="2">日志备份</td><td>全库 1</td><td>日志 1</td><td>日志 2</td><td>全库 1、日志 1、日志 2</td></tr>
<tr><td rowspan="2">文件或文件组备份</td><td>文件 1</td><td>日志 1</td><td></td><td>日志 3</td><td>时刻 3 的文件备份、日志 3</td></tr>
<tr><td>文件 2</td><td></td><td>日志 2</td><td></td><td>时刻 2 的文件备份、日志 2、日志 3</td></tr>
</table>

从表 15.1 可以看出，使用全库备份时，只需要使用最后一次备份信息，即全库 3 进行数据库恢复；使用差异备份时，需要使用最后一次全库备份和最后一次差异备份信息进行恢复，即全库 1 和差异 2；使用日志备份时，需要依次使用日志备份的信息进行数据库恢复，所以恢复顺序为全库 1、日志 1 和日志 2；文件 1 在时刻 1 和时刻 3 都进行过备份，而时刻 3 是最新的文件 1 备份，所以恢复时只需要使用时刻 3 的文件 1 备份和日志 3；对于文件 2 来说，在时刻 2 进行了文件备份和日志备份，时刻 3 又进行了日志备份，所以恢复文件 2 需要使用其在时刻 2 的文件备份信息，并顺次使用日志 2 和日志 3 进行恢复。

3．使用 SSMS 进行数据库备份

微课：使用 SSMS 备份数据库

系统提供了 SSMS 工具的数据库备份方法。

【任务 15.2】 使用 SSMS 工具备份数据库。

使用 SSMS 创建备份逻辑设备 DBBAK，并使用此设备对 Manage 数据库进行全库备份。

操作步骤如下。

（1）启动 SSMS 2012 管理工具，在【对象资源管理器】中展开当前 SQL Server 实例的【服务器对象】节点，选中并右击【备份设备】，选择【新建备份设备】命令，打开图 15.1 所示的备份设备对话框。

（2）在【备份设备】文本框中输入逻辑设备名称 DBBAK，在【文件】文本框中输入逻辑设备存放的路径与备份文件名，或者单击文本框右侧的…按钮进行路径的选择与设备文件名的输入。单击【确定】按钮完成逻辑设备创建。

（3）在【对象资源管理器】中展开【数据库】节点，右键单击 Manage 数据库，在弹出菜单中选择【任务】中的【备份】命令，打开图 15.2 所示的备份数据库对话框。

（4）选择【常规】选项卡，从【设备类型】下拉列表框中选择【完整】选项，单击【删除】按钮，删除默认的逻辑设备，再单击【添加】按钮，进入【选择备份目标】对话框。

（5）选择【备份设备】单选按钮，在【备份设备】下拉列表框中选择已定义的备份设备 DBBAK，单击【确定】按钮，返回到上一级对话框。

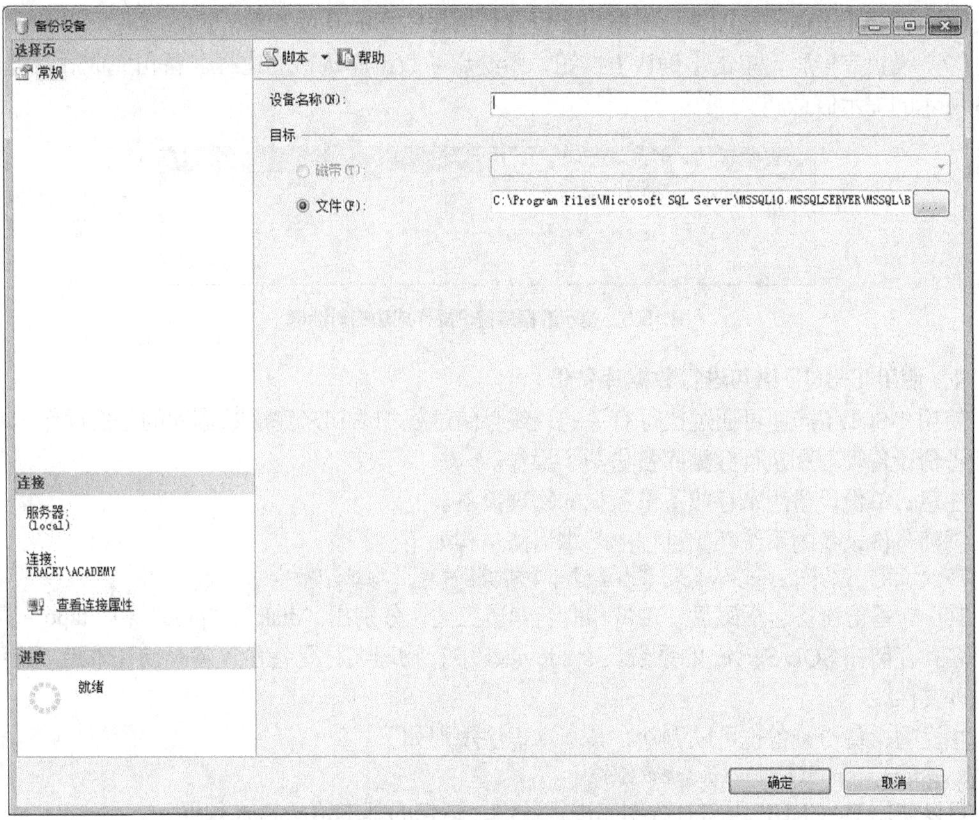

备份设备
选择页
常规
脚本 帮助
设备名称(N):
目标
磁带(T):
文件(F): C:\Program Files\Microsoft SQL Server\MSSQL10.MSSQLSERVER\MSSQL\B ...
连接
服务器:
(local)
连接:
TRACEY\ACADEMY
查看连接属性
进度
就绪
确定 取消

图 15.1 【备份设备】对话框

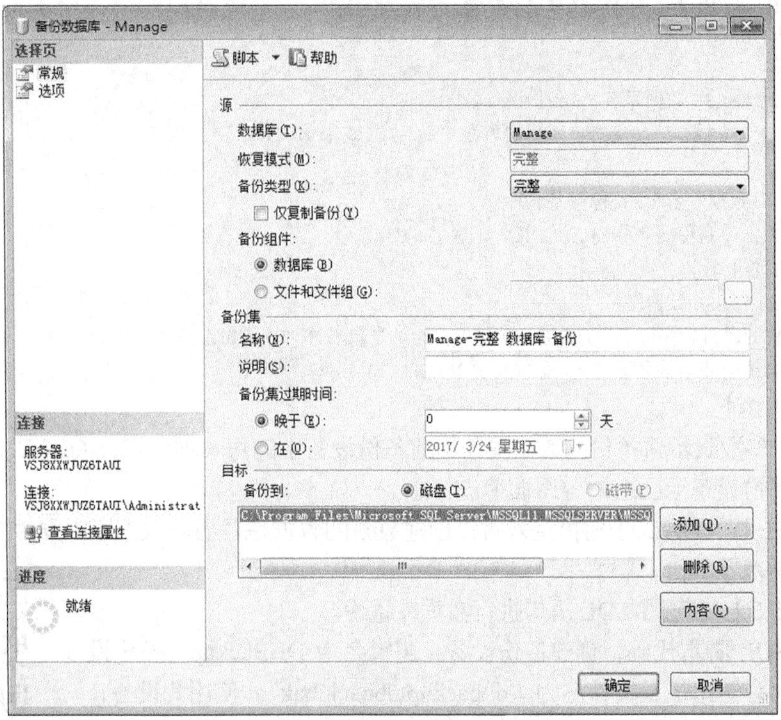

备份数据库 - Manage
选择页
常规
选项
脚本 帮助
源
数据库(T): Manage
恢复模式(M): 完整
备份类型(K): 完整
仅复制备份(Y)
备份组件:
数据库(B)
文件和文件组(G):
备份集
名称(N): Manage-完整 数据库 备份
说明(S):
备份集过期时间:
晚于(E): 0 天
在(O): 2017/ 3/24 星期五
目标
备份到: 磁盘(I) 磁带(P)
C:\Program Files\Microsoft SQL Server\MSSQL11.MSSQLSERVER\MSSQ
添加(D)...
删除(R)
内容(C)
连接
服务器:
VSJ8XXWJUZ6TAUI
连接:
VSJ8XXWJUZ6TAUI\Administrat
查看连接属性
进度
就绪
确定 取消

图 15.2 【备份数据库】对话框

（6）选择【选项】选项卡，根据需要设置数据库备份的其他参数。

（7）设置完毕后，单击【确认】按钮，系统启动数据库备份的进程。备份完成后，弹出图15.3所示的提示信息。

图 15.3　提示数据库备份操作成功的对话框

4．使用 T-SQL 语句进行数据库备份

使用 T-SQL 语句，可通过执行有关的系统存储过程和语句来完成数据库的备份操作。其中，包括备份设备管理和执行数据库备份两个操作。

注意：备份设备用来存放备份数据的物理设备。

创建备份设备的系统存储过程的基本语法结构如下。

```
[EXECUTE] sp_addumpdevice'设备类型', '逻辑名称', '物理名称'
```

其中，备份设备包括磁盘、磁带和命名管道三类，分别用“disk”、“pipe”和“tape”表示，逻辑名称存储在 SQL Server 的系统表 sysdevices 中，物理名称是备份设备存储在本地或网络上的物理文件。

相反的，备份设备也可以删除，其基本语法规则如下。

```
[EXECUTE] sp_dropdevice'逻辑名称'
```

可以使用 BACKUP 语句对数据库进行备份，语句的基本语法格式如下。

```
--全库备份
BACKUP DATABASE 数据库名 TO 备份设备名
[WITH [NAME='备份的名称'][, INIT | NOINIT]]
--差异备份
BACKUP DATABASE 数据库名 TO 备份设备名
WITH DIFFERENTIAL [NAME='备份的名称'][, INIT | NOINIT]
--日志备份
BACKUP LOG 数据库名 TO 备份设备名
[WITH [NAME='备份的名称'][, INIT | NOINIT]]
--文件与文件组备份
BACKUP DATABASE 数据库名
FILE='文件的逻辑名称' | FILEGROUP='文件组的逻辑名称'TO 备份设备名
[WITH [NAME='备份的名称'][, INIT | NOINIT]]
```

语法说明如下。

- INIT 参数表示新备份的数据覆盖当前备份设备上的每一项内容，NOINIT 参数表示新备份的数据在备份设备上已有内容后面追加信息。
- DIFFERENTIAL 子句指定只对在创建最新的数据库备份后数据库中发生变化的部分进行备份，用于差异备份。

【任务 15.3】 使用 T-SQL 语句进行数据库备份。

编写 T-SQL 脚本代码，创建备份设备，逻辑名为 DBBackup，备份设备的物理文件存储路径及文件名为“d:\backup\dbback.bak”。使用此设备，创建 Manage 数据库的全库备份。

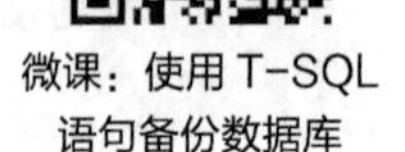

微课：使用 T-SQL 语句备份数据库

操作步骤如下。

（1）打开查询编辑器，输入如下的 T-SQL 脚本代码。

```
EXEC sp_addumpdevice'disk', 'DBBackup', 'd:\backup\dbback.bak'
GO
BACKUP DATABASE Manage to DISK='DBBackup'WITH INIT, NAME='Manage full backup'
GO
```

（2）按 F5 键执行代码。

15.1.2 还原数据库

1．故障还原模型

备份和还原是在特定的数据库恢复模式下进行的，即故障还原模型。恢复模式与数据库的 RECOVERY 属性对应，用于控制数据库备份和还原操作的基本行为。

SQL Server 2012 提供了 3 种数据库恢复模式，具体如下。

- 完全模型，SQL Server 2012 的默认恢复模式。在此模式下，任何对数据库的操作都记录到事务日志中，所以该模式几乎能够将数据库恢复到任意备份时刻。
- 大容量日志记录模型。该模式下除对日志空间影响大的操作（如 bulk insert）外，其他修改操作都记录到事务日志文件中。
- 简单模型。所有的修改操作都不记录到事务日志文件中。在该模式下，不能进行事务日志备份和文件组备份。

数据库恢复模式的设置可通过 SSMS 中数据库属性页面进行更改，如图 15.4 所示。

图 15.4　在 SSMS 中查看和更改故障恢复模式

【任务 15.4】 故障恢复模型对数据操作的影响，如表 15.2 所示。

表 15.2　　某时刻对数据库的操作表

时刻	操作	完全模型	大容量日志记录模型	简单模型
时刻 1	全库备份			
时刻 2	INSERT			
时刻 3	BULK INSERT			
时刻 4	UPDATE			
时刻 5	差异备份			
时刻 6	DELETE			
时刻 7	数据库发生故障			

从表 15.2 中可以看出，在完全模式下，数据库发生故障后可恢复至时刻 5 时的数据库状态；在大容量日志记录模型下，可恢复至时刻 5 时的数据库状态，但由于在此模式下批量数据库操作不记录日志，所以时刻 3 的 BULK INSERT 操作无法进行恢复；在简单模型下，由于操作都不记日志，所以只能恢复到时刻 1 全库备份时的数据库状态。

2．使用 SSMS 还原数据库

在 SSMS 环境中也可以实现数据库还原。

微课：使用 SSMS 还原数据库

【任务 15.5】 使用 SSMS 工具还原数据库。

在 SSMS 中，使用备份设备 DBBAK 还原 Manage 数据库。

操作步骤如下。

（1）启动 SSMS 2012 管理工具，先删除数据库 Manage。

（2）在【对象资源管理器】中选中并右击【数据库】节点，选择【还原数据库】命令，打开【还原数据库】对话框，如图 15.5 所示。

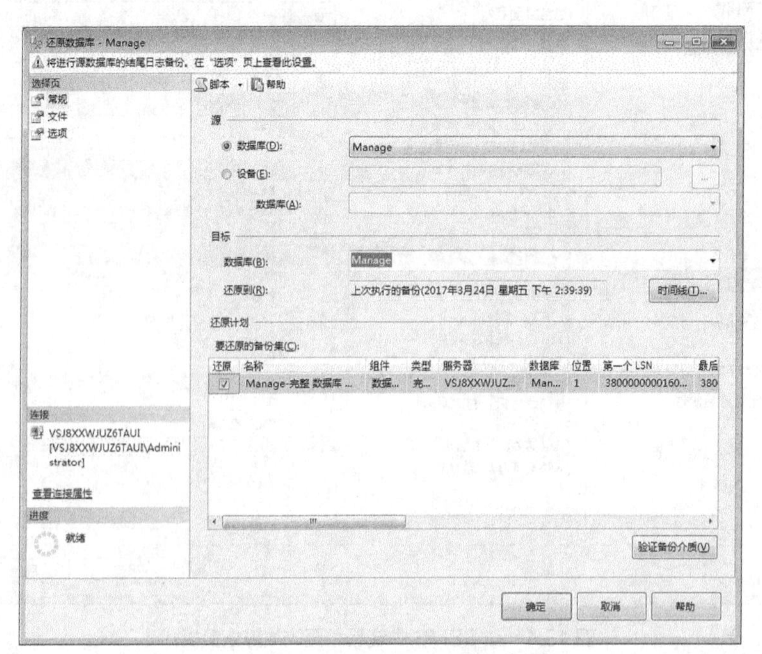

图 15.5　【还原数据库】对话框

（3）在【常规】选项卡中“目标”下输入还原的数据库名 Manage，选择【设备】单选按钮，并单击其右侧的...按钮，打开【指定备份】对话框，如图 15.6 所示。单击【添加】按钮选择备份文件 Manage.bak。

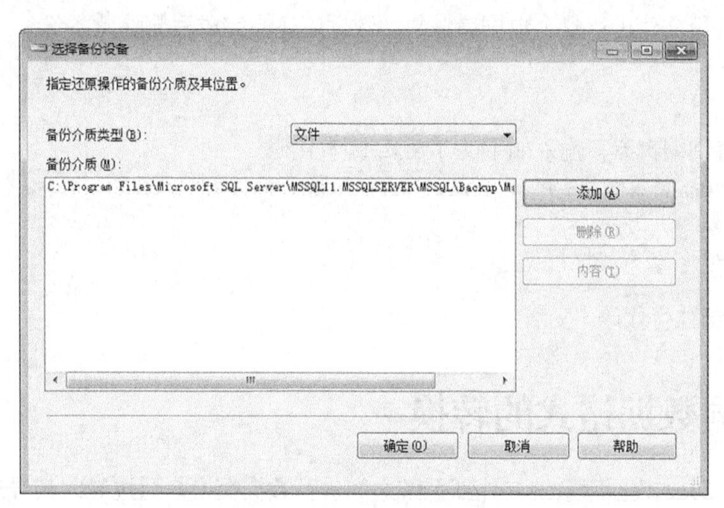

图 15.6 【指定备份】对话框

（4）返回到【还原数据库】对话框后选择【选项】选项卡，根据需要设置其他还原参数。单击【确定】按钮，系统启动还原数据库进程。还原结束后，弹出操作完成的信息框，完成还原数据库的任务。

3．使用 T-SQL 语句进行数据库还原

数据库还原也可以使用 RESTORE 语句完成，该语句可以完成对整个数据库的还原，也可以还原数据库的日志文件或文件与文件组。

基本语法格式如下。

```
--恢复整个数据库
RESTORE DATABASE 数据库名 FROM 备份设备名
[WITH [FILE=n][, NORECOVERY | RECOVERY][, REPLACE]]
--恢复事务日志
RESTORE LOG 数据库名 FROM 备份设备名
[WITH [FILE=n][, NORECOVERY | RECOVERY]]
--恢复部分数据库
RESTORE DATABASE 数据库名 FILE=文件名 | FILEGROUP=文件组名 FROM 备份设备名
[WITH PARTIAL[, FILE=n][, NORECOVERY][, REPLACE]]
```

语法说明如下。

- FILE=n 指出从设备上的第几个备份中恢复。
- RECOVERY 指定在数据库恢复完成后 SQL Server 回滚被恢复的数据库中所有未完成的事务，以保持数据库的一致性。在恢复后，用户就可以访问数据库了。所以 RECOVERY 选项用于最后一个备份的恢复。
- NORECOVERY 选项时，SQL Server 不回滚所有未完成的事务，在恢复结束后，用户不能访问数据库。所以当不是对要恢复的最后一个备份做恢复时，应使用 NORECOVERY 选项。
- REPLACE 指名 SQL Server 创建一个新的数据库，并将备份恢复到这个新数据库，如果服务器上已经存在一个同名的数据库，则原来的数据库被删除。
- PARTIAL 表示此次恢复只恢复数据库的一部分。选项 FILE 指定要恢复的数据库文件或

文件组名称。

【任务 15.6】 使用 T-SQL 语句进行数据库恢复。

微课：使用 SQL 语句还原数据库

编写 T-SQL 脚本代码，使用逻辑名为 DBBAK 的备份设备，使用此备份设备和全库备份文件进行整个数据库恢复。数据库还原完成后删除此备份设备。

操作步骤如下。

（1）打开查询编辑器，输入如下的 T-SQL 脚本代码。

```
RESTORE DATABASE Manage FROM DBBAK WITH RECOVERY, REPLACE
GO
EXEC sp_dropdevice'DBBAK'
GO
```

（2）按 F5 键执行代码。

15.2 不同数据格式的转换

SQL Server 2012 数据库系统与外部系统之间进行数据交换是通过导入与导出操作完成的，实现了不同类型数据库平台间的数据交换，或实现异源、异构数据间的信息转换。

SQL Server 2012 为用户提供了功能强大的导入和导出向导。该向导能够将 SQL Server 的数据导出到其他数据源（如 Access 数据库）中，或者将其他数据源的数据导入到 SQL Server 数据库中，从而实现不同应用系统之间的数据移植和数据共享。

SQL Server 2012 提供的导入导出支持的外部数据源类型包括：

- .NET Framework Data Provider for Odbc
- .NET Framework Data Provider for Oracle
- .NET Framework Data Provider for SqlServer
- Microsoft Access
- Microsoft Excel
- Microsoft Office 12.0 Access Database Engine OLE DB Provider
- Microsoft OLE DB Provider for Analysis Services 10.0
- Microsoft OLE DB Provider for Analysis Services 9.0
- Microsoft OLE DB Provider for Data Mining Services
- Microsoft OLE DB Provider for OLAP Services 8.0
- Microsoft OLE DB Provider for Oracle
- Microsoft OLE DB Provider for Search
- Microsoft OLE DB Provider for SQL Server
- SQL Server Native Client 10.0
- 平面文件源

使用 SQL Server 2012 进行导入导出操作，需启动导入和导出向导，方法如下。

- 方法一：从 SSMS 中与数据库关联启动导入和导出向导。操作步骤为：启动 SSMS，连接到数据库引擎服务器，展开【数据库】节点，在数据库对象列表中选中并右击要导入/导出的数据库对象，选择【任务】中【导入数据】或【导出数据】命令，即可启动导入和导出向导。
- 方法二：从 Windows 系统中独立启动导入和导出向导。操作步骤为：在 Windows 桌面任务栏中，执行【开始】菜单中【所有程序】下【Microsoft SQL Server 2012】中的【导入和导出数据（32位）】命令，即可启动导入和导出向导。

15.2.1 导出数据

数据导出就是将SQL Server数据库中的数据转换为某种指定格式数据的过程。

微课：导出数据库

【任务15.7】 使用SQL Server 2012导入和导出向导导出数据。

在SSMS中，将Manage数据库中Buyers、Wares和Sales表导出到Excel文件Manage.xls中。

操作步骤如下。

（1）使用SSMS 2012管理工具，按照前面介绍的方法启动导入和导出向导。

（2）在【选择数据源】对话框中，数据源类型为“SQL Server Native Client 10.0”，服务器名称为默认值，根据情况选择身份验证方式，在下拉列表框中选择需要导出的数据库Manage，如图15.7所示。

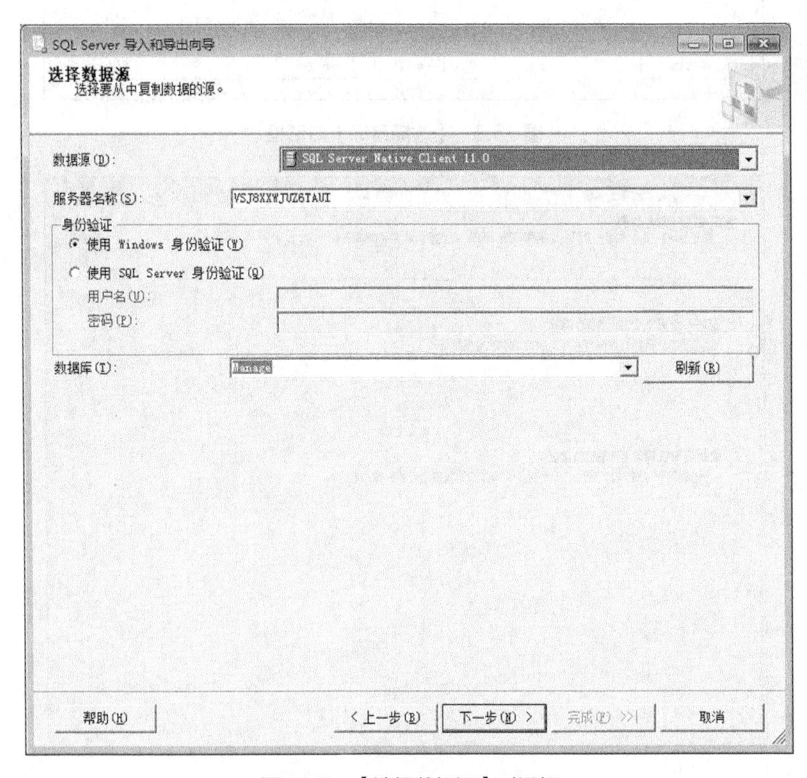

图15.7 【选择数据源】对话框

（3）单击下一步进入图15.8所示的【选择目标】对话框，因为要将数据导出到Excel文件中，所以目标选择“Microsoft Excel”类型，还要确定文件输出的路径及文件名，可直接在文本框中输入，也可以通过“浏览（W）…”按钮进行选择，同时还要确定Excel文件版本。最后，根据需要确定是否选择“首行包含列名称”复选框。

（4）在“下一步”中，需要确定“复制一个或多个表或视图的数据”还是“编写查询以指定要传输的数据”选项，如图15.9所示。

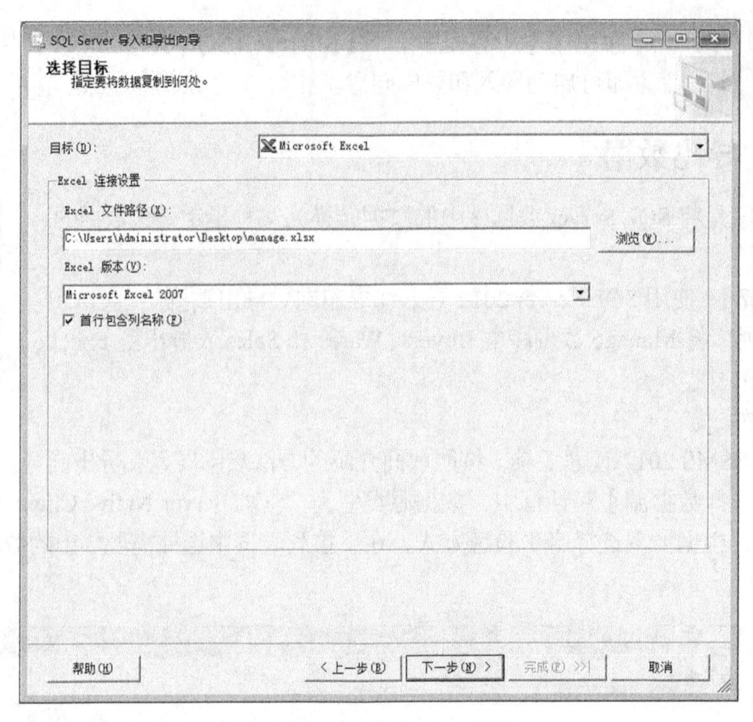

图 15.8 【选择目标】对话框

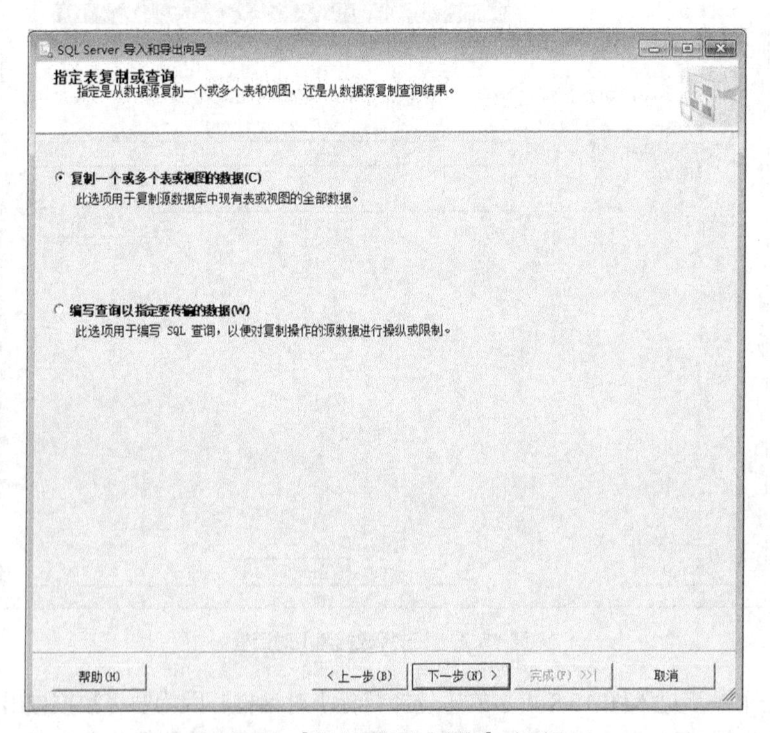

图 15.9 【指定表复制或查询】对话框

（5）在【选择源表和源视图】对话框中，勾选要输出的表名前的复选框，并确定目标的名称，如图 15.10 所示。单击“下一步”，进入【查看数据类型映射】对话框，如图 15.11 所示。可手动选择目标列的数据类型，并在“出错时（全局）”和“截断时（全局）”后的下拉列表中选择对应问题出现时的处理方式，根据情况确定“失败”或“忽略”处理方式。

图 15.10 【选择源表和源视图】对话框

图 15.11 【查看数据类型映射】对话框

（6）选择图 15.12 所示对话框中“立即运行”复选框，数据导出完成后提示信息如图 15.13 所示。

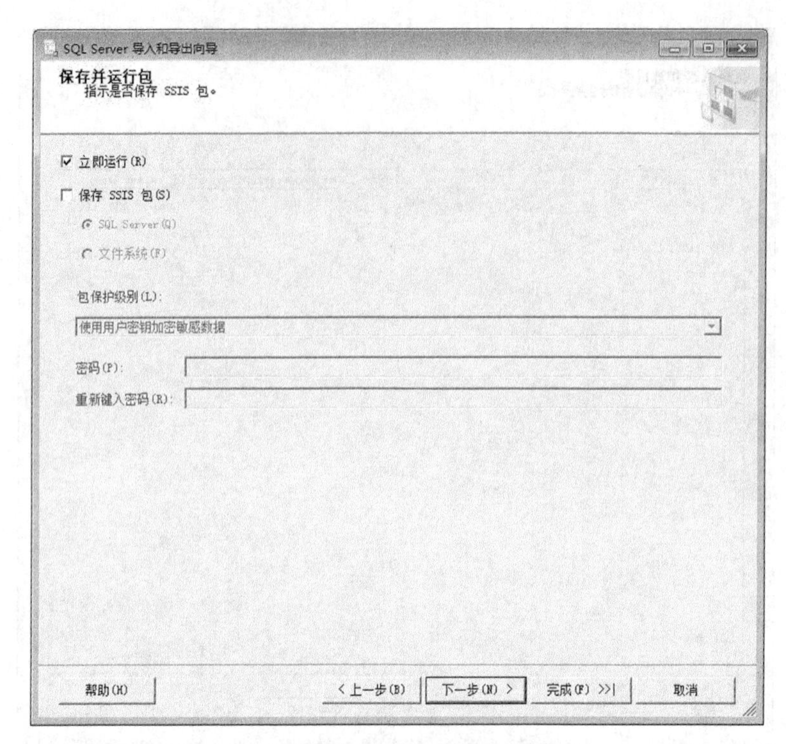

图 15.12 【保存并运行包】对话框

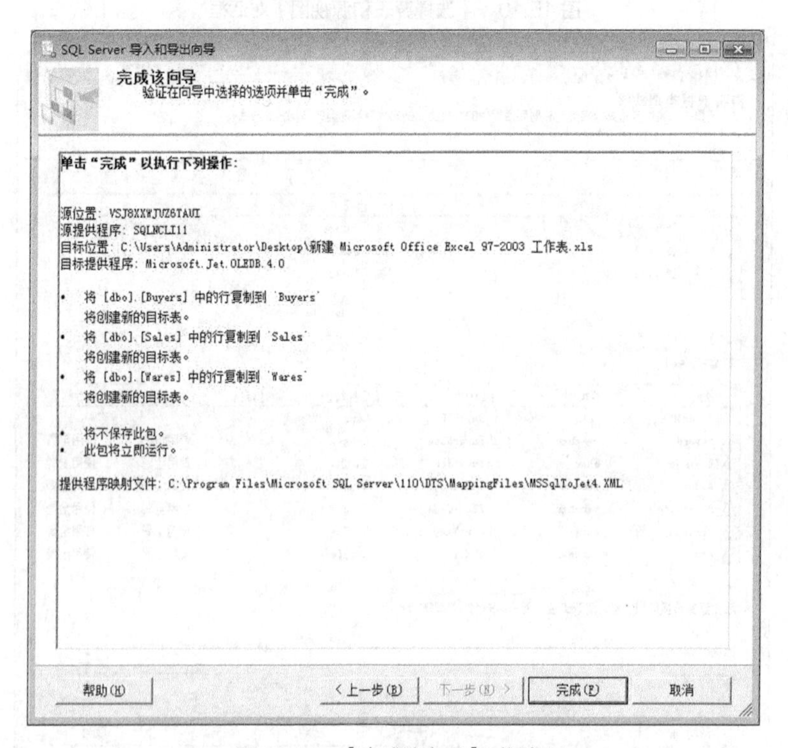

图 15.13 【完成该向导】对话框

单击“完成”按钮，数据导出执行成功，如图 15.14 所示。

（7）打开新导出的文件 Manage.xls，可见图 15.15 所示的信息。其中三个数据表清单分别对应“Buyers”“Wares”和“Sales”三个表。数据库导出完成。

图 15.14 【执行成功】对话框

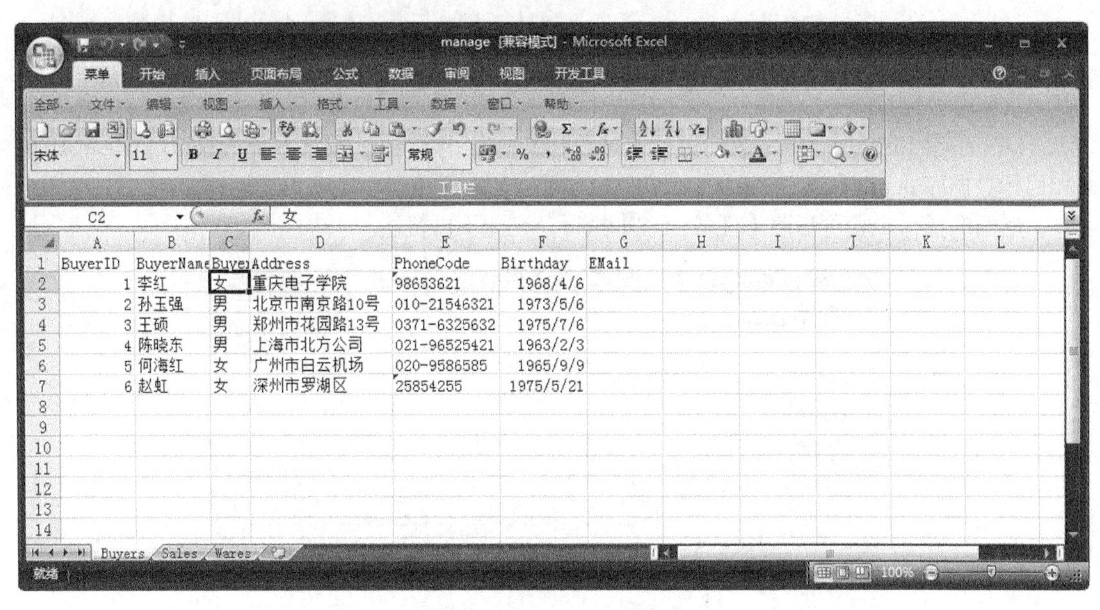

图 15.15 Manage.xls 文件信息

15.2.2 导入数据

导入数据是将外部数据源中其他格式的数据转换为 SQL Server 格式的数据，并将结果插入到 SQL Server 数据库表中。

微课：导入数据

【任务 15.8】 使用 SQL Server 2012 导入和导出向导导入数据。

将 Access 数据库 Scores.mdb 导入到 SQL Server 数据库中。

操作步骤如下。

（1）使用 SSMS 管理工具，按照前面介绍的方法启动导入和导出向导。

（2）在【选择数据源】对话框中，数据源为“Microsoft Access”类型，并通过“浏览（R）...”按钮选择 Access 数据库 Scores.mdb 文件，或在文本框中直接输入路径及文件名，如图 15.16 所示。

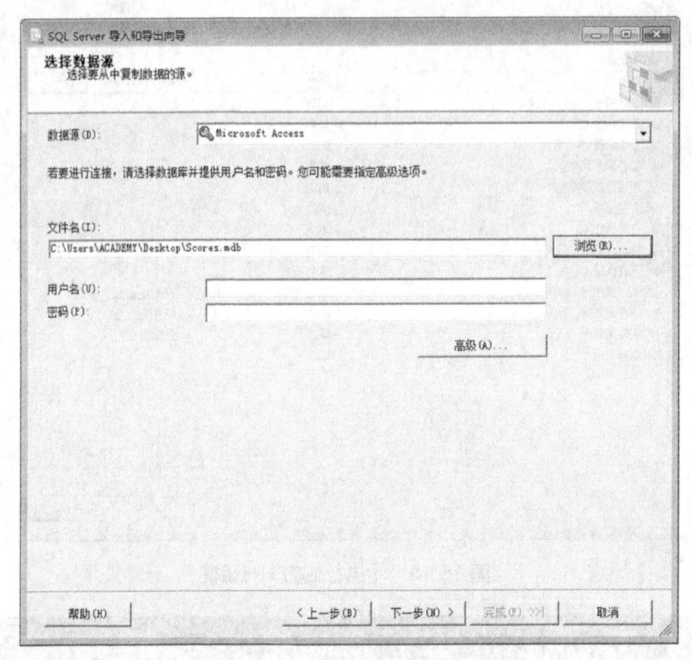

图 15.16 【选择数据源】对话框

（3）在图 15.17 所示的【选择目标】对话框中确定目标类型“SQL Server Native Client 10.0”和目标数据库 pupils。

后面的操作步骤可参照【任务 15.7】执行，在此不再赘述。

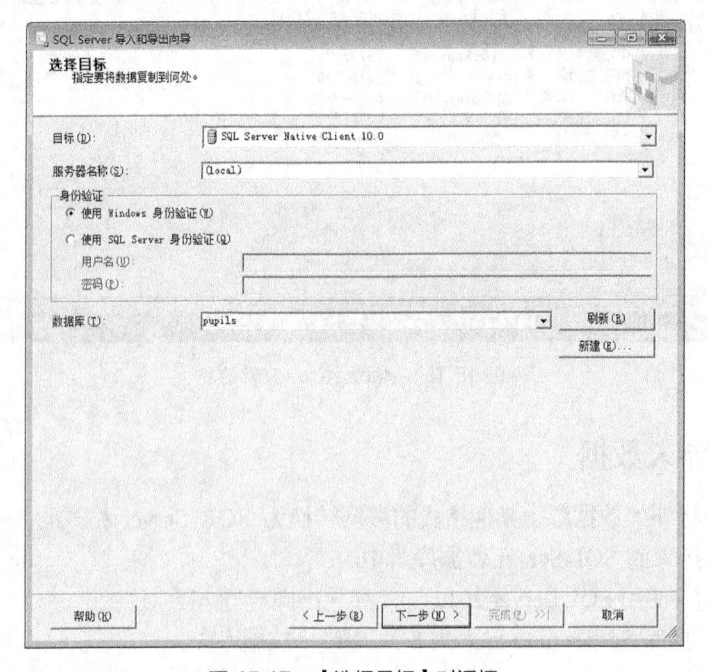

图 15.17 【选择目标】对话框

本章小结

在数据库的日常维护操作中，备份与还原、数据的导入和导出都是经常需要做的工作。本章详细介绍了数据库备份和还原操作，在数据库系统运行过程中，应定期进行数据库备份，防止数据库意外损坏而遭受损失，使用还原操作来恢复数据。另外，数据的导入和导出是 SQL Server 2012 数据库与其他数据库源之间实现数据交换与数据共享的主要手段。

课后练习

填空题

1. ________就是制作数据库结构、对象和数据的副本，以便在数据库遭到破坏时能够修复数据库。

2. SQL Server 2012 提供了 4 种数据库备份方式，分别为________备份、________备份、事务日志备份和________备份。

3. SQL Server 2012 提供了 3 种数据库恢复模式，分别为________模式、________模式和简单恢复模式。

4. 对于不同的数据库，若要让 SQL Server 能够识别和使用，就必须进行数据源的________。

5. 使用________DATABASE 命令可以对数据库进行完全拷贝的备份。

6. 只记录自上次数据库备份后发生更改的数据的备份称为________备份。

综合实训

实训名称

对学生信息管理数据库（Students）实施备份还原和导入导出管理操作。

实训任务

（1）对学生信息管理数据库（Students）用 T-SQL 命令与 SSMS 工具实现数据的备份与还原操作。

（2）对学生信息管理数据库（Students）SQL Server 导入与导出向导实现数据导入操作与数据导出操作。

实训目的

（1）掌握用 T-SQL 语句与 SSMS 工具实现备份与还原的方法与步骤。

（2）掌握 SQL Server 导入与导出向导的用法。

实训环境

Windows Server 平台及 SQL Server 2012 系统。

实训内容

（1）使用 SSMS 操作，创建备份设备 DBBackUpDevice，并使用此设备完成学生信息管理数据库（Students）的数据库备份（实现 4 种备份）。

（2）使用 T-SQL 语句，创建备份设备 DBBackUpDevice，并使用此设备完成学生信息管理数据库（Students）的数据库备份（实现 4 种备份）。

（3）使用 SSMS 工具，修改学生信息管理数据库（Students）的备份还原模型。在不同模型下测试数据库操作对还原信息的影响。

（4）将学生信息管理数据库（Students）表导出到 Students.xls 文件。

（5）将学生信息管理数据库（Students）表导出到 Students.mdb 文件。

（6）创建一个 Excel 文件 MarkInfo.xls 用于记录学生日常量化考核信息，并通过导入操作将此信息加到 Students 数据库中。

实训步骤

操作具体步骤略，请参考相应案例。

实训结果

在本次实训操作结果的基础上，分析总结并撰写实训报告。